# [検証] 大深度地下使用法

島根県立大学名誉教授 ■ 平松 弘光

# まえがき

　「大深度地下の公共的使用に関する特別措置法」（本書の題字では「大深度地下使用法」と略称したが、以下、ここでは「大深度法」と略称する）は、2000（平12）年5月に土地収用法の特別法として制定され、翌2001（平13）年4月1日に施行された。制定当時は大変な注目を集めた法律であったが、しかし、施行以来ながいこと適用面で脚光を浴びることは少なかった。
　ところが、ここへ来て、東京都の外郭環状道路やリニア新幹線の建設事業が具体化して、大深度法により建設するとの決定や地元説明会が開催されたことなどが、TVや新聞等で報じられるようになった。それどころか、最近は東京駅の大深度地下を活用しようというキャンペーンまで飛び出して、いよいよ脚光を浴び始めたようである。
　ともあれ、上で述べたように、この法律は、制定当時、大変な注目を浴びた。その理由は、周知のとおり私有地を公共の用に供するには正当な補償を必要とするというのが憲法原則である（憲法29条3項）が、大深度地下とされる所定の深さの地下空間を公共事業で使用する際には、対象地が私有地であっても原則として無補償で使用できるという特異な内容の法律であったからであろう。
　補償をする必要がなければ、煩雑な用地交渉や補償交渉に時間を費やすこともなく、事業の認可を受けただけで大深度地下を自由に使用できるかのように理解され、その結果、鉄道などは大深度地下を使ったトンネルで目的地まで最短距離を直線で結ぶことができるようになるはずである。このように、この法律は公共事業の事業者にとって非常に都合の良い制度を創設したもののように見られていた。
　しかしながら、大深度法は施行以来10年以上もほとんど使われて来なかった。現在、国土交通省のホームページには、使用認可を受けた事例としては、神戸市の大容量送水管整備事業の例が唯一あがっているが、ただ、この事例は、

立法における当初の狙いであった鉄道トンネルのような常時人々が乗り降りして利用する施設ではなく、建設してしまえば後は維持管理がたまにしか必要のない施設の建設である。かつて建設大臣や都知事が熱心に推進した東京都の外郭環状道路（東名高速〜関越道）は、まだ、大深度地下の使用認可申請に向けた事業説明会を実施中だという。

　なぜ、大深度法は、これまでほとんど使われなかったのか。その理由は何か。地下にトンネルを掘削して敷設される施設は、地表に施設を建設するのに比較して建設工事費は数倍を要するとされる所為なのか。地下での施設建設は地表での施設建設の何倍もの困難さがあるだけでなく、運用に多数の人手を要し、維持管理においても著しく困難であるとされている所為なのか。いろいろありそうであるが、表向きの理由は、どうしても大深度地下を使用しなければならないような必要性のある事業が少なかったということのようである。確かに財政難の時代にあっては、そのような理由が、世間受けが良いことは間違いない。

　だが、はたしてそれだけの理由であったのであろうか。用地実務の立場からみて大深度法の実務上の使い勝手は良いのか悪いのか。立法後10年以上も用地実務の現場からほとんど等閑視されてきた理由は、この法律の仕組み自体になかったのか。

　そこで、そのような懸念を解明する目的で大深度法の重要条文をできるだけ詳しく解釈してみることにした。本書の構成は、大深度法が制定されるに至るまでの前段階の概要を第1章で、法律の特質および大深度地下の定義については第2章で、大深度地下の使用認可の手続きについては第3章で、事業区域の明渡しとその補償等については第4章で、土地についての損失補償の議論については第5章で、その上で残された課題およびその解決試案については第6章で述べている。

　本書が大深度法の法的仕組みを明らかにする試みに成功した否か。読者の叱声を期したい。

2014年3月14日

著　者

■目　次

## 第1章　大深度法の制定と大深度地下利用問題の発端 …… 1
### 1　大深度地下利用問題の発端から大深度法の制定へ ………… 1
### 2　大深度地下利用問題の発端の意図的な仕掛け ………………… 4
（1）　地下空間の垂直的利用と水平的利用　4
（2）　営団地下鉄半蔵門線九段地区での土地使用事件　6
（3）　旧（財）運輸経済研究センターの『大深度地下鉄道の整備に関する調査研究報告書』の隠された意図　8
### 3　大深度地下利用問題提起の真意 ……………………………… 9

## 第2章　大深度法制定の意義 ……………………………………13
### 1　臨時調査会の答申と大深度法の目的 …………………………13
### 2　大深度法の適用地域と適用事業 ………………………………17
（1）　大深度法の適用地域　17
（2）　大深度法の適用事業　18
### 3　大深度地下使用協議会と事前の事業間調整 …………………20
（1）　情報の共有　20
（2）　大深度地下使用の基本方針　20
（3）　大深度地下使用協議会と国および都道府県の情報の収集および提供義務　21
（4）　事前の事業間調整　22
### 4　大深度地下の定義 ………………………………………………23

- (1) 土地所有権と公共事業による地下使用　23
  - 1) 地下使用権に関する二つの考え方　23
  - 2) 区分地上権的地下使用説による立法　25
- (2) 大深度法の定める大深度地下の定義　27
  - 1) 大深度法の規定　27
  - 2) 許容支持力を有する地盤＝「東京礫層」　29

# 第3章　大深度地下の使用認可の手続き ……… 35

## 1　事業の準備 …… 35

- (1) 事業準備の調査　35
  - 1) 立ち入り等の許可　35
  - 2) 他人の占有する土地への立ち入り　36
  - 3) 障害物の伐除および土地の試掘等　37
  - 4) 事業計画書、事業区域および事業計画を表示する図面等の作成　39
- (2) 事業準備調査に伴う損失補償　39

## 2　大深度地下の使用認可の手続き …… 40

- (1) 使用認可庁　40
- (2) 使用認可申請書とその添付書類　41
  - 1) 使用認可手続きの流れ　41
  - 2) 使用認可申請書　42
  - 3) 使用認可申請書の添付書類　45
  - 4) 大深度地下の使用認可手続きの特徴　46
  - 5) 大深度地下の使用認可手続きにおける問題点　48
- (3) 使用認可申請の周知措置　50
  - 1) 使用認可申請書の市町村長への送付と公告・縦覧　50
  - 2) 利害関係人の意見書提出　51
  - 3) 関係行政機関および専門的学識経験者からの意見聴取　51
  - 4) 住民に対する事業説明会　51

（4）　公聴会の義務化　　53
　3　大深度地下の使用認可処分……………………………………56
　　（1）　使用認可の要件　　56
　　（2）　大深度地下の使用認可処分と認可拒否処分　　58
　　　1）　使用認可処分　　58
　　　2）　使用認可処分の告示および処分の効力　　59
　　　3）　使用認可拒否処分　　60
　4　大深度地下の使用権の登録……………………………………60
　5　使用権の承継または取消し、事業の廃止または変更………62

# 第4章　事業区域の明渡しおよびその補償と権利利益救済のための争訟……67

## 第1節　事業区域の明渡しおよびその補償……………………67
　1　事業区域の明渡し………………………………………………67
　　（1）　明渡し請求の対象物件　　67
　　（2）　明渡し請求の効果　　70
　2　明渡しに伴う損失の補償………………………………………72
　　（1）　事業区域の明渡しに伴う損失の補償の内容　　72
　　（2）　損失補償の請求権と除斥期間　　75
　　（3）　損失補償の確定　　78
　　　1）　協議による確定　　78
　　　2）　補償裁決による確定　　80
　　（4）　補償裁決の申請は、事業の進行および事業区域の使用を停止しない　　82
　　（5）　補償金の支払い・供託　　83
　　　1）　補償金の支払い　　83
　　　2）　補償金の供託　　85
　3　事業区域の明渡しの代行と代執行……………………………86

         (1)　市町村長による明渡しの代行　86
         (2)　都道府県知事による明渡しの代執行　87
         (3)　代行・代執行の費用の徴収　89
     4　原状回復の義務………………………………………………………90
 第2節　権利利益救済のための争訟………………………………………91
     1　処分に対する不服申立てと取消訴訟……………………………91
         (1)　行政不服申立て　91
         (2)　大深度地下の使用認可処分に対する処分取消訴訟　95
     2　補償裁決に対する当事者訴訟……………………………………96
         (1)　大深度地下使用に関連する損失と補償　96
         (2)　補償裁決に対する当事者訴訟　97

# 第5章　土地に対する損失補償……………………………………102

 第1節　地下使用の損失補償………………………………………………102
     1　地下使用補償に関する用対連方式とは…………………………102
     2　用対連方式…………………………………………………………107
         (1)　用対連方式を支える公式　107
         (2)　地下補償率（立体利用阻害率）の算定　109
     3　用対連方式が抱える問題点………………………………………111
         (1)　用対連方式は、私有地の地下でトンネルが交差する場合は
              無力　111
         (2)　立体残地と立体潰地　113
 第2節　大深度地下使用権の設定に係る権利制限に伴う損
         失補償……………………………………………………………118
     1　損失補償に係る臨時調査会の答申の内容………………………118
     2　大深度地下使用に伴う権利行使の制限による損失の補償……121
         (1)　損失補償に係る大深度法の規定　121

(2) 大深度法37条の意義と問題点　123
　　(3) 立体潰地補償および立体残地補償に係る損失　125
　　　1) 立体潰地補償について　125
　　　2) 立体残地補償について　127
　　(4) 補償請求権と除斥期間の問題　128
　3　協議不調の際の補償裁決での「主張・立証責任」……………130

# 第6章　残された課題およびその解決試案……………137

　1　「大深度地下の定義」は、土木建築技術の進歩に耐えられるか………………………………………………………………137
　　(1) 地下使用の技術レベルの発達と土地の立体利用の高度化　137
　　(2) 軽視されたボーリング調査の困難性　139
　2　使用認可処分の手続きにおける残された課題……………143
　　(1) 事業の公共性・公益性に対する疑念をただす場は設置されたか　143
　　(2) 不安・不信を抱いている住民の納得を得るためには、どうするか　145
　　(3) 地下使用は浅深度地下から大深度地下へ順次進む　147
　3　損失補償論における残された課題………………………………149
　　(1) 大深度地下使用の立体潰地に生ずる損失は、本当に補償の対象にならないのか　149
　　(2) 事業損失補償も無視できない　153
　4　以上の多くの問題点や課題を踏まえて大深度法を活かすには………………………………………………………………155
　　(1) 大深度地下への移行地点は公共用地の地下に限る　155
　　(2) 用対連方式を流用してみる　158

【資料1】 臨時大深度地下利用調査会答申（平成10年5月27日）……………163
【資料2】 大深度地下の公共的使用に関する特別措置法（平成12年5月26日法律第87号・最終改正：平成25年6月14日法律第44号）……………193
【資料3】 大深度地下の公共的使用に関する特別措置法施行令（平成12年12月6日政令第500号・最終改正：平成17年3月24日政令第60号）……………212
【資料4】 大深度地下の公共的使用に関する特別措置法施行規則（平成12年12月28日総理府令第157号・最終改正：平成24年1月30日国土交通省令第2号）……………217
【資料5】 大深度地下の公共的使用に関する基本方針（平成13年4月3日閣議決定）……………222

索　引……………237

# 第1章
# 大深度法の制定と
# 大深度地下利用問題の発端

## 1 大深度地下利用問題の発端から大深度法の制定へ

　1988（昭63）年に旧運輸省（現国土交通省）が、突然、同省所管の鉄道事業者に対して大深度地下を無補償で使わせる特別法の必要性を唱えだし、単独の法案を発表した。この旧運輸省の行動は、他の省庁を刺激し、それぞれが次々と独自の事業プランと法案を発表する騒ぎとなった。大深度地下を利用する案は、ついには臨時行政改革推進会議の部会（土地臨調）の緊急土地対策に取り上げられたり、日米協議の議題とされたりするなど、我が国の内政上の大問題であるかの騒ぎとなった(注1-1)。

　この旧運輸省が大深度地下の無補償使用の特別法案を発表した当時は、土地バブル経済（1984〔昭59〕年頃～1991〔平3〕年頃）の最盛期を迎えつつあった時期であったため、土地は全て投機の対象だとする当時の異常な雰囲気の下で、公共事業で大深度地下を無補償で使うというアイディアは、あたかも都市の市民生活を大変革するかのように語られた。無補償使用ということは、土地所有権者の意思とは無関係に、事業者が自由に使えることを意味するかのよう

な誤解を招き、大深度地下は新たな未開拓の土地空間・ニューフロンティア（ジオ・フロント）であるとまで叫ばれ、政府の各省庁や大手ゼネコンを巻き込む一大狂騒曲を奏でることとなった。

だが、大深度地下の開発のために土地収用法（昭26法律219号。以下、「収用法」と略称する）とは無関係の法律をつくるべきと主張する旧運輸省と収用法を所管する旧建設省との対立は激しく、政府内で法案の一本化ができない間に、栃木県の大谷石採掘跡地の上の田畑崩落事故や東京・御徒町での東北新幹線用トンネル工事現場での道路陥没事故といった地下使用に絡む事故が突発的に起きた。この突発的な事故と相まって、まもなく土地バブル経済が崩壊したことにより騒動は急速に下火になり、大深度地下利用は人口に膾炙しなくなった。

ところが、旧運輸省および鉄道事業関係者は、その後も大深度地下を無補償で使うアイディアに執着しており、いきなり法案を発表して失敗した反省から、1995（平7）年6月には手を替えて、迂遠のようだが、まず、旧国鉄幹部出身の参議院議員提案の議員立法で臨時大深度地下利用調査会設置法（平7法律113号）を制定し、最終的には大深度地下無補償使用案を立法することを狙って、政府に調査会の設置を義務づけた。

内閣に設置された臨時大深度地下利用調査会（以下、「臨時調査会」と略称する）は、1995（平7）年9月には、大深度地下の定義、技術・安全・環境面の課題および法制面の課題について調査審議を開始した。そして、概略、ア）安全の確保や環境の保全に対する十分な配慮を要すること、イ）必要性、公益性が真に認められる事業について国民の権利保護を図りつつ円滑な権利調整に資する制度とすること、ウ）大深度地下は大都市地域において残された貴重な空間であり、またいったん設置した施設の撤去は困難であることから、適正かつ計画的な利用が強く求められること、といった基本的な考え方の下に、1998（平10）年5月27日に内閣総理大臣に答申を行った（答申の内容については巻末の【資料1】を参照のこと）。内閣は答申を受けて全6章56か条からなる法案を作成し、収用法の特別法として国会に提案した。この法案は、国会で2000（平12）年5月19日に可決され、大深度地下の公共的使用に関する特別措置法（平12法律87号。以下、「大深度法」と略称する。巻末の【資料2】参照）として、同

月26日に公布され、翌2001（平13）年4月1日に施行された。

　大深度法が制定された意義については、一言でいえば、この法律の内容は、損失補償に関する規定を除けば、現行の公物法や収用法という法体系を次に述べる区分地上権的地下使用説で統一する契機を招来する（大深度法25条参照）とともに、それまで無秩序に行われていた地下利用に対する反省を踏まえて、大深度地下の利用に関して関係行政機関等による大深度地下使用協議会の設置（同法7条）と事前の事業間調整（同法12条）を制度化する等、従来の地下利用の法制度に大きな影響を与える重要なものである(注1-2)。

　これまで、地下の使用に関する収用法の理論においては、土地の使用は公用制限の一種であるとされていた結果、通説および実務の取扱いは、民法（明29法律89号）207条の「土地の所有権は、……その土地の上下に及ぶ」という規定を前提にして、地下の一定空間を使うだけの場合でも対象地に使用権を設定して土地そのものを公共の用に供するために、土地の上下に及んでいる土地所有権の行使を全面的に制限することであるというのである。そこで、筆者はこの考え方を「地上権的地下使用説」と名付けた。

　それに対して、筆者は、つとに、収用法の使用は、民法269条の2で定める区分地上権と同じように地中に必要なだけの空間を上下に区切り、そこを使用権の対象とすることが可能であると考え、これを「区分地上権的地下使用説」と名付け、実務の取扱いを改めるべきだと主張してきた(注1-3)。

　大深度法は、後述のように大深度地下と定義する地下空間の立体的な部分を事業区域として、その区域の使用権を認可するという制度を創設したが、これはまさに区分地上権的地下使用説に基づいて立法したものであった。大深度法が地表の土地利用に全く影響のない深さの特定の地下空間を公共の事業のために使用する権利を創設するという目的を実現するために、区分地上権的地下使用説を採用して立法されたのは、当然といえば当然なことであった。

　しかし、同じトンネルで浅い深度のところは従前どおり地上権的地下使用説のままで扱われ、大深度地下に至ると区分地上権的地下使用説で手続きを進めるというのは、論理的整合性がとれないだけでなく、実務手続きでも混乱を招き、土地取引の面にも混乱が及ぶことになるといわざるをえないだろう。

　ところが、大深度法に対する社会の関心は、「補償せずに地下を使う権利」

という側面にのみ向いていたためか、これまで大深度法の意義や限界について充分な研究がなされたとはいえない状況であるといってよいようである。そのため、地下使用の権利の性質についての理解が、収用法の通説的理解と大深度法の規定との間が不一致のまま放置されていただけでなく、大深度地下なら土地の利用に全く影響がないのだから、大深度地下の使用は無補償かつ簡易な手続きで事業者に使用権が与えられることは、当然だとすることが常識化してしまったようである。だが、それが本当に常識といってよいのだろうか。

## 2　大深度地下利用問題の発端の意図的な仕掛け

### (1)　地下空間の垂直的利用と水平的利用

　井戸を掘ったり、地下室をつくったり、地下に水路を設置する、地下の鉱物資源を掘ったりする等々で古くから地下空間は利用されてきた。現代の日本では、井戸を掘ったり、地下室をつくることは、通常、民法の土地所有権の行使として行われ、地下の鉱物資源を掘ることは鉱業法（昭25法律289号）の鉱業権の行使として行われてきた。

　土地所有権は地下にも上空にも及ぶ権利で、その及ぶ範囲について、民法207条は「土地の所有権は、法令の制限内において、その土地の上下に及ぶ」と規定し、上下に特に制限を設けておらず、また、範囲を制限した法令も制定されていない。だからといって、宇宙の果てから地球の中心まで及ぶとするような非常識な見解は現に存しない。上下の範囲は土地所有者の利益の存する範囲に限るとか、土地所有者が支配可能な範囲に限るとするのが定説である。ただ、土地所有者の利益の存する範囲内を具体的に地上・地下何メートルとすることは、個人的見解はいざ知らず、一般には特に議論されていない。

　都市における地下の利用としては、地下室の建設や建物の基礎杭を打ち込むといった形態が一般的ではあるが、中には、地下数百メートルの深井戸あるいは1,000メートル以上の深さの温泉井を掘るなどの利用の仕方も見受けられる。

　建築基準法（昭25法律201号）の規定に従った地下室をつくったり、基礎杭

を打ち込んだり、また、水道法（昭32法律177号）の簡易水道組合の事業用の深井戸や温泉法（昭27法律180号）にもとづく温泉用の井戸を掘ること等については、対象の地下空間に土地所有権が及んでいて、それらの垂直的施設による地下利用行為はいずれも土地所有権の行使として行われているとされている(注1-4)。

　地下空間を水平的に、そしていくつかの画地を横断的に利用するものには、上下水道管、電力や通信用ケーブル、地下鉄トンネル等の施設がある。これらの施設は、通常、道路や公園等の公共施設の地下を利用して埋設されている。なぜなら、それらの施設の事業者は政府や地方自治体といった公共施設の管理者からその道路等の地下の占用許可を無償で受けることができるからである（たとえば、道路法（昭23法律125号）39条に係る昭52.9.10建設省道路局長通達参照）。

　ただ、地下鉄の路線がカーブを描いていたり、駅舎をつくる等で、どうしても民有地の地下を利用して建設しなければならないときがある。そのようなときは、事業者は土地所有者と交渉して民法上の区分地上権設定契約（民法269条の2）を締結して区分地上権を取得するか、あるいは交渉で合意できないときは、土地所有者の意向とは無関係に、収用法の使用裁決を得て土地（地下）を使用する権利（収用法101条2項）を取得し、その土地を使うことになる。

　もちろん、事業者は、区分地上権設定契約は有償契約であるので地代を（民法266条）、そして使用裁決は「私有財産を公共の用に供する」ことになるので正当な補償を支払う必要がある（憲法29条3項）。契約では合意した地代であるが、裁決では、土地の地下空間の部分を使用し土地所有権の行使を制限するという使用権の特質から、その権利行使の制限を損失とみなしてそれに見合うような補償金が算定されるという仕組みが法令で制度化されている（収用法88条の2参照）。

　このような公共事業で地下を使用する場合でも、契約や裁決のように煩雑な手続きを踏んだ上で、地代や補償金を支払わなければならないという法制度に対して、ある事件を契機に補償金を支払わずに使えるようにしようというアイディアがだされた。すなわち、地下の一定の深さより深い部分を大深度地下と名付け、そこは、深井戸や温泉井のような例外はあるが、一般的には、土地所

有者といえどもほとんど利用していないのであるから、そこを公共事業で使っても利用価値を喪失させることはないので実質的に損失を生じていないはずであると考えて、それなら原則として、補償する必要はないだろうし、補償する必要がないなら事業者に使用権を与える手続きも、収用法の煩雑な手続きから独立させ、事業主管官庁の認可だけで足りるという簡易なものでよかろう、というのである。

このアイディアを自らの組織の都合に合わせて活かすべく立法しようとしたのが、先に述べた旧運輸省の法案であった。

## (2) 営団地下鉄半蔵門線九段地区での土地使用事件

一定程度深い地下を使用する際に、無補償でかつ簡易な手続きにしようというアイディアが生まれた契機になった事件というのは、営団地下鉄半蔵門線九段地区での土地使用事件であった (注1-5)。旧運輸省は、東京などの大都市で公共交通機関の主力である地下鉄を整備するにあたり、それまでの煩雑な手続きと損失補償金の支払いという収用法の土地使用裁決制度に対して、自分たちの省の意向が反映されないシステムであるとして大いに不満を有していた。

この事件は、収用法が一坪共有地反対運動といわれた住民による事業反対運動に十分対応できなかったことにより重要な公共事業の完成が非常に遅れた代表例とされ、収用法を離れて大深度地下利用のための独自の立法を検討すべきだという問題提起の引き金をひいた事件であるとされる。

収用法が一坪共有地反対運動に十分対応できていないということは、この事業が緊急性を要していたにもかかわらず実施決定から事業完成まで十数年という長期間を要したが、その大部分は用地取得のための期間であったことに現れているとか、あるいは、「無数の権利者相手の手続きは無駄な時間をかけることの一例」(注1-6) という批判が代表的である。

だが、収用法の手続きを詳細に見直してみると、無数の権利者相手の手続きの所為とばかりとはいえないことがわかるであろう。

すなわち、収用法の定める事業認定手続きは、基本的には起業者の申請に対して、認定庁が認定するかどうかの意思決定をするという単純な手続構造であるから、この事件のように一坪共有地反対運動で権利者が多くても事業認定手

続段階では、単に提出される意見書が多いかもしれないというだけのことである。しかも、出された意見書をどのように扱うかは事業認定庁の裁量に任されており、極端にいえば、それを分類整理しておくだけでもよく、意見書の内容を認定に反映させるような手続きも規定されていないので、反対運動が盛んかどうか、あるいは人数が多いか少ないかなどは申請から認定までの手続期間の長さにはほとんど影響を与えない建前であるといってよいであろう。それに対して、収用委員会の裁決手続きは争訟構造の手続きとなっているから、権利者が多数であれば、それぞれの意見を逐一審理の対象にするので、当然、裁決申請から裁決までに要する手続期間は長くかかる。

　このような手続期間の違いを前提に、この事件全体の手続きに要した実際の期間を見てみると、事業認定庁である東京都知事が事業認定に要した期間は3年6か月であるのに対して、裁決庁である東京都収用委員会が裁決手続きに要した期間は2年11か月と全く逆の結果となっていることに注意すべきである。

　このことを踏まえて、以前、筆者は、次のように述べたことがある。

　「用地買収を行っているときに、土地収用法の手続きに踏み切るか否かは起業者の決断に任されているが、事前の任意協議期間（73.7～80.5）に6年10か月という長い期間を費やしているということは、決断を躊躇した何かの事情が起業者にあったことをうかがわせる。しかも、この期間中に地元の千代田区議会が路線計画に反対決議をしていることは驚きである。地下鉄建設といった地元住民の利益にもなるような公共事業で地元の区市町村がクレームをつけている場合、通常、事業認定庁の都道府県知事が申請どおり事業認定をすることはまず考えられない。反対権利者が多いというだけなら上で述べたように申請から認定までの期間が長くなる必然性はない。しかも、（長期間の事前協議の後にようやく事業認定が申請されたのであるが、さらにその）申請から3年6か月後という長い審査期間の末に最終的には事業認定がなされている。このことから見ると、もともとこの事業には地元の千代田区議会が反対決議をするような何か地元に無理を強いるような具合いの悪さがあったので、その具合いの悪さが訂正されるまで、都知事は事業認定をしなかったということを推測させる。この推測が正しいとすると、この事件は、そもそも計画に問題があった事業をゴリ押しした結果、用地取得に異常な長

期間をかけることになってしまった事例の一つであると解されることになる。本当の原因はいまのところ不明だが、それにしても、無数の権利者相手の手続きはムダであるという話にいつの間にか見事にすりかえられていたということになる。(中略)この事件の経緯を注意深く検討すれば、公共性・公益性の高い事業といえども、地元住民に無理を強いれば多数の反対権利者が発生するだけでなく地元自治体までも反対し、速やかな事業遂行もできなくなるのだから、計画の具体化は地元住民の理解を得ることができるように充分注意して行うべきであるという教訓が引き出せたはずである。それなのに、なぜ、この事件が現行収用手続きがダメな証しとして取り上げられ、挙げ句の果ては新しい大深度地下利用法をつくるべきだという口実にされたのか、全く理解に苦しむところである。」(注1-7)

筆者は、今でもこの主張を変える必要性を感じていない。

## (3) 旧(財)運輸経済研究センターの『大深度地下鉄道の整備に関する調査研究報告書』の隠された意図

大深度地下を「無補償」で使うというアイディアを地下利用問題の議論の中心に据えたのは、旧運輸省の外郭団体であった旧(財)運輸経済研究センター(現(一般財団)運輸政策研究機構)が1988(昭63)年1月に発表した『大深度地下鉄道の整備に関する調査研究報告書』での「大深度地下鉄道の敷設形態による経済比較表」にあったといってよいだろう。

しかも、不可思議なことに、同報告が発表される直前、何の前ぶれもなくいくつかの大新聞に唐突に大深度地下利用問題の解決が急がれているという記事が出て(注1-8)、この問題が大問題であるかのような騒ぎの口火が切られたのである。

上掲の研究センターの報告は、発表の2か月後の同年3月に報告書として刊行された(以下、「センター報告書」と略称する)。筆者は、以前、センター報告書について、それまで文字どおり日の当たらない地下利用研究にスポットライトを浴びせ、時代の寵児に持ち上げたという偉大な功績があるが、他方、大深度地下利用問題についての世間の視点を、有益な公共事業と欲深な土地所有者の反対というステレオタイプの構図に固定させようと意図していたのではな

かったろうか、と述べたことがある (注1-9)。時が経つにつれ、その思いは強くこそなれ、弱まることはない。

　センター報告書の扱っている「大深度地下鉄道の敷設形態による経済比較表」における大深度地下利用を有補償とした際の経済比較の基礎データの処理について、検討すればするほどに意図的な操作が秘められているとの疑念が強まった。その後に公にされた多くの文献、資料、マスコミの解説記事等がごく自然に大深度地下使用は無補償が当然であるとする常識を形成していったが、この流れを、近時の様々な大政策の転換の流れと照らし合わせて見るにつけ、霞ヶ関官僚組織の世論操作の典型例の一つであったのであろうと確信するに至った。

　センター報告書の「大深度地下鉄道の敷設形態による経済比較表」は、「一般に地下利用施設は地下深くなるにつれ直接の工事費は増大していくが、それに加えて、大深度方式の地下鉄道は、高速運転を前提にルートを設定するので、民有地の占有率が高くなり、この敷設形態で仮に用地補償を行うと仮定すると、用地費が非常に高くなってその経済性はなくなるとされている。」と前置きし、試算例の比較対照を行っている。しかも、その試算例には意図的な操作がなされていた疑いを消すことができない (注1-10)。

　このような疑わしい試算例でも、政府関係機関という権威に裏打ちされた数値は、その後一人歩きをして、大深度地下利用は補償すべきではないという主張の根拠とされるようになった。このセンター報告書の「経済比較表」は、当時、地下補償の仕組みに疎い、多くの人やマスコミに広まっていったが、さすがに、その後の政府系出版物は、この「経済比較表」の数字自体を使用するようなミスを犯していない。

## 3　大深度地下利用問題提起の真意

　以上で述べたように、大深度地下利用問題の発端から大深度法の制定までの十数年間の流れをこうやって概観すると、当初からある意図、すなわち、旧建設省所管の収用法を最後の拠り所とする地下使用の法制に対する非難を強調

し、あわよくば旧運輸省が省益拡大を狙って所管する新たな法制を創出することを意図した問題提起であったように思える。

たしかに、新たな公共事業の建設に対する関係住民の反対運動は年々盛んになってきていて、住民の一坪共有地反対運動のような「順法闘争」は、公共事業の主管省庁や事業者の頭痛の種であった。それだけでなく、東京都区内の幹線道路の地下は、上下水道管をはじめ地下鉄等のさまざまなトンネルが敷設されていて、相当前から、地下空間にはこれ以上のインフラ整備のための余地がないほどの状況であるといわれていた。

しかし、それはいずれも技術的にみて比較的使い勝手の良い浅い地下空間での問題であって、いうところの大深度地下はほとんど手つかずの地下空間であった。それにもかかわらずというか、だからこそというか、無補償での大深度地下の利用問題がたちまち熱気をもって喧伝されることになったのである。

土木技術の急速な発展は、それまでよりはるかに深い地下に、しかも地表の土地利用にほとんど影響なくトンネルを建設することを可能としていたこと、加えて建物の基礎杭の先端より深いところは、私有地であっても、ほとんど利用されていないことから、損失補償も必要なしとできそうであり、あわよくば、旧運輸省は、その所管下の鉄道事業にとって簡便な手続きで使用できるようにすることで、事業のいっそうの拡大推進を図りたいとの目論見が、背景にあったのであろう。

その目論見を実現させるには、大深度地下空間を地表の権利関係から切り離された、あるいは権利関係を無視しうる特別な空間ととらえて、そこの開発手続きについて、対象の大深度地下空間が私有地の地下であっても、土地所有者の直接的な介入を許さない制度をつくろうということであったのではないだろうか。

ところが、問題は思わぬ方向に展開して行く。時は土地バブル経済最盛期を迎えつつあったので、大深度地下利用問題は人々の熱狂を招き、大深度地下という空間は全く手つかずの空間で、これまで全く利用価値がなかったけれど、技術の進歩により暮しを変える都市基盤整備の地下のフロンティア、すなわちジオ・フロントであるといわれだした。そのため、他の省庁も先を争ってバス

に乗り遅れまいと、さまざまな開発プランを打ち上げた。そして、その素晴らしい開発プランの実現を邪魔しているのが貪欲な土地所有権であり、土地所有者のエゴに対して補償を認めているのが収用法制であるので、それとは別に新たな法制度を立ち上げるべきだ、そういわんばかりの談話、解説がいろいろなメディアを通して繰り返し繰り返し多数発表された(注1-11)。このことからも、収用法を所管する旧建設省を除く各省庁の内心の本音が、問わず語りに明らかとなった。

　大深度地下利用問題が喧しくなるにつれ、まず、大深度地下空間とは一体どこを指すのかということが問題となった。大深度法が定める大深度地下の定義については、後に述べることにするので、ここではこれまで地下鉄が建設されているところよりもっと深いところという程度の一般用語を前提にすることにしよう。

　大深度地下を特別の空間ととらえるにしても、そこに大規模な公共施設を建設するに際して、地下水や地盤に対する影響、地下深くに建設された施設に関する災害や事故の影響のような問題を懸念する向きもあろう。また、建設された施設を公共の用に供する以上は、地表とのアクセスは避けられないから、大深度地下空間に建設された施設と地表に建設された施設とは連続するだけに、両施設の法的性質の変化をどのように理解するのかが問題となる。のみならず、住民や土地所有者から大深度地下の利用計画に強い懸念が示されたときはどのように対応すればよいのか、行政が一方的に計画を認可するなどということは、住民参加の時代においてはアナクロニズムとの批判を受けるだろう。これらの法的な諸問題は避けて通れそうもない。

　また、本書のテーマから離れるので指摘するだけに止めるが、法の適用範囲の問題にしても、制定された大深度法は三大都市圏に限って適用される法律であるとされた（大深度法3条、施行令3条）が、それを踏まえると、大深度地下鉄道のような長ものの公共施設の場合、適用地域と非適用地域との狭間での扱いはどのようにすることになるのかということ、さらに、法の適用対象の問題に、大深度法と鉱業法との関係はどのように調整すればよいのかといった隠れたいくつかの問題もある(注1-12)。

　これらの法的な諸問題には、浅深度地下や中深度地下での従来からの論理を

大深度地下にまでそのまま適用するということなら、単に収用法や損失補償論の適用・運用の問題にすぎないということになろうが、大深度法には特別な制度を新設し無補償を原則とするという前提があるだけに、問題はいたずらに複雑化することになろう。

(注1-1) この大深度地下利用問題が唐突に騒がれ出した当時の背景、学説・見解等々の概要については、拙著『大深度地下利用問題を考える』（以下、『考える』と略称する）、1997年、公人社、12頁以下を参照。
(注1-2) 拙稿「大深度地下使用と土地収用」（大浜啓吉編著『都市と土地政策』、2002年、早稲田大学出版部、126頁以下）。
(注1-3) 拙著『地下利用権概論』（以下、『概論』と略称する）、1995年、公人社、77頁以下。
(注1-4) 臨時調査会答申第3章1(2)参照。
(注1-5) 『考える』119頁以下に、この事件の経緯について詳しく述べたので、興味のある方は参照して欲しい。
(注1-6) 阿部泰隆「大深度地下利用の法律問題」（『法律時報』68巻9号39頁）参照。
(注1-7) 『考える』122頁。
(注1-8) 1987.11.28 読売新聞。1987.12.8 日経新聞。
(注1-9) 『考える』20頁。
(注1-10) 試算例はセンター報告書57頁参照。試算例およびそれに対する筆者の疑問提起については、『考える』26頁以下を参照されたい。
(注1-11) 『考える』22頁以下参照。
(注1-12) 地下の鉱物資源を掘るための法律問題は、直接には鉱業法の問題であり、大深度法や民法の問題ではない。興味のある方は鉱業法を参照されたい。

# 第 2 章
# 大深度法制定の意義

## 1　臨時調査会の答申と大深度法の目的

　内閣に設置された臨時調査会は、大深度地下の定義、技術・安全・環境面の課題および法制面の課題について調査審議を行い、前述のように、1998（平10）年5月に内閣総理大臣に答申を行った。そして、内閣は答申を受けて大深度法として法案を国会に提案し、国会は2000（平12）年5月19日に可決し、同法は同月26日に公布され、翌2001（平13）年4月1日に施行された。

　臨時調査会の答申は、内閣総理大臣の「大深度地下利用に関する基本理念及び施策の基本、並びに公共利用の円滑化を図るための施策は如何にあるべきか」との諮問を受けて、以下のような視点から調査審議をしたと述べている。

　その視点は、大深度地下利用がどのような狙いをもって制度化を図ろうとしたか、それは、また、大深度法の立法目的は何かを明らかにする上で重要であるので、長くなるが、次に引用しよう (注 2-1)。

　「我が国の大都市地域において社会資本を整備する場合には、土地利用の高度化・複雑化が進んでいること等から、地上で実施することは困難を増す

傾向にあり、地下を利用する場合が極めて多い。その場合でも、道路等の公共用地の地下については、用地の確保が比較的容易なこと等から、地下鉄、上下水道、電気、通信、ガス等の社会資本が既に多く設置され、比較的浅い地下の利用は輻輳してきている。また、民有地の地下を見ると、建築物の地下室の建設や基礎杭の設置のための利用は一定の深度、地層までにとどまっている状況にある。

　このため、今後大都市地域において社会資本を整備するに当たっては、地上及び浅深度地下の利用に加えて、大深度地下、すなわち、土地所有者等による通常の利用が行われない地下空間を利用することが考えられるようになってきた。（中略）

　他方において、社会資本整備のための用地を取得するには、地権者との交渉・合意を経て権利を取得することが基本であるが、その際、特に大都市地域においては、土地利用の高度化・複雑化等から、地権者との権利調整に要する期間が総じて長期化する傾向にあり、権利調整の難航等のため効率的な事業実施が困難となっている。」

との視点の下で、大深度地下を公共事業で優先的に使用することができるとする新たな制度・仕組みを考案するべきであるとしている。

　そして、「大深度地下は、地権者である土地所有者等による通常の利用が行われない地下空間である。」との前提で、

　「そこで、このような空間の特性を踏まえて、公益性を有する事業の円滑化に資する制度が構築できれば、権利調整が円滑になり、理想に近い立地・ルートの選択や計画的な事業の実施が可能になるほか、用地費の割合が低くなる、騒音・振動等の軽減により居住環境への影響を低く抑えることができる、耐震性の確保を図りやすい等の利点も期待でき、良質な社会資本を効率的に整備することができる。トンネルを建設する費用についても、浅深度地下に建設する場合と比べて、大幅に増えるものではなく、有利性を十分発揮できる場合がある。

　他方で、言うまでもないことながら、安全の確保は大深度地下を人間の活動空間として利用するために非常に重要な課題である。また、地下水、地盤等の環境への影響を抑制し、環境影響が著しいものとなることを回避するこ

とが求められる。これらの課題に対してどのような対策をとるべきなのか、事前に十分検討する必要がある。

さらに、大深度地下は、残された貴重な空間であって、いったん設置した施設の撤去が困難である等の特性も持っている。したがって、大深度地下の乱開発等は望ましくなく、適正かつ計画的な利用が確保されるよう適切な配慮が必要である。」

と述べている。

以上のように、一般論としては実に物わかりの良さを感じさせる内容だが、よく読むと、事業を実施する側の視点は強調されているのに対して、計画により直接的にまたは間接的に影響を受けるであろう土地所有者側の視点や、その施設を利用する人々の視点は、朧気であり、わずかしか関心が払われていないことに気づかされる。

たとえば、「このような空間の特性を踏まえて、公益性を有する事業の円滑化に資する制度が構築できれば、権利調整が円滑になり」とあるのは、円滑化ではなく、権利調整が不要になるの間違いではないのか、また、「理想に近い立地・ルートの選択や計画的な事業の実施が可能になるほか、用地費の割合が低くなる」と述べているが、この点にこそ答申の真の狙いがあったのではと勘ぐりたくなるという具合に突っ込みを入れたくなる。このような点から推論すると、少なくとも結論が先にありきの諮問であり、答申であったように思えてくるのである。

そして、以上のような内容を踏まえて、答申は、その基本的な考え方として、以下の三点をあげている。

ア）　安全の確保や環境の保全に関しては、できるだけ早い段階から十分に配慮する必要があること。

イ）　大深度地下は、土地所有者等による通常の利用が行われない空間であるので、良質な社会資本の効率的な整備に資するよう、国民の権利保護を図りつつ権利調整の円滑化に資する制度を導入すること。

ウ）　大深度地下は、大都市地域において残された貴重な空間であり、また、いったん施設を設置するとそれを撤去することが困難であること等から、適正な利用や計画的な利用が強く求められるものであること。

このような答申の基本的な考え方を踏まえて、大深度法は、その目的として「公共の利益となる事業による大深度地下の使用に関し、その要件、手続等について特別の措置を講ずることにより、当該事業の円滑な遂行と大深度地下の適正かつ合理的な利用を図ること」（大深度法1条）と規定した。

　そして、大深度地下の定義として、土地所有者等が通常の利用を行っていない地下空間（建築物の地下室およびその建設の用に供されることがない地下の深さとして政令で定める深さ、と通常の建築物の基礎杭を支持することができる地盤として政令で定めるもののうち最も浅い部分の深さに政令で定める距離を加えた深さ、のうちいずれか深い方以上の深さ）であり（大深度法2条1項）、その大深度地下を使用する権利は、大深度地下の一定の範囲における立体的な区域である事業区域（同条3項）を使用する権利（同法25条）であると明記することで、大深度法は、旧来の地上権的地下使用説を否定し、区分地上権的地下使用説に立脚することを明らかにした。次いで、大深度法を適用する対象地域については、全国一律とはせず、首都圏、中部圏、近畿圏の三大都市圏に限定し（大深度法3条）、法律の適用を認める事業は限定列挙方式とし（同法4条）、事業を実施するにあたっては大深度地下使用協議会（同法7条）を設けて乱開発を予防する等の工夫を凝らしている。

　また、事業者は大深度地下の使用認可の告示により使用権を取得し、土地所有者等に事業区域の明渡しを請求できる（大深度法25条、31条）。

　大深度地下の利用問題の最大の課題と目されてきた使用権設定に伴う損失補償に関しては、大深度法は使用権の設定により具体的な損失が生じたときに限り、当該損失を受けた者は使用認可の告示の日から1年以内に認可事業者に対して請求する（大深度法37条1項）が、その損失補償については認可事業者と損失を受けた者が協議して定めたうえで、認可事業者が補償することとする（同条2項）。協議がまとまらないときは、収用委員会に補償裁決を申請することができるとされている（大深度法37条2項、32条4項、5項。収用法94条）。

　なお、大深度法の内容のうち損失補償の詳細に関しては、後に詳しく述べることとし、本章ではそれ以外のことについて述べることにしよう。

## 2　大深度法の適用地域と適用事業

### (1)　大深度法の適用地域

　大深度法は、この法律による特別の措置は、人口の集中度、土地利用の状況その他の事情を勘案し、公共の利益となる事業を円滑に遂行するため、大深度地下を使用する社会的経済的必要性が存在する地域として政令で定める地域について講じられると規定している（大深度法3条）。すなわち、大深度法は全国一律に適用するのではなく、適用する地域を限定し、政令で首都圏、近畿圏、中部圏の三大都市圏に適用を限定している（施行令3条）。ただ、注意すべきは、政令で定めるということは、大深度地下を使用する社会的経済的必要性をどのように考えるのか、その時々の内閣の政策判断に委ねることを意味し、将来的には、三大都市圏以外にも大深度法の適用地域が拡大することがありえるだろうということである。

　わが国の三大都市圏は、都市の活動が最も活発で、かつインフラ整備のためにも土地が最も立体的に利用されており、それだけ大深度地下を利用する公共事業は、まずこの地域となるはずだと政府が予想した結果を表したものであろう。現に、市街地の大深度地下を使用して既存の鉄道網と連結しようとするリニア新幹線は、まず、名古屋駅と東京・品川駅間で建設され、品川駅は地下40メートルの大深度地下になるという（注2-2）。

　大深度法の適用地域の首都圏、近畿圏および中部圏の三大都市圏の具体的な地域は以下のとおりである（施行令別表1参照）。首都圏の適用地域は、首都圏整備法（昭31法律83号）2条3項に規定する既成市街地または同条4項に規定する近郊整備地帯の区域内にある市（特別区を含む）および町村の全部または一部の区域（ちなみに、東京都のほぼ全部、神奈川県の大部分、千葉県および埼玉県のそれぞれ半分ならびに茨城県の一部分の地域）である。近畿圏の適用地域は、近畿圏整備法（昭38法律129号）2条3項に規定する既成都市区域または同条4項に規定する近郊整備区域の区域内にある市町村の全部または一部の区

域(大阪府の全域、兵庫県の一部、京都府のほぼ半分および奈良県の一部の区域)である。中部圏の適用地域は、中部圏開発整備法(昭41法律102号)2条3項に規定する都市整備区域の区域内にある市町村の全部または一部の区域(愛知県のほぼ半分および三重県の一部の区域)である。

## (2) 大深度法の適用事業

　大深度地下を使用する際に大深度法を適用できる事業については、大深度法は限定列挙している(大深度法4条)。ただ、収用法3条各号に掲げる事業または都市計画法の都市計画事業のうち大深度地下を使用する必要があるものとして政令で定めるものは、大深度法の適用事業とする(大深度法4条12号)が、これは将来の社会経済情勢の変化に機動的に対応できるために設けられたものであるという(注2-3)。

　そして、大深度法は、この列挙された事業を施行する者で「大深度地下の使用を必要とする者」を事業者(大深度法2条2項)、大深度地下の一定範囲における立体的な区域であって上の列挙された事業を施行する区域を事業区域(同条3項)というと規定している。それ故、すでにある土地の大深度地下を使用する権限(区分地上権など)を有する者は、「大深度地下の使用を必要とする者」とはいえないので、当該対象地に関しては事業者とはならない。これに対して、収用法は、「土地を収用又は使用することを必要とする事業を行う者」を起業者(収用法8条1項参照)、収用適格事業(同法3条参照)を施行する土地を起業地(同法17条1項2号)と定義している。

　このように、大深度法は収用法とは異なった用語を定義して使用しているが、収用法の用語の意義は大深度法の用語の意義を包摂する関係にあるので、本書では、収用法に関して述べる際にいちいち用語を変えるという煩雑さを避けて、事業者または事業区域と述べていることに注意されたい。

　また、事業者は、大深度地下使用権の帰属主体であること(大深度法25条)、および補償金支払い債務の帰属主体であること(同法32条)から、法人格を有する者である。法人格を有しない行政機関は事業者になりえない。ただ、国の場合、組織および権限とも膨大であるので事務処理の必要上、行政機関たる大臣または大臣より権限の委任を受けた行政機関が事業者として扱われる例であ

る（施行規則別記様式9備考2）。それに対して、地方自治体は法人格を有するので事業者になる（地方自治法（昭22法律67号）2条1項参照）。

　大深度法の適用事業の代表的なものとしては、以下、法律番号は省略するが、道路法による道路に関する事業（大深度法4条1号）、河川法の河川、準用河川、その治水用もしくは利水用の水路、貯水池その他の施設に関する事業（同条2号）、国、地方自治体または土地改良区が設置する農業用道路、用水路または排水路に関する事業（同条3号）、鉄道事業法の鉄道事業者もしくは鉄道建設等支援機構の事業または軌道法による軌道施設に関する事業（同条4号、5号、6号）等である。

　その他、大深度法の適用事業として、電気通信事業法、電気事業法、ガス事業法、水道法、工業用水道事業法、下水道法、水資源機構法といった法律による事業等も掲げられている（大深度法4条7、8、9、10、11の各号）。

　また、以上の事業のほか、収用法3条に掲げる事業（収用適格事業）または都市計画法で土地を使用できるとされている都市計画事業のうち、大深度地下を使用する必要があるものとして政令で定める事業もある（大深度法4条12号）。

　これらの事業の付帯事業という施工の際等に欠くことができない通路、鉄道、軌道、電線路、水路等に関する事業も適用事業に該当する（大深度法4条13号）。

　なお、地方自治体または廃棄物法の廃棄物処理センターが設置する一般廃棄物、産業廃棄物またはその他の廃棄物の処理施設に係る施設についての事業は、収用法3条に掲げる事業ではあるが、現在のところ、大深度地下使用事業として政令で定める政令が制定されていない（大深度法4条12号参照）ので、大深度法の適用事業とはいえないことになる。また、原子力発電所等からの放射性廃棄物の埋設処理等の事業は「核原料物質、核燃料物質及び原子炉の規制に関する法律」51条の2以下で定められていて、大深度法の適用事業として列挙されていない（大深度法4条参照）。

## 3　大深度地下使用協議会と事前の事業間調整

### (1)　情報の共有

　これまで、地下鉄の建設にしろ、上下水道管の埋設にしろ、地下を使用する事業間では十分な事前調整が行われてこなかったため、「先に掘った者の勝ち」というやり方が横行し、結果的に大都市の都心部の浅深度地下利用は著しい混乱の中にあることは、周知のところであろう。

　大深度地下は、大都市に残された貴重な空間であるだけでなく、また大深度地下に埋設された施設は、地上に建設された施設に比べその維持管理や更新が著しく困難である。これまでのような「先に掘った者の勝ち」というやり方を続けていては、いずれ取り返しのつかない事態を招くことになろう。

　そこで、事業主管官公庁や事業者間においては大深度地下にかかわる情報が共有され、せめて大深度地下の利用だけでも混乱を何とか予防しようという工夫がなされた(注2-4)。大深度法は、大深度地下を使用する事業を立案するにあたって事前に十分な情報が共有されるために、大深度地下使用の基本方針の策定（大深度法6条）、大深度地下使用協議会（同法7条）、国および都道府県の情報の収集および提供義務（同法8条）、事前の事業間調整（同法12条）などの新しい規定を設けた。

### (2)　大深度地下使用の基本方針

　大深度法は、大深度地下の使用にあたっては、地下深い空間であるという特性に照らして、安全の確保および環境の保全に特に配慮しなければならないと規定した（大深度法5条）。そして、国の義務として、大深度地下の公共的使用に関する基本方針を定めると規定した（大深度法6条1項）。

　基本方針には、①大深度地下における公共の利益となる事業の円滑な遂行に関する基本的な事項、②大深度地下の適正かつ合理的な利用に関する基本的な事項、③安全の確保、環境の保全その他大深度地下の公共的使用に際し配慮す

べき事項、および④その他大深度地下の公共的使用に関する重要事項を定める（大深度法6条2項）。国土交通大臣は、基本方針案の閣議決定を求め、決定後は遅滞なく公表しなければならない（大深度法6条3項、4項参照。平成13年4月に閣議決定した。基本方針の内容については巻末の【資料5】を参照されたい）。

　ところで、臨時調査会の答申は、大深度地下の使用にあたっては、安全の確保と環境の保全についての問題点を次のように指摘している (注2-5)。

　安全の確保の面での問題点としては、大深度地下施設に火災等が発生したときは、避難方向が上方で出口が限定されているだけでなく、煙の流れる方向と消防隊の進入方向が逆行していることや外部から情報収集が行い難く、消火活動や救助活動等が困難であること、煙、熱、有害物、水等がたまりやすく排出が困難であること、といったことが懸念される。そして、高潮、集中豪雨、洪水といった地上からの水の流入、高い地下水圧による施設内への漏水といった浸水被害への十分な対策が必要である。地下施設は移動手段、照明、空調設備等は電力の供給により成り立っている人工空間であるから、停電はパニックを発生させ、重大な事態を招くことになりかねないので、複数系統の受配電システムや十分な容量と稼働時間を有する非常用電源が必要である。地震については、地上や浅深度地下より振動による影響は受けにくいという特性を有しているが、地上等の接続部や空気・水・エネルギー供給ラインへの被害を食い止めるための耐震化措置等が必要である。また、環境の保全の面での問題点としては、地下水、施工による地盤の変位、酸化による化学反応、掘削土の処理等が問題となる。特に地下水については、地下水位・水圧低下による地盤沈下、流動阻害、地盤改良剤等による水質汚染等々が考えられる。

　これらの事象に対する事前または事後の適切な対処が、大深度地下を利用する際には絶対的に必要であり、上で述べたとおり、国が定める基本方針には、安全の確保、環境の保全その他大深度地下の公共的使用に際し配慮すべき事項を必ず定めるものとされた。

## (3)　大深度地下使用協議会と国および都道府県の情報の収集および提供義務

　事業の円滑化と大深度地下の適正かつ合理的な利用を図るために必要な協議

を行うため、大深度法の適用地域ごとに、国の関係行政機関および関係都道府県により大深度地下使用協議会が組織される（大深度法7条1項）。協議会は関係市町村および事業者等に資料の提供、意見の開陳、その他必要な協力を求めることができ（大深度法7条3項、4項）、国の関係行政機関および関係都道府県は協議の結果を尊重する義務がある（同条5項）。

また、国および都道府県は、適用地域における地盤の状況、地下の利用状況等に関する情報の収集および提供その他必要な措置を講ずるよう努めなければならない（大深度法8条）。事業者は事業準備のためにボーリング調査を行う（大深度法9条による収用法第2章の準用）が、国および都道府県は都市計画行政、建築行政等を遂行する過程で入手されたボーリングデータ等を活用して、適用地域における地盤の状況、地下の利用状況等に関する情報を積極的に収集し、提供している。すでに、国や多くの都道府県で、地盤情報として、インターネットを通じて公表している(注2-6)。

### (4) 事前の事業間調整

事業者は、大深度地下の使用認可を受けようとする際には、準備調査に基づき事業の種類、事業区域の概要、使用開始の予定時期および期間等を記載した事業概要書を作成し、事業所管大臣または都道府県知事に送付しなければならない（大深度法12条1項）。この事業概要書は公告されるとともに、事業区域が所在する市町村において30日間の縦覧に供される（大深度法12条2項）。

他方、事業所管大臣または都道府県知事は、送付された事業概要書の写しを事業区域が所在する対象地域に組織されている大深度地下使用協議会の構成員に送付し、事業概要の内容を周知させなければならない（大深度法12条3項、4項）。

また、事業者は、事業区域または近接する地下で同じような事業を施行し、または施行しようとする者から事業の共同化、事業区域の調整等の申出があったときは、その調整に努めなければならないとされている（大深度法12条5項）。この事業を施行し、または施行しようとする者には、既に工事を終了し、施設を供用開始している事業者、現在施行している事業者、これから施行しようとしている事業者が含まれる。事業区域の調整とは、具体的には、事業区域

の重複・近接が問題となる場合、事業者双方の事業区域の位置および範囲を調整することをいうことになろう (注2-7)。

## 4 大深度地下の定義

### (1) 土地所有権と公共事業による地下使用

#### 1) 地下使用権に関する二つの考え方

　地下鉄等のトンネルを建設する際に、一般的には、地下利用とか地下使用という言葉が使われている。この地下利用とか地下使用については、法律論では、民法なら区分地上権という権利概念が認められている（民法269条の2）。それに対して、収用法では土地使用権という概念が使われている（収用法101条2項）。

　収用法の土地使用権は使用対象の土地の所有権の行使を制限する効力を有する（収用法101条2項）が、土地所有権はその土地の上下に及ぶ（民法207条）ので、結局、土地使用権も土地の上下に及んで権利行使を制限するということになる。

　しかし、これでは、地下鉄等の建設のために地下の一定部分を使用している場合は、その実態を過不足なく表現するものとなっていない。すなわち、収用法の議論で地下使用といっても、土地使用の具体的な形態として地下の一定範囲を使っている事実を俗称していただけで、独立の法律概念とされてこなかったわけである。収用法が「空間又は地下を使用する」という言葉を使用しているのは収用法81条1項の規定だけで、それも「土地の使用が3年以上の長期にわたる場合には、使用に代えて収用の請求ができる」とされていることに対して、例外的に空間または地下の使用の場合で「土地の通常の用法を妨げないときは、この限りでない」として収用の請求はできないことを明記している場合だけである。だが、このことは、土地使用による権利行使の制限は土地全体に及んでいるので、その結果として、土地所有者等の権利者は、原則として、土地（地表）の利用はできないが、実際の地下空間の使用に影響がないという

一定の条件下で特に許された場合に限り、土地所有権等の権利を有する者の土地利用が認められる、との解釈の根拠ともなる。

収用法は、この81条1項の規定の存在から、土地使用権が実際に土地そのものを使用している場合と、空間または地下だけを使用している場合とは、土地所有権との関係は異なることを認識していたことがうかがえるのであるが、だからといって、空間または地下だけを使用する権利について、どのような法的性質を有しているかまでを認識していたことをうかがわせる規定は存在しない。

以上のように、収用法の土地使用の裁決については、伝統的に、「所有権の上に新たにその目的物を使用する権利が設定せられ、その結果それに対応して所有権の内容が制限せられる」公用制限の一種だとされていた(注2-8)。

公共事業に基づく土地使用の具体的な形態がどうであろうとも、土地所有権が、地表、地下を区分することなく土地全体に及んでいることから、使用裁決で事業者に付与される土地使用権は、一般の地上権（民法265条）のように土地全体にわたって土地所有権の行使を制限すると考えられた。それ故、筆者は、先に述べたように、これを一般の地上権（民法265条）に倣って地上権的地下使用説と名付けたわけである。

地上権的地下使用説は、地下使用の技術的なレベルが低く、地下鉄のトンネルは地下数メートルという浅いところに地表から掘って、そこで施設をつくって埋め戻す工法（開削工法）で建設せざるを得なかった時代には、ほとんど当然視されていた。そして、公用制限に係る伝統的な解釈の延長線上に旧来の考えをそのまま引き継ぎ、通説的に扱われ、実務の取扱いであり続けてきた。

それに対して、最近のように、地下鉄のトンネルはシールド工法(注2-9)で地下20メートル以上の深さに頑丈な構築物でもって建設されて、しかも、常時、良好に維持管理が続けられ、工事中でも工事後でも地表の土地利用はほとんど現状のままに継続可能であるというようになると、地下使用にともなう土地の利用制限は、その場所の地質状況や建築物の基礎構造に対応した限定的なもので十分であるということが徐々に当然視されてきた。

しかも後述のとおり、地下使用権の登記は認められないとされていることなどもあって、従来からの考え方の下では、収用法の用地取得が、区分地上権設

定契約による場合と整合性がとれないだけでなく、土地取引の現場などではいろいろ不都合なことが生じていた (注2-10)。

　発達した土木建設技術に基づき土地の立体利用が高度に進んでいる状況下では、公権力といえども必要以上に私権の行使を制限することは許されるべきではない。私権の行使の制限には、自ずから公用としての地下使用の態様や程度に相応する限度が存在しているといわざるをえない。そうであるなら、収用法においても、土地所有者の地表での利用が事業者の地下使用を害せず公共事業の施行に重大な支障がないことが認められる範囲で、地下使用権は、権利性を純化させ独立の法律概念として承認されてもよかろう。

　地下使用権の対象は、地下を実際に使うのに必要な地中の立体的な範囲であるから、土地所有者等土地に関して権利を有する者は、所有権等の権利行使として地下使用権の範囲外の土地である地表は自由に利用できる。ただし、土地所有権等の権利と設定された地下使用権との間には、いわば上下に隣接した関係が存在するので相互に権利を侵害してはならないという法律上の義務、とりわけ上に位置することになる土地所有権等の権利には侵害禁止の厳しい法律上の制限を負っている。それだけでなく、土地所有権等の権利者は、侵害禁止により権利行使の制限を受けるという負担を損失とみなして、事業者の補償を受けることができることになるという考え方が成立する。

　筆者は、これを民法の区分地上権（民法269条の2）との類似性に着目して区分地上権的地下使用説と名付け (注2-11)、つとに収用法の地下を使用する使用権については、この見解をとるべきことを提唱していた。有力説の支持も受けていた (注2-12)。なお、以下この立場から本書は必要に応じて地下使用権なる用語を使用することにしよう。

## 2)　区分地上権的地下使用説による立法

　大深度法は、事業を施行する大深度地下の一定範囲における「立体的な区域」を事業区域と定義した（大深度法2条3項）(注2-13)。そのうえで、事業区域の使用認可を受けた事業者は使用認可の告示の日において告示に係る使用の期間中、「事業区域を使用する権利を取得し、当該事業区域に係る土地に関するその他の権利は、認可事業者による事業区域の使用を妨げ、又は当該告示に係る施設若しくは工作物の耐力及び事業区域の位置からみて認可事業者による事

業区域の使用に支障を及ぼす限度においてその行使を制限される。」(大深度法25条)と規定した。

　これは、大深度地下使用権は事業区域という大深度地下の一定範囲における「立体的な区域」に設定される独立の権利であるということを明らかにして、区分地上権的地下使用説に則したものであることを鮮明にしたものである。

　大深度法の制定により、地下の利用問題が、長い間通説として君臨していた地上権的地下使用説の軛から解き放たれたことを意味するといえよう(注2-14)。

　そして、大深度法が区分地上権的地下使用説の考え方に則して規定したということは、収用法においても区分地上権的地下使用説で解釈するということを立法的に解決したのに等しいこととなった。なぜなら、収用法の地下使用権が設定されている土地の大深度地下に大深度地下使用権を設定するような場合、収用法が地上権的地下使用説を採用したままでは、収用法と大深度法の二つの使用権が衝突してしまうが、区分地上権的地下使用説を採用するならそのような問題は生じない。すなわち、収用法において、地下使用権を区分地上権的地下使用説で解釈することの妥当性が与えられ、民法の地下区分地上権との間に理論的な整合性をとることが可能となったのである。

　そのことから、後述する地下使用権の登記の問題の解決も可能となっただけでなく、収用法の実務や運用面において地下使用権の及ぶ範囲やその設定の際の損失補償の考え方についても再検討し、早急に補償金額の算定方法等を見直す契機ともなろう(注2-15)。結局、大深度法が区分地上権的地下使用説に則した立法をしたことにより、公法の使用権は、民法の権利とは無縁であり公法の独自の法理の下にあるとのドグマは、実態から遊離した単なる観念操作の一つになってしまったということもいえよう。

　また、収用法の問題だけでなく、道路法や都市公園法といった公物法の解釈にも大きな影響を与えるであろう。収用法と同様に、従来、公物法においては土地全体が公物管理権の対象であり、地表面はいうに及ばず、空中、地中についてもすべてにその管理権が及んでいると考えていたが、区分地上権的地下使用説は公物管理権のこうした考えを見直すことにもつながるであろうと指摘されていた(注2-16)。

　大深度法は、大深度地下使用権と公物管理権との関係について「認可事業者

による事業区域の使用については、道路法、河川法その他の法令中占用の許可及び占用料の徴収に関する規定は、適用しない。」（大深度法26条）と定めている。これは、公物管理権の法理に区分地上権的地下使用説の考え方を適用するなら、公物管理権は本来その公物の存立に必要十分な立体的範囲に及んでいれば足り、土地所有権の及ぶ範囲のすべてをカバーするものではないと解した結果であろう。そうだとすると道路等の公物が存する土地の大深度地下に大深度地下使用権が設定されトンネルが設置されても、原則として、当該公物管理権者からの従来のような占用許可ではなく、大深度地下の使用認可庁の使用認可のみで足りるということになる。本条はこの理を注意的に規定したものと解される（注2-17）。

## (2) 大深度法の定める大深度地下の定義

### 1) 大深度法の規定

　大深度法は、大深度地下利用にとってもっとも基礎的な概念である大深度地下について、①建築物の地下室およびその建設の用に通常供されることがない地下の深さとして政令で定める深さと、②当該地下の使用をしようとする地点において通常の建築物の基礎杭を支持することができる地盤として政令で定めるもののうち最も浅い部分の深さに政令で定める距離を加えた深さとを対比し、①か②の深さのうちいずれか深い方以上の深さの地下をいうと定義している（大深度法2条1項参照）。

　これを受けて、大深度法施行令は、①については、東京都区内でも深い地下室で有名な国立国会図書館の地下書庫の地下30メートル（地下8階）や東京電力の高輪変電所の地下36.4メートル（地下7階層）という例があるが、既存の超高層ビルや大部分の建築物の地下室は地下25メートル以内であること、および地下室の周辺が崩壊しないように土砂を押さえる壁（山留め壁）の建設には地下室底面より15メートルの深さが必要なことから、地下25メートル（4〜5階層の地下室に相当）に15メートルを加えた40メートルを超える深さを「建築物の地下室及びその建設の用に通常供されることがない地下の深さ」（施行令1条）としたという（注2-18）。そして、②については、基礎杭が1平方メートル当たり2,500 KN（キロニュートン）以上の許容支持力を有する地盤のうち

最も浅い部分の深さに10メートルを加えた深さをいうとしている（施行令2条）。

　以上の規定のうち、①は具体的な数値で明解だが、②は専門的技術的で分かりにくい。

　②についての一般的な説明は次のとおりである。すなわち、東京都の特別区の区域や大阪市、名古屋市といった大都会に乱立する超高層ビル群は、地中の固い地盤に建物の基礎を直接据えて建設される例もあるが、ほとんどは地中深くにある固い地盤に何本もの鉄筋コンクリート製の長い基礎杭を据えて巨大な建物を支える構造を採用している。たとえば、東京の山の手地区に位置する西新宿の超高層ビル街では新宿センタービルが地下28メートルで直接基礎の例であり、東京下町地区のビルではスカイシティ南砂が地下63メートルで杭基礎の例である。また、地上634メートルの世界一高い鉄塔である東京スカイツリーは非常に特種な形状の基礎杭を地下50メートルに設置しているという(注2-19)。

　そのような超高層ビルの基礎底面や基礎杭を据えることができる固い地盤を「許容支持力を有する地盤」といい、多くの超高層ビル等の建物は、この支持層の地盤を数メートル掘り込んで基礎杭を設置する。基礎杭の先端と大深度地下に設置されるトンネル施設との間は杭を伝わってくる建物の重力といった物理的な影響を避けるためにある程度の距離を離すことが必要なことから、支持層のうち最も浅い部分（支持層の上面）の深さに「政令で定める距離」（施行令2条3項は10メートルと定める）を加えて、その離隔距離とした(注2-20)。つまり、②の内容は、簡単にいうと、支持層の上面より10メートル以深ということになる。

　上述のとおり、ビルのような堅固な建物の基礎の種類には、建物の荷重を建物の底面から地盤に直接伝える直接基礎と、荷重を杭により地盤に伝える杭基礎とがあるが、基礎支持力を有する地層が比較的浅い地中に安定的に存在する地域では直接基礎形式が、地下深い地中にあるところでは杭基礎形式が採用される。地中の地層について、建物の重力を支持する能力（地耐力）がどの程度であるかを調べるには、その土地をボーリングした結果と、標準貫入試験の結果により調べる(注2-21)。標準貫入試験の結果は、N値がいくつという数字で示される。N値が高いほどその地層は硬いということを意味し、建物の基礎

支持する能力が高くなる。N値50というのは、基礎支持力は非常に高く超高層ビルの支持層として充分な硬さをもった地盤と見なされている。

ところで、東京を始め日本の大都市は平野と台地が入り組んだような土地に形成されていて、その地質状況は非常に複雑なことが一般である。台地部分は一般にN値の高い層が地表面近くまで盛り上がっているように見えることが多く、それに対して平野部分は一般にN値の低い層が地表面を被い、N値の高い層は地中深くにある。超高層ビルはN値の高い地層を地盤として建築されているが、東京都の区部で有名なのが東京礫層といわれる地層(注2-22)で、大阪市では天満層、名古屋市では海部・弥富累層といわれている地層で、いずれもN値は50以上といわれているとのことである(注2-23)。なかでも東京礫層はほぼ東京都の区部全域で見つかっており、区部西部では比較的浅いところで、区部東部は地中深くに見つかるという。東京の超高層ビルは、いずれもこの東京礫層に基礎を置くか基礎杭を埋め込んで建設されている(注2-24)。

## 2) 許容支持力を有する地盤＝「東京礫層」

地中の「許容支持力を有する地盤」の状況については、上で述べたように、首都圏、中部圏、近畿圏それぞれに特有の地盤状況が見られるが、ここでは参考までに、首都圏、特に東京都区部の地盤状況をみることにしよう。

東京都区内の表層地盤については、西部の山手地域では火山灰層(いわゆる関東ローム層)が、東部の下町地域では沖積層が特徴的である。これらの表層地盤はいずれも木造の2階建て住宅のような比較的軽い建物の基礎を支えることはできるが、鉄筋コンクリート造のビルのような重量建築物の基礎を支えることはできない。上で述べたように、なかでも超高層ビルのような超重量建築物はいずれも東京都区部でボーリングをするといたる所で表層地盤の下に存在を確認できる有名な東京礫層(武蔵野礫層)に基礎を据えている。

この東京礫層は、数万年前の氷河時代に東京の西方の山地から流れ下っていた河川の氾濫により玉石、小石、砂などで形成された層で、N値は50以上と非常に固く締まっていてビルの支持層として優れた地盤とされている。東京都区部の地下に広く薄く存在していることが見つかっており、西部は浅く東部は深くなるように全体として傾斜しているような形状で存在しているのではないかといわれている。

図1 東京都区部の地盤の模式断面図

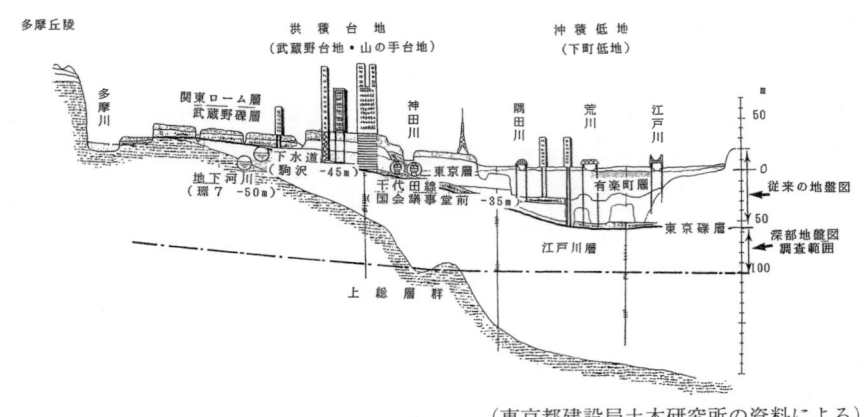

(東京都建設局土木研究所の資料による)

図2 東京都区部の地盤の詳細図の例

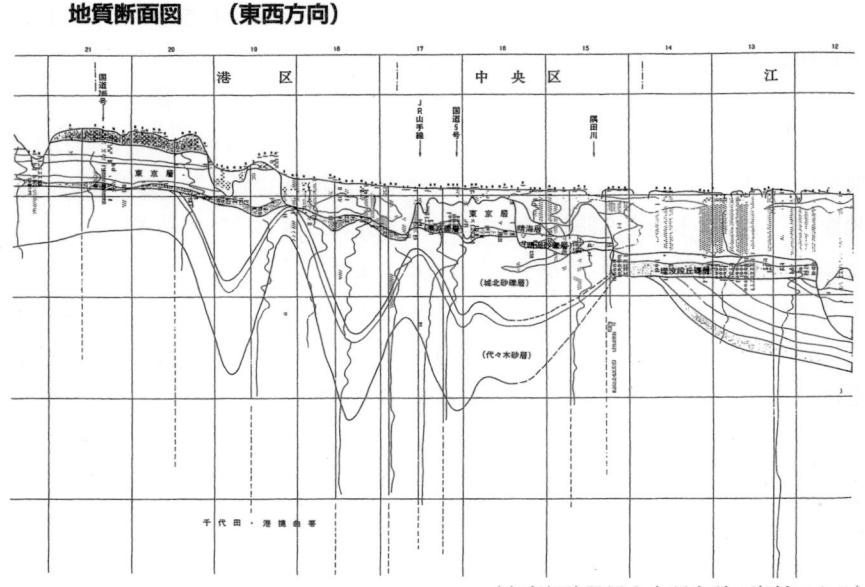

**地質断面図** （東西方向）

(東京都建設局土木研究所の資料による)

第 2 章　大深度法制定の意義　　31

図 3　東京都区部における大深度の位置図

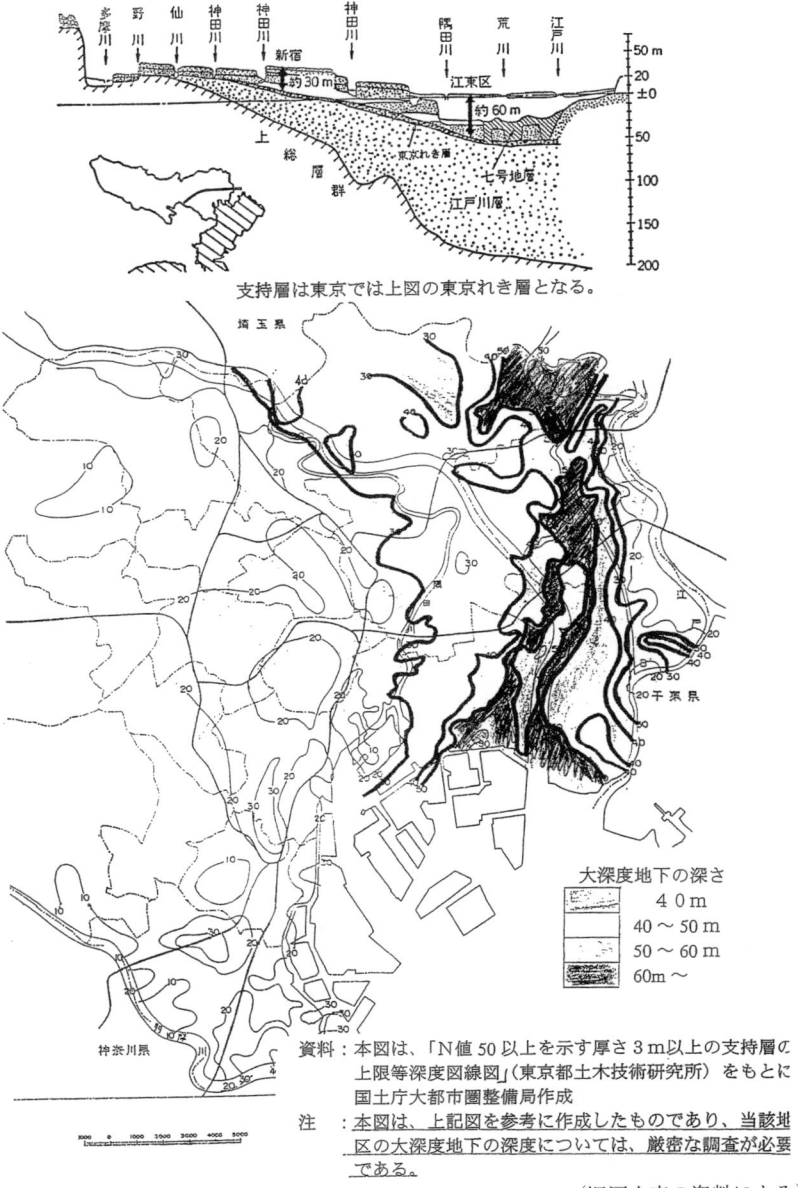

支持層は東京では上図の東京れき層となる。

大深度地下の深さ
　　　40 m
　40〜50 m
　50〜60 m
　60m〜

資料：本図は、「N値50以上を示す厚さ3m以上の支持層の
　　　上限等深度図線図」（東京都土木技術研究所）をもとに
　　　国土庁大都市圏整備局作成
注：本図は、上記図を参考に作成したものであり、当該地
　　区の大深度地下の深度については、厳密な調査が必要
　　である。

（旧国土庁の資料による）

図1は、東京都区部の地下の地質状態を模式的に示した地盤図である。なお、この図は、大深度地下の定義に大きな影響を与えたようである。

　図1だけを見ていると、東京都区部の地下には東京礫層と名付けられた高層ビルの支持地盤が一様に広がっていて、大深度法が定めた大深度地下の定義には全く問題がなそうである。だが、地下の地質状態をより詳細に示した**図2**、および大深度地下が地表面から見てどのように分布しているかを示した**図3**によると、高層ビルの支持地盤（許容支持力を有する地盤＝「東京礫層」）が決して東京都区部全域に万遍なく一様に広がっているわけではないことがわかり、大深度地下の立体的位置は、場所によっては建物の建っている画地毎に変化している地域があっても不思議ではないと推測できる。

　図2によると、超高層ビル建設の際、許容支持力を有する地盤として評価されている東京礫層は、地中で途切れたり、折れ曲がったり、ねじれたりして、全体に西側が浅く東側が深くなるように傾斜して、しかも厚さもさまざまに広がっている様子が見てとれる。東京礫層が途切れていたり折れ曲がっていたりしているのは、礫層の成り立ちと河川の浸食の影響等の地質年代の歴史を反映しているからだという (注2-25)。

　図3は、大深度地下が大深度法の定める定義に合わせて地表のどの位置に当たるかを示しているが、大深度地下の位置が一様ではなく複雑に入り組んでいる様子が見てとれる。

　もっとも、日本の都市の地下の地質状況は非常に複雑であるから、東京の地下も同様で、地中の地層は上掲のような図面で細部まで判断できるほど単調ではない。ある画地の地中の地質はボーリング調査をして初めて詳細が判明するという。すなわち、大深度地下の位置を判定するには、地中の地質状況を判定すると同時に、地層の連続性を把握することが必要となる。それにはボーリング調査をすることが避けて通れないといわれている。


(注2-1)　臨時調査会の答申の全文は巻末に【**資料1**】として掲載してあるので、詳細はそちらを参照して欲しい。
(注2-2)　2013.9.19 朝日新聞。

（注 2-3）　大深度地下利用研究会編著『詳解・大深度地下使用法』（以下、『詳解』と略称する）、2001 年、大成出版社、44 頁。
（注 2-4）　水野達也「大深度地下の公共的使用に関する特別措置法の概要について」（『用地ジャーナル』№ 101、6 頁以下）参照。
（注 2-5）　臨時調査会答申第 2 章Ⅱ参照。
（注 2-6）　東京都の場合は、東京都建設局土木技術支援・人材育成センターのホームページで「東京の地盤（web 版）」として公表している。
（注 2-7）　『詳解』73 頁。
（注 2-8）　田中二郎著『新版・行政法（下）』、1983 年、弘文堂、158 頁。柳瀬良幹著『公用負担法』、1960 年、有斐閣、91、121 頁。旧土地収用法には「使用ト称スルハ権利ノ制限ヲ包含ス」という規定があったが、現行法では言わずもがなということで規定されなかったという（高田賢造・国宗正義著『土地収用法』、1953 年、日本評論新社、31 頁参照）。
（注 2-9）　シールド工法とは、立坑より地中に降ろして組み立てた円筒状のシールドマシンの先端部で土砂を掘り、後方に搬送し、立坑から土砂を搬出する工法である。シールドマシンの先端部の鋼鉄製のカッターを回転させて掘ったトンネル部分は鉄筋コンクリート製のセグメントを組み立てて壁面とし、壁面の先端を足場にした油圧ジャッキでシールドマシンを押して前進させ、掘り進む（『考える』73 頁参照）。
（注 2-10）　地下鉄の路線が私有地の地下で交差するような場合、後の使用裁決による権利制限は、前とダブることになるが、はたしてそれを法的にはどのように理解すべきか。区分地上権設定契約が先で使用裁決が後の場合、あるいは、逆の場合、権利間の整合性はどうするか。はたまた、都市高速鉄道といった都市計画施設の区域内、すなわち地下鉄トンネルの上に土地所有者などが建物を建築する際は、都市計画法（昭 43 法律 100 号）53 条の許可を受けなければ建築基準法 6 条の建築確認を受けることができないことになっているので、転々譲渡を受けた土地所有者が地下使用権の設定の有無・内容を軽視して建築確認を申請したところ、いきなり都市計画法 53 条の許可が必要であるといった指摘を受けないともかぎらない。後者のような混乱は、登記簿に地下使用権の登記があるならほとんど未然に防止できることになろう。また、地下使用権の設定がなされると、その土地には荷重制限等の利用制限が課せられ、土地の評価格に大きく影響する。その評価格上の影響の程度は利用制限の内容に関係するが、地下使用権の利用制限の内容を登記簿で確認できない現在、不動産取引界に少なくない混乱を生じているところである。
（注 2-11）　『概論』77 頁以下。
（注 2-12）　成田頼明著『土地政策と法』、1989 年、弘文堂、277 頁参照。
（注 2-13）　事業区域は、「大深度地下の一定の範囲における立体的な区域」であって、大深度法の適用事業（大深度法 4 条）を施行する区域をいうとされている（同法 2 条 3 項）。「立体的な区域」というならば、前後・左右・上下の六面で区切られる区域ということになるが、事業区域は、前後・左右は土地の境界等で、また、上面は大深度地下の定義から明らかにできるが、下面を特定する規定はない。その点で、形式的意味での立体的な区域とはいえないかも知れない。その意味では、区分地上権が「土地の上下の範囲を定める」（民

法269条の2・1項）としていることと同一ではない。だからといって、下面は土地所有権の及ぶ全ての範囲ということでは大深度地下の一定の範囲における「立体的な区域」を事業区域とする法の趣旨に反するので、個々の認可事業については技術的に入用な範囲をもって下面の位置とするものであると解すべきであろう。ただ、明文で下面の位置を規定していないということは、形式論的には大深度法31条3項の「物件の引渡し」の意味（第4章2参照）と絡めると、認可処分後は大深度地下とされた深さより深い空間については、土地所有権を否定するとの結論に帰着するような非常に重大な意味をも持ちそうであるが、ここでは指摘するだけにとどめる。また、事業区域の下限が法定されていないということは、大深度地下に複数の使用権が交差する際はどのように考えるべきか、理論的な問題を考えておく必要があろう。

(注2-14)　拙稿「大深度地下と土地収用法」（『用地ジャーナル』№80、21頁以下）参照。
(注2-15)　『概論』47頁以下および156頁以下参照。
(注2-16)　前掲（注2-12）277頁以下参照。
(注2-17)　『詳解』116頁は、「国土交通大臣又は都道府県知事は、申請書に添付された又は自ら求めた公物管理に係る行政機関の意見書等（大深度法14条2項9号、同法18条1項）を踏まえて、統一的な判断主体として、適切に使用権を設定することとされている。そのため、使用許可が設定された事業区域が公物の地下にある場合、重ねて、公物管理法に基づく占有許可をとることは不要であり、占用の許可に関する規定を適用しないこととされている。」と解している。なお、同研究会編著『早わかり大深度地下使用法の解説』、2000年、大成出版社、57頁参照。
(注2-18)　『詳解』36頁。
(注2-19)　東京スカイツリーは東京都墨田区押上地区に建設されたが、建設地の地表の地盤は沖積層で軟弱で、しかも東京礫層は東の外縁近くで地下40メートル近い深さにあり、地上634メートルの鉄塔を支持できる地盤としては十分とはいえない状態であった。そこで、地下深くに存在する凝灰岩の地層（江戸川層。東京礫層のさらに下に存在する）を支持地盤とするため地下50メートルまで掘削し、現場で巨大な三角形でかつ特種な形状の基礎杭を建造して（ナックル・ウォール工法）、その上に鉄塔本体を建設したという（東京スカイツリー建設プロジェクト／(株)大林組 http://www.obayashi.co.jp/news/skytreedetail22）。
(注2-20)　『詳解』37頁。
(注2-21)　社団法人土質工学会土のはなし編集グループ編『土のはなし（Ⅲ）』、1977年、技報堂、62頁〔柴田徹執筆〕参照。
(注2-22)　貝塚爽平著『東京の自然史』、1988年、紀伊国屋書店、50頁参照。
(注2-23)　前掲（注2-21）89頁〔佐藤寛執筆〕参照。
(注2-24)　建物の基礎構造と支持地盤との関係については、『考える』44頁以下に略図をもとに簡単な解説をしているので、そちらを参照して欲しい。
(注2-25)　前掲（注2-22）146頁参照。

# 第3章
# 大深度地下の使用認可の手続き

## 1　事業の準備

### (1)　事業準備の調査

#### 1)　立ち入り等の許可

　事業者は、大深度地下の使用認可の申請を行うには、事業区域を記載した申請書を作成し（大深度法14条1項）、事業計画書（同条2項2号）、事業区域および事業計画を表示した図面（同条同項3号）、事業区域が大深度地下にあることを証する書類（同条同項4号）、物件に関する調書（同条同項5号）等の書類を申請書に添付しなければならない（同条2項本文）。

　これらの書類を作成するには、事前に対象となる土地について詳しく調査をする必要がある。とりわけ物件に関する調書には、事業区域内に物件があるか否か、あるとすればどのような物がどのような状態であるかを明記しなければならない（大深度法13条）。そのため、事業者は、準備調査として他人の土地に立ち入り、障害物を伐除し、土地を試掘する等の行為をする権限が認めら

れ、また、それらの行為によって生じた損失を補償する義務を負うことが必要である。大深度法は、このような事業者の行う準備調査について、一般法の収用法の規定を準用している（大深度法9条による収用法11条〜15条、91条および94条の準用）。

　事業の準備のために他人の占有する土地に立ち入って測量または調査をするには、都道府県知事の立ち入りの許可を受けなければならない。

　まず、事業者は、事業の種類ならびに立ち入ろうとする土地の区域および期間を記載した申請書を当該区域を管轄する都道府県知事に提出して立ち入りの許可を受ける（準用する収用法11条1項本文）。ただし、事業者が国または地方公共団体であるときは、事業の種類ならびに立ち入ろうとする土地の区域および期間を都道府県知事にあらかじめ通知することをもって足り、許可を受けることを要しない（準用する収用法11条1項但書）。

　立ち入り許可の申請があった事業が、大深度法4条各号の一に掲げる大深度法の適用事業に該当しない場合、または立ち入ろうとする土地の区域および期間が当該事業の準備のために必要な範囲をこえる場合を除いては、都道府県知事は立ち入りを許可するものとする（準用する収用法11条2項）。

　都道府県知事は、事業準備のための立ち入りを許可したとき、または、国または地方公共団体から事業準備のための立ち入りの通知を受けたときは、直ちに、事業者の名称、事業の種類ならびに事業者が立ち入ろうとする土地の区域および期間を、その土地の占有者に通知し、またはこれらの事項を公告しなければならない（準用する収用法11条4項）。

　立ち入りの許可を受けた事業者または立ち入りの通知をした国または地方公共団体は、土地に、自ら立ち入り、または事業者が命じた者もしくは委任した者を立ち入らせることができる（準用する収用法11条3項）。ただし、知事の許可を得ずに土地に立ち入り、または立ち入らせた事業者（準用する収用法11条1項違反者）には罰則の規定（50万円以下の罰金刑）が適用される（大深度法53条）。

2)　他人の占有する土地への立ち入り

　事業準備のために他人の占有する土地に立ち入ろうとする者は、立ち入ろうとする日の5日前までに、その日時および場所を市町村長に通知しなければな

らず、市町村長は、通知を受けたときは、直ちに、その旨を土地の占有者に通知し、または公告をしなければならない（準用する収用法12条1項、2項）。

　宅地またはかき、さく等で囲まれた土地に立ち入ろうとする場合、その土地に立ち入ろうとする者は、立ち入りの際あらかじめその旨を占有者に告げなければならない（準用する収用法12条3項）。日出前または日没後においては、宅地またはかき、さく等で囲まれた土地に立ち入ってはならない（準用する収用法12条4項）。

　立ち入る際には、その身分を示す所定の証票および都道府県知事の許可証（事業者が国または地方公共団体である場合を除く）を携帯しなければならない。証票または許可証は、土地または障害物の所有者、占有者その他の利害関係人の請求があったときは、示さなければならない（準用する収用法15条1項）。

　土地の占有者は、正当な理由がない限り、立ち入りを拒み、または妨げてはならない（準用する収用法13条）。正当な理由がないにもかかわらず、立ち入りを拒み、または妨げた者（準用する収用法13条違反者）には罰則の規定（50万円以下の罰金刑）が適用される（大深度法53条）。

### 3) 障害物の伐除および土地の試掘等

（ア）　立ち入り測量・調査の際の障害物の伐除

　事業の準備のために他人の占有する土地に立ち入って測量または調査を行う者は、やむを得ない必要があって、障害物、すなわち障害となる植物もしくはかき、さく等を伐除しようとする場合において、当該障害物の所有者および占有者または当該土地の所有者および占有者の同意を得て行うことができる。だが、同意を得ることができないときは、当該障害物の所在地を管轄する市町村長の許可を受けて当該障害物の伐除を行うことができる（準用する収用法14条1項前段）。

　市町村長が許可を与えようとするときは、障害物の所有者および占有者にあらかじめ意見を述べる機会を与えなければならない（準用する収用法14条1項後段）。

　障害物を伐除しようとする者は、伐除しようとする日の3日前までに、当該障害物の所有者および占有者に通知しなければならない（準用する収用法14条2項）。

また、障害物が山林、原野その他これらに類する土地にあって、あらかじめ所有者および占有者の同意を得ることが困難であり、かつ、障害物の現状を著しく損傷しない場合においては、事業者または事業者が命じた者もしくは委任した者（以下、「事業者等」という）は、当該障害物の所在地を管轄する市町村長の許可を受けて、直ちに障害物を伐除することができる。この場合においては、障害物を伐除した後、遅滞なく、その旨を所有者および占有者に通知しなければならない（準用する収用法14条3項）。障害物を伐除する際には、その身分を示す証票および市町村長の許可証を携帯しなければならず、土地または障害物の所有者、占有者その他の利害関係人の請求があったときは示さなければならない（準用する収用法15条2項）。

　市町村長の許可を得ずに障害物を伐除した者（準用する収用法14条1項違反者）には罰則の規定（50万円以下の罰金刑）が適用される（大深度法53条）。

(イ)　土地の試掘または試錐（しすい。ボーリング）またはそれに伴う障害物の伐除

　事業準備のために他人の占有する土地に立ち入って測量または調査を行う者は、やむを得ない必要があって、当該土地に試掘または試錐もしくはこれに伴う障害物の伐除（以下、「試掘等」という）を行おうとする場合において、当該土地の所有者および占有者の同意を得て行うことができるが、同意を得ることができないときは、当該土地の所在地を管轄する都道府県知事の許可を受けて当該土地に試掘等を行うことができる（準用する収用法14条1項前段）。

　都道府県知事が許可を与えようとするときは、土地の所有者および占有者にあらかじめ意見を述べる機会を与えなければならない（準用する収用法14条1項後段）。

　なお、事業者等は、土地の試掘等の場合には、そこが山林、原野その他これらに類する土地であって、あらかじめ所有者および占有者の同意を得ることが困難であっても、原則どおり、都道府県知事の許可を受けなければならない（準用する収用法14条4項参照）。

　土地に試掘等を行おうとする者は、試掘等を行おうとする日の3日前までに、当該土地の所有者および占有者に通知しなければならない（準用する収用法14条2項）。試掘等を行う際には、その身分を示す証票および都道府県知事

の許可証を携帯しなければならない。証票または許可証は、土地または障害物の所有者、占有者その他の利害関係人の請求があったときは、示さなければならない（準用する収用法15条）。

　知事の許可を得ずに土地の試掘等を行った者（準用する収用法14条1項違反者）には罰則の規定（50万円以下の罰金刑）が適用される（大深度法53条）。

### 4）事業計画書、事業区域および事業計画を表示する図面等の作成

　前述のとおり、事業者は、大深度地下の使用認可の申請を行うにあたっては、準備調査に基づいて事業計画書（大深度法14条2項2号）、事業区域および事業計画を表示する図面（同項3号）、事業区域が大深度地下にあることを証する書面（同項4号）、事業区域内にある物件に関する調書（同項5号）等を作成する。作成されたこれらの書類および図面は、申請書に添付しなければならない（同項本文）が、その記載事項および内容については後述する。

### (2) 事業準備調査に伴う損失補償

　事業準備のための土地の立ち入り、障害物の伐除および土地の試掘等の行為により生じた損失の補償については、事業者が補償するが、損失補償の算定および支払い等については収用法91条および94条の規定が準用されている（大深度法9条）。

　事業準備のため私有地に立ち入って測量し、調査し、障害物を伐除し、または土地に試掘等を行うことによって損失を生じたときは、事業者は、損失を受けた者に対して、これを補償しなければならないが、損失があったことを知った日から1年を経過した後においては請求することができない（準用する収用法91条）。

　その損失の補償は、通常受ける損失（以下、「通損」という）の補償であるが、具体的には、事業者と損失を受けた者とが協議して定め、協議が成立しないときは、事業者または損失を受けた者は、収用委員会の裁決（以下、「補償裁決」という）を申請することができるとされている（準用する収用法94条1項、2項）。

　補償裁決の手続きについては第4章に述べたので、そちらを参照して欲しい。

## 2 大深度地下の使用認可の手続き

### (1) 使用認可庁

　大深度地下を使用することが認められた法定事業（大深度法4条）を行おうとする事業者は、使用認可庁（国土交通大臣または都道府県知事）から使用認可を受けて大深度地下の事業区域を使用することができる（同法10条）。

　法定事業のうち、国土交通大臣が大深度地下の使用認可を行う事業は、国または都道府県が事業者である事業、事業区域が二以上の都道府県の区域にわたる事業、一の都道府県の区域を越え、または道の区域の全部にわたり利害の影響を及ぼす鉄道事業や電気事業、それに密接に関連する通路、鉄道、電線路、水路など法定の大規模な事業である（大深度法11条1項）。

　それ以外の事業に関しては、事業区域を管轄する都道府県知事が使用認可を行う（大深度法11条2項）。

　使用認可の手続きは次に述べるが、所定の手続きを経て国土交通大臣または都道府県知事が大深度地下の使用認可を行ったときは、官報または公報により使用認可の告示をしなければならない（大深度法21条）。そして、その認可の告示の日において、認可を受けた事業者は、大深度地下の一定の範囲における立体的な区域である事業区域を使用する権利を取得し、当該事業区域に係る土地に関する上記使用権以外の権利（土地所有権等の権利）は、認可事業者による上記使用権に基づく使用に支障を及ぼす限度において、その行使が制限される（大深度法25条）。

　使用認可の告示の日において事業者が、直ちに、大深度地下使用権を取得し、土地所有者等が権利行使を制限される等の使用認可処分の効力の点を除き、それ以外の規定は、収用法の事業認定に関する主な規定（収用法17条、26条）を参考にして規定したものであろう。

## (2) 使用認可申請書とその添付書類

### 1) 使用認可手続きの流れ

　上記のように、大深度法は、事業者は使用認可庁の使用認可処分のみで大深度地下使用権を取得すると定めている（大深度法25条）。この点、収用法に基づく土地（地下）使用の場合、事業者は、事業認定庁（国土交通大臣または都道府県知事）の事業認定処分（収用法16条以下）と収用委員会の裁決処分（同法47条以下）の二つの行政処分を受け、さらに、裁決で定められた損失補償金を期限までに支払ってはじめて使用権を取得する（同法100条1項、101条2項）とされていることに対して、大きな特色になっている。

　大深度法が、事業者の大深度地下使用権の取得を事業施行関係の官公庁から独立した権限を有する行政委員会たる収用委員会（収用法51条2項参照）の裁決手続きを経なくてもよいとしたことは、大深度地下利用問題が、第1章で述べたように、当初から、土地所有者の意向を配慮することなく、行政庁限りの判断で大深度地下を利用できるようにしたいという一種のアナクロニズムを背景に仕組まれた意図的な問題提起の当然の帰結といえようか(注3-1)。

　もっとも、上記のように、大深度法が、収用法の事業認定手続きに似た「使用認可手続き」だけで足りるとしたのは、同法の大深度地下の定義と関連するということもできよう。すなわち、使用認可庁（国土交通大臣または都道府県知事）からの大深度地下の使用認可処分だけで、事業者は、大深度地下使用権を取得することができるとしたのは、大深度地下は一般には直接使われておらず、仮にそこが事業者に使われても通常の土地利用には影響が生じない程度の深さの使用ということになり、結局、土地所有者に損失を与えることはないはずである。しかも、仮に補償すべきことがあったとしても、後述の「事後補償論」に基づくことにして、権利付与手続きから損失補償の確定手続きを切り離すことができたことから、事前に収用委員会の裁決手続きを経る必要性はなくなったとの考えを基礎に置いてのことであろうか。

　いずれにしろ、都市で地下鉄等のトンネルを建設するときは地下使用という言葉が使われる。ただ、事業実施者が、道路敷地のような公共用地の地下を使用する際には、そこの管理者の地下使用の占用許可を得ることが必要となる

(道路法32条参照）(注3-2) が、宅地のような私有地の地下なら、事業実施者は、通常、契約により地下の必要な空間を対象とした区分地上権を取得する（民法269条の2）。

区分地上権設定契約の交渉が決裂した等で契約できなかったときは、収用法では、事業者（起業者）は、事業認定庁（国土交通大臣または都道府県知事）の事業認定と収用委員会の使用裁決という二つの行政処分を受けて土地（地下）使用権を取得し（収用法101条2項）、事業が実施される。それに対して、大深度法では、上述のとおり、事業者は使用認可庁の使用認可処分のみで大深度地下使用権を取得するとする手続きを設けている（大深度法25条参照）。

**図4**は、収用法の土地（地下）使用手続きと大深度法の大深度地下の使用認可の手続きの流れを対比して示したものである。

**2) 使用認可申請書**

事業者は、使用認可を受けようとするときは、国土交通大臣を使用認可庁とする事業については使用認可申請書とその添付書類をその事業の所管大臣を経由して国土交通大臣に提出するが、都道府県知事を使用認可庁とする事業については直接都道府県知事に提出する（大深度法14条1項）。提出する部数は、正本1部ならびに事業区域が所在する都道府県および市町村の数の合計に1を加えた部数の写しとされている（施行規則8条1項）。

使用認可申請書とその添付書類の提出を受けた事業所管大臣は、遅滞なく、当該申請書および添付書類を検討し、意見を付して、国土交通大臣に送付する（大深度法14条3項）。申請書の提出先は事業所管大臣であるが、使用認可庁（使用権の設定者）は国土交通大臣であるから、申請書の宛名は国土交通大臣である（施行規則様式9）。

使用認可申請書に記載する事項は、①事業者の名称、②事業の種類、③事業区域、④設置する施設または工作物の耐力、⑤使用開始の予定時期および期間の5項目である（大深度法14条1項）。

①事業者の名称は、権利能力を有する者の名（法人名）を記載する。ただし、国の場合は事業施行権限を有する行政機関名（事業を担当する大臣名）を記載する例である（施行規則様式9備考2参照）。また、②事業の種類は、具体的に記載する（施行規則様式9備考3参照）。

第3章　大深度地下の使用認可の手続き　43

## 図4　収用法の土地（地下）使用手続きと大深度法の大深度地下の使用認可の手続きの流れの対比

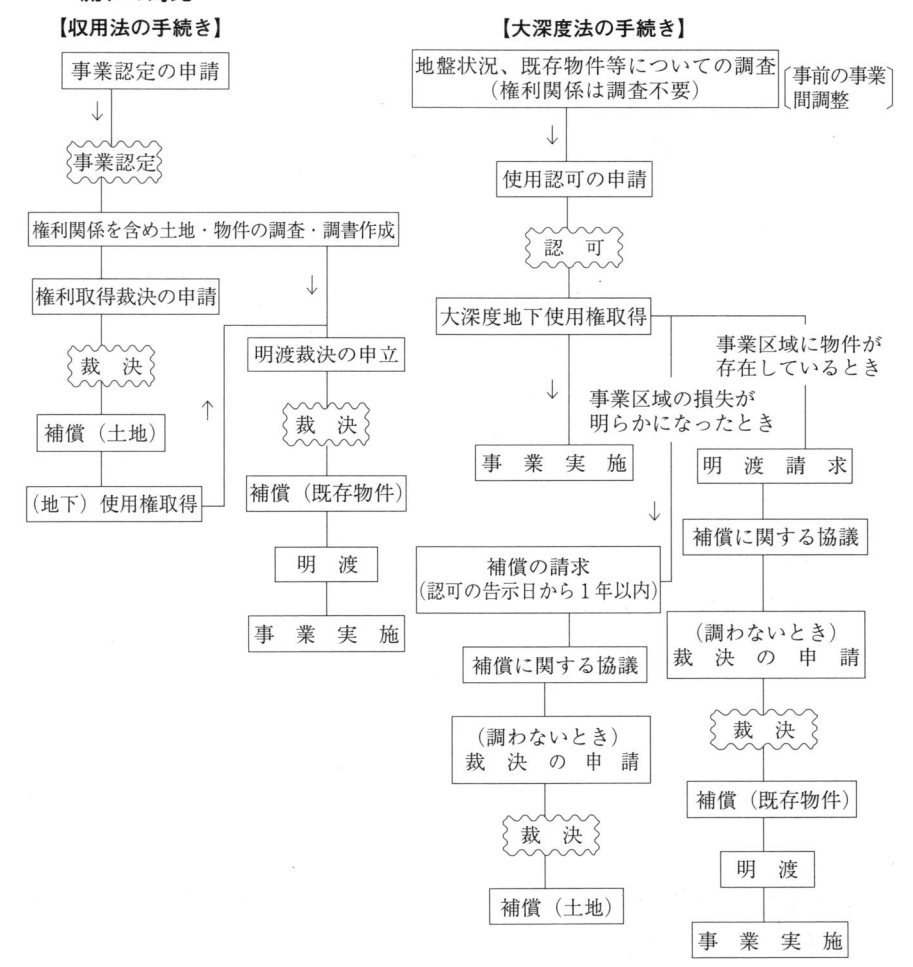

【収用法の手続き】

事業認定の申請
↓
〔事業認定〕
↓
権利関係を含め土地・物件の調査・調書作成
↓
権利取得裁決の申請
↓
〔裁決〕
↓
補償（土地）
↓
（地下）使用権取得

明渡裁決の申立
↓
〔裁決〕
↓
補償（既存物件）
↓
明渡
↓
事業実施

【大深度法の手続き】

地盤状況、既存物件等についての調査
（権利関係は調査不要）　〔事前の事業間調整〕
↓
使用認可の申請
↓
〔認可〕
↓
大深度地下使用権取得
↓
事業区域の損失が明らかになったとき
↓
事業実施
↓
補償の請求
（認可の告示日から1年以内）
↓
補償に関する協議
↓
（調わないとき）裁決の申請
↓
〔裁決〕
↓
補償（土地）

事業区域に物件が存在しているとき
↓
明渡請求
↓
補償に関する協議
↓
（調わないとき）裁決の申請
↓
〔裁決〕
↓
補償（既存物件）
↓
明渡
↓
事業実施

備考：〔　　　〕行政処分

（注1）　収用法の使用手続きは、土地所有者等が不満の場合、事業認定および裁決とも処分取消訴訟の対象となる。それに対して、大深度法の大深度地下の使用手続きは行政庁限りで行われ、住民や土地所有者がそれを争うことは困難であるが、運用次第とはいえ、地盤状況の調査や説明会の開催等は事業者にとっては必ずしも簡易なものとは言えない。
（注2）　本図は、水野達也「大深度地下の公共的使用に関する特別措置法の概要について」（『用地ジャーナル』No.101、8頁および11頁）の図を参考に筆者が作図した。

③事業区域は、土地所有者等の権利者が自己の所有地の地下が事業区域に含まれ、または自己の権利に係る物件が事業区域にあることを容易に判断できるものでなければならない（大深度法14条4項）。ただ、事業区域は、「大深度地下の一定の範囲における立体的な区域であって（大深度法）第4条各号に掲げる事業を施行する区域」（大深度法2条3項）をいうので、ここでは、使用認可により大深度地下使用権を取得する区域に限ることになり、先に区分地上権設定契約あるいは道路占用許可等で既に使用することができることとなっている大深度地下はいずれも除外されることになる。

申請書に記載する事業区域は、「土地の所在」および「地表からの深さ」をもって立体的な範囲を明らかにするものとする（施行規則8条2項）。土地の所在は、土地登記簿の「土地の所在」（都道府県、郡、市、区、町、村、大字、字）を記載し、地表からの深さは東京湾平均海面の上（または下）〇〇メートルから同上（または下）〇〇メートルと表記することになる(注3-3)。

④設置する施設または工作物の耐力は、大深度地下に設置する施設等が耐えられる荷重を具体的に記載する（施行規則様式9備考4参照）。たとえば、施設等の頂面において1平方メートル当たり〇〇KN（キロニュートン）といった具合（総荷重方式）に表記する。

⑤使用開始の予定時期は、実際に大深度地下に施設等の建設工事に着工する予定の具体的な年月日を記載する。期間は、土地使用の一種であるから、無期限ではなく、半永久的とはいえ期限があるべきであるので、「〇〇構築物存続中」とか「〇〇施設の存続する限り」と表記することになろう(注3-4)。

事業者は、国土交通大臣に使用認可の申請を行う際には、政令で定める金額を手数料として納付しなければならない（大深度法39条）。

1件当たりの手数料は、2キロメートル以下の場合は70万8,800円（電子情報処理組織を使用して申請する場合は70万6,400円）、2キロメートルを超える場合は2キロメートルを超える1キロメートルごとに14万4,600円を加算した金額である（施行令6条）。ただし、国または都道府県が事業者の場合は手数料は免除される。

都道府県知事に申請する場合は、地方自治法227条（手数料）の規定に基づき、当該都道府県が条例で定める金額を納付することになる（たとえば、東京

都の場合は、東京都都市整備局関係手数料条例（平16条例58号）別表第11参照）(注3-5)。

　国土交通大臣または都道府県知事は、受け取った使用認可申請書に不備があったり、申請手数料の納付がなかったときは、期間を定めて、事業者に補正を命ずる。期間内に補正しなかったときは、使用認可申請書は却下される（大深度法15条）。

### 3）使用認可申請書の添付書類

　使用認可申請書には多くの書類の添付が求められている（大深度法14条2項）。

　添付書類は、①申請理由書（大深度法14条2項1号）、②事業計画書（同項2号）、③事業区域および事業計画を表示する図面（同項3号）、④事業区域が大深度地下にあることを証する書類（同項4号）、⑤物件に関する調書（同項5号）、⑥認可申請書記載の施設または工作物の耐力の計算書（同項6号）、⑦安全の確保および環境の保全のための措置を記載した書類（同項7号）、さらに⑧事業区域を事業用地とする他の事業者の意見書（同項8号）、事業区域を利用規制する法令の所管行政機関の意見書（同項9号）、事業施行についての免許書、許可書、認可書等（同項10号）、事前の事業間調整の申出があったときは、調整の経緯および結果を記載した書類（同項11号）など多数である。

　①申請理由書には、申請する理由およびその必要性の要旨を記載することはいうまでもないが、②、③、④、⑤の書類は前述のとおり、事業の準備調査に基づいて作成される。その記載事項および内容は以下のとおりである。

　②事業計画書には、事業計画の概要、設置する施設または工作物の工事の着手および完成の予定時期、事業に要する経費およびその財源、大深度地下において事業の施行を必要とする公益上の理由、事業区域を当該事業に用いることが相当であり、または大深度地下の適正かつ合理的な利用に寄与することとなる理由などを記載する（施行規則8条1号参照）。

　③事業区域および事業計画を表示する図面に記載する事業区域は、上記の申請書の記載と同様に、土地所有者等の権利者が自己の所有地の地下が事業区域に含まれ、または自己の権利に係る物件が事業区域にあることを容易に判断できるものでなければならない（大深度法14条4項）。そして、事業区域を表示

する図面は、縮尺2万5,000分の1の一般図により事業区域に係る土地の位置を示すこと、縮尺100分の1から3,000分の1程度までの間で適宜の地形図を用いて、事業区域に係る土地を薄い黄色で着色し、区域内に井戸その他の物件があるときはそれの存する土地の部分を薄い赤色で着色すること（施行規則8条3号参照）、縦断面図、横断面図にも物件を図示すること（施行規則8条4号参照）、また、事業計画を表示する図面は、縮尺50分の1から3,000分の1程度までの平面図、縦断面図、横断面図その他の図面で施設等の位置および内容が明らかになるように作成することとされている（施行規則8条3～5号参照）。

④事業区域が大深度地下にあることを証する書類は、ボーリング調査、物理探査等による地盤調査の結果を記載し、当該事業区域が大深度地下にあることを明らかにしたものとされている（施行規則8条6号参照）。

⑤の物件に関する調書には、i) 物件がある土地の所在および地番（大深度法13条1項1号）、ii) 物件の種類および数量ならびにその所有者の氏名および住所（同項2号）、iii) 物件に関して所有権以外の権利を有する者の氏名および住所ならびにその権利の種類および内容（同項3号）、iv) 調書を作成した年月日（同項4号）、v) 物件または物件に関する権利に対する損失の補償の見積もりおよびその内訳（同項5号、施行規則7条1項）を記載する。

以上の書類等に加えさらに、⑥の施設または工作物の耐力の計算書に記載する耐力の計算の方法については、大深度地下使用技術指針（国土交通省平13）第4章を参照のこと、また⑦の安全の確保および環境の保全のための措置を記載した書類は、基本方針に記載の配慮すべき事項について、講じている措置を具体的に記載することとされている（大深度地下使用法使用認可申請マニュアル〔国土交通省平13〕第9節参照）。また、⑧の意見書等については、事業者が得ることができなかったときはその事実を明らかにする疎明書を添付することで足りる（大深度法14条5項）が、その際、使用認可庁は、使用認可に関する処分を行う場合に申請に係る事業の施行について関係のある行政機関の意見を求めなければならない（大深度法18条1項）。

### 4) 大深度地下の使用認可手続きの特徴

事業者は、前述のとおり、使用認可庁が国土交通大臣とされている事業の場合は、使用認可申請書とその添付書類をその事業の所管大臣を経由して国土交

通大臣に提出するとされているが、都道府県知事とされている場合は直接知事に提出するとされている（大深度法14条1項）。

　認可権限が国土交通大臣にある場合、従来なら、事業者は直接国土交通大臣に申請書を提出すべきで、使用認可庁が、事業所管の関係行政機関の意見等を聴取したければ、事業者と事業所管部局とが相談した内容を任意に提出させるなり、関係行政機関の意見聴取を行えば足りる話である（収用法21条参照）。それを、事業所管大臣を認可申請の手続きの流れの中に組み込んだのは、これは、かつて土地バブル経済時代に騒がれた大深度地下利用法案が関係各省庁の権限争いの中でとうとう日の目を見ることがなかったという経験を踏まえての工夫であろうか。経由という手続きにより申請書の内容に事業所管省庁の意向を反映させるとともに、そのことを明らかにして認可権限を握る国土交通省の独走を掣肘しようということであろう。

　また、事業者が行う大深度地下の使用認可の手続きにおいて目をひくことは、上記のように、申請しようとする大深度地下使用権はどのような権利であるのか、その権利の内容を明らかにするために使用認可申請書の記載内容が詳細であることおよび添付書類の種類が多いことである。

　その点を比較するために収用法の地下使用の場合を見てみよう。その事業認定の申請書には、事業の種類、収用または使用の別を明らかにした起業地、それに事業認定を申請する理由が記載される。添付書類には、事業計画書、起業地および事業計画を表示する図面といったものの外、関係行政機関の意見書等の書類である（収用法18条参照）。ただ、起業地を表す図面には、収用地（薄い黄色）と使用地（薄い緑色）を色分けすることが求められている（収用法施行規則3条）。

　次の裁決申請の段階になると若干詳細になり、裁決申請書に添付される書類には、使用対象地の所在、地番および地目、使用対象地の面積、使用の方法および期間を記載する（収用法40条1項2号ハおよび同法48条1項1号参照）。

　しかし、これではまだ大雑把すぎて、一般の土地使用と地下使用との区別がつきにくいので、実務で改良が加えられ、通常の土地調書を添付することはもちろん、裁決申請書の添付書類には、使用対象地の所在、地番、地目および面積を使用対象地の区域としてまとめて記載し、使用の方法を地下使用の目的、

使用の範囲および荷重制限条項に区分して明記し、最後に使用期間を記載するようになった。なかでも使用の範囲については、東京湾平均海面の上または下〇〇メートルから上または下〇〇メートルの範囲と、荷重制限条項については、地表面で1平方メートル当たり〇〇トンを超えないことというように数字をもって明記することで、地下使用の具体的な姿を表現しようとすることが裁決実務で行われていた(注3-6)。

それに対して、大深度法は、先に述べたように使用認可申請書には、大深度地下の立体的な区域を示す事業区域、設置しようとする施設または工作物の耐力および使用開始の予定時期・期間を記載することを求めたうえで、添付書類として、事業区域と事業計画を表示する図面、事業区域が大深度地下にあることを証する書類、設置しようとする施設または工作物の耐力の計算書、安全の確保と環境の保全の措置を記載した書類という具合に、実に詳細に大深度地下使用権の内容を明らかにしようとしている。

### 5) 大深度地下の使用認可手続きにおける問題点

事業区域を表示するにあたっては、事業区域に係る土地またはこれに定着する物件（民法86条1項参照）に関して所有権その他の権利を有する者（土地所有者、家屋所有者、深井戸や温泉井の所有者等）が、自己の権利に係る土地の地下が事業区域に含まれ、または自己の権利に係る物件が事業区域にあることを容易に判断できるようでなければならないとされている（大深度法14条4項）。

だが、大深度法は、物件に関する調査を除き、収用裁決の申請時に添付する土地調書（収用法37条1項参照）のように、対象地に係る権利関係を調査し明記する調書までは事業者に求めていない。これは、おそらく、大深度地下使用では、原則として、土地に係る補償は生じないとの考えからであろう。しかし、これは後述するように、大深度法の使い勝手に係わる重要な問題である。

「使用対象地の区域、使用の方法および期間」に係わる事項については、収用法の地下使用の場合は収用委員会の審理手続きで十分審理しその詳細を明らかにすることができる機会があるが、大深度法では収用委員会の審理手続きを経ることなしに使用認可庁限りで事業者に大深度地下使用権を付与できるとした関係上、そのような機会は設けられていない。そこで、認可申請の段階で詳細を明らかにさせるとしたことは当然といえば当然である。また、「安全の確

保と環境の保全の措置を記載した書類」は、上記のとおり基本方針に則して講じる措置を具体的に記載することとされている。しかし、この手の書類に関しては、名義人や作成を指示した者の責任、記載内容の真実性、有効性、実現可能性等が担保されていることが必要であるし、また、不実記載に対する何らかの措置等に手抜かりがあってはならないことはいうまでもなかろう。いずれにしろ審査にあたる使用認可庁の責任は重大である。

　加えて、事業区域に深井戸その他の物件があるかどうかは、大深度使用権の権利の内容ではなく、権利の行使の問題に直結することであるので、あらかじめ調査し、それがあるときは上記のとおり物件に関する事項を記載した調書を作成し（大深度法13条）、使用認可申請書に添付することとされている（同法14条2項5号）。収用法の場合には作成された物件調書を明渡し裁決の申立に合わせて提出することとされている（収用法47条の3）が、それを大深度法に持ち込んだものであろう（大深度法14条2項5号）。ただ、収用法は、物件調書の作成については土地所有者および関係人の立会署名によりその信憑性を担保する仕組みを採用している（収用法36条2項）が、大深度法はそのような仕組みを採用せず、事業者のみで作成し完成するとしている（大深度法13条1項、施行規則様式8）。これも審査にあたる使用認可庁の責任は重大である。

　ところで、事業の対象地の確定について、収用法では、土地収用であれ、土地使用であれ、事業認定の段階では具体的に確定しておらず、収用委員会における起業者作成の土地調書の審理を経てなされる裁決によりようやく確定するという建前である（収用法48条1項1号参照）。したがって、事業認定の段階では、厳密には誰が当事者たる土地所有者であるのかということは確定できないはずであるということになっている。

　大深度法は、認可申請の段階で、事業者に「事業区域が大深度地下にあることを証する書類」（大深度法14条2項4号）を添付することを義務付けている。これで深さの点はボーリング調査の結果等が反映するのでよしとするとしても、事業区域は前後左右上下が明示される立体的な範囲であるから、単に深さだけが証されればよいわけではない。やはり、土地調書作成のような手続きを組み込む必要があったのではないだろうか[注3-7]。

　また、施設または工作物の耐力は、国土交通省の定めた技術指針に従って計

算されることになっている（大深度地下使用技術指針第4章参照）。現段階で、耐力の計算方法が指針という行政機関内部の要綱的なものに依ることはやむをえない点がないわけではないといえようか。しかし、大深度地下といえども、後述のように、対象地のみならず、隣接地の土地所有権等の権利行使を制限する場合もあることから、技術指針は法的拘束力を有する法令として制定されるべきであったものと思われる。

### (3) 使用認可申請の周知措置

#### 1) 使用認可申請書の市町村長への送付と公告・縦覧

　国土交通大臣または都道府県知事が使用認可庁の場合、使用認可に関する処分を行おうとする場合の手続きは、関係行政機関の意見の聴取等の手続き（大深度法18条）および説明会の開催の手続き（同法19条）のほか、一般の収用事件の事業認定申請の手続きが準用されている（大深度法20条による収用法22条～25条の準用）。

　適法なまたは補正された使用認可申請が出されたとき、使用認可庁は、使用認可申請に係る事業が大深度法16条に規定する認可要件に該当しないことが明らかな場合を除き、事業区域が所在する市町村長に対して、使用認可申請書およびその添付書類のうち当該市町村に関係のある部分の写しを送付しなければならない（準用する収用法24条1項）。その際、使用認可庁が国土交通大臣の場合は、直ちに、事業区域を管轄する都道府県知事に対して、使用認可申請書等を関係市町村長に送付した旨を通知するとともに使用認可申請書およびその添付書類の写しを送付しなければならない（準用する収用法24条3項）。

　市町村長は、使用認可庁より使用認可申請書等の送付を受けたときは、直ちに、事業者の名称、事業の種類および事業区域を公告し、公告の日から2週間その書類を公衆の縦覧に供しなければならない（準用する収用法24条2項）。市町村長が使用認可庁より使用認可申請書等を受け取った日から2週間を経過しても、公告・縦覧を行わないときは、都道府県知事は、事業者の申請により、あらかじめ通知をして当該市町村長に代わってその手続きを行うことができる（準用する収用法24条4項、5項）。

## 2) 利害関係人の意見書提出

　使用認可について利害関係を有する者は、上記の市町村長の公告があったときは、その縦覧期間内に、都道府県知事に意見書を提出することができる（準用する収用法 25 条 1 項）。都道府県知事は、国土交通大臣が使用認可に関する処分を行おうとする事業の場合、意見書を受け取ったときは、直ちに、これを国土交通大臣に送付し、縦覧期間内に意見書の提出がなかったときは、その旨を国土交通大臣に報告する（準用する収用法 25 条 2 項）。

## 3) 関係行政機関および専門的学識経験者からの意見聴取

　使用認可庁は、申請書に事業施行に関係のある行政機関の意見書等が添付されていなかったとき、その他必要があるときは、その行政機関に意見を求めなければならず、事業施行に関係のある行政機関は、使用認可庁に意見を述べることができる（大深度法 18 条）。事業施行に関係のある行政機関には、事業施行に関して免許、許可、認可等の処分をする権限のある行政機関（大深度法 14 条 2 項 10 号参照）は当然、それ以外に環境や安全の観点から関係する行政機関も含まれると解されている（注3-8）。

　また、使用認可庁は、必要と認めるときは収用法が規定している専門的学識または経験を有する者の意見を求めることができる（準用する収用法 22 条）。

## 4) 住民に対する事業説明会

　使用認可庁は使用認可処分を行おうとする場合に必要があると認めるときは、事業者に対し、事業区域に係る土地およびその付近地の住民に、事業説明会の開催等使用認可申請書および添付書類の内容を周知させるため必要な措置を講ずるよう求めることができる（大深度法 19 条）。それとは別に、使用認可庁は公聴会を開催することができることとされている（準用する収用法 23 条）。

　もっとも、現在は、収用法を適用する場合も、事業認定庁による公聴会（収用法 23 条）のほか、事前に事業者により関係住民を相手に事業説明会や用地説明会が開催されている。ただ、従前は、これら説明会の開催は、事業者の全く任意に任されていたが、2001（平 13）年の収用法改正により、事業者による事業認定申請前の事業説明会の開催が義務付けられた（収用法 15 条の 14）。大深度法は、これを使用認可申請後、使用認可庁が必要と認めたときに開催するものと規定したものである。収用事件では、かつて土地調書や物件調書の作成

のための立入調査および調書の立会い署名押印の段階で、起業者と土地所有者等の権利者との間で、事業反対等のトラブルになることが多かったが、事前説明会の義務付けが、そのようなトラブルの解消にどのように機能しているのか興味のあるところである。

　行政の多くの現場で十分な説明義務を果たすべきことが強調されている今日、問題は、「認可申請書およびその添付書類の内容」の周知のための「必要な措置」をどのように行うかということである。その前提として説明会の開催が最低限必要であるというだけでなく、事業計画の最初の段階から十分な情報の公開と説明会での説明義務の履行を尽くすこと以外に、大深度地下利用問題全般にまつわるアナクロニズムに対する非難を回避する手だてはあるまい。少なくとも、運用において開催の常態化が慣行となることを望むことにしよう。

　ところで、周知のための「必要な措置」として、近時は、ホームページに掲載することが一種のはやりのようであるが、ホームページへのアクセスは世界中からできるけれど、アクセスした者の中には関係住民は一人もいないということがあるかもしれないし、わずかだがいるかもしれない。現地に看板を立てる、周辺地域にパンフレットを配るといった伝統的な「措置」は、関係住民に周知したと推定することはできるが、ホームページ掲載では、このような推定すら困難であるといえよう。伝統的な措置は当然必要だが、それ以上に、事業説明会を開催して、事業者が住民に対して事業の内容を口頭で説明をすることは、最も重要な「必要な措置」の一つであろう。

　ただ、事業説明会を開催したが周知が不十分というのでは開催が無意味となりかねないのであるから、開催された以上周知のための措置は必ず講じられねばならない。講じられねばならないということは、換言すれば、限定付きとはいえ認可申請書や添付書類の内容の周知義務が法定されたということである。実際の事業説明会の運営が、事業計画の内容について、事業者からの一方的な説明と「やらせ質疑」とそれへの応答というのでは、周知義務が尽くされたというにはお寒いといわざるをえまい。

　事業説明会の参加者は、法文上、「事業区域に係る土地及びその付近地の住民」とされていて強く限定されているわけではないので、関係住民として参加を希望する者には広く参加が認められるべきであろう。また、事業説明会の運

営方法については法令に特に定められていないが、事業者は、認可申請書および添付書類に記載された事業内容を一方的に説明するだけでなく、住民からの質疑に対しても十分な応答を行い、事業内容の周知を図るだけでなく、住民の不安を払拭するように努めなければならない。

　ところが、わが国の公共事業では、これまで、一度決まった計画は、住民からの意見や要望を取り入れて見直すということはほとんどなかった。計画の硬直性がその事業を実施する上で最大のトラブルを招くことが、過去には度々見られた。大深度法が認可処分を行う前に、必要があると認めるときとはいえ事業説明会を開くことを規定したことは、使用認可庁の権限に基づき計画の硬直性を打破すべきことを期待している趣旨と解される。

　「大深度地下は、残された貴重な空間であって、いったん設置した施設の撤去が困難である等の特性も持っている」（臨時調査会答申）だけに、その利用は慎重の上に慎重であるべきである。それ故、事業説明会の主宰者が事業者であるという形式的理由や、「事業」の説明会であるとの文言に囚われるようなことなく、そこで出された参加者の意見や要望は、都道府県知事への意見書の提出（大深度法20条において準用する収用法25条）に準ずるものとして取り扱い、使用認可庁において認可処分する際の判断資料とされるべきである。

　そして、事業者の措置に納得せず、さらに詳細な周知措置を求めて事業説明会が混乱したような場合、誰がどのようにしてその混乱を収拾することになるのか。使用認可庁は説明会開催の事実だけで認可の手続きを進めてしまったり、予想される混乱を危惧して説明会の開催すら求めないというようなことがあるようだと、官僚の「専断」とのそしりを受けよう。大深度法に、周知のための措置の具体的な方法や紛争時に対応するルールや基準が規定されていないのは今後に問題を残すことになろう。この点については第6章でもまた触れることにする。

## (4)　公聴会の義務化

　使用認可庁は、使用認可について利害関係を有する者から、市町村長の行う申請書等の縦覧期間内に公聴会を開催すべき旨の請求があったとき、その他必要があると認めるときは、公聴会を開いて一般の意見を求めなければならない

とされている（大深度法20条による収用法23条の準用）。

　ところで、大深度法が施行された2001（平13）年4月1日当時、公聴会についての収用法23条は、「必要があると認めるときに開催する」と規定されていて、しかも、公聴会は事実として、当初（1951〔昭26〕年の現行法制定時）から、ただの一度も「必要がある」と認められないとの理由で、開催されたことがなかったという(注3-9)。いうならば、公聴会に関する収用法23条の規定は形式的建前だけで、実態としては単なる宣言でしかなく、規範としては一種のプログラム的なものであった(注3-10)。

　ところが、そのような状況の下で、行政の説明責任を強調する動きが強まる中で公聴会の開催を求めるという気運も強まり、2001（平13）年7月11日に改正収用法が公布され、その23条は上記に述べたとおり請求があったときは開催が義務づけられることとなり、その施行は翌2002（平14）年7月1日となったので、準用規定どおり、大深度地下使用に関する公聴会も同年同月同日から、請求があったときは開催が義務づけられることとなった(注3-11)。

　もっとも、通常は、用地取得の最終段階でようやく収用法が適用され、事業認定が申請されるというのが一般的である(注3-12)から、公聴会は、請求があって開催するにしても、事業認定庁としては「いまさら事業の中止または変更はできないとの前提の下で開催されるので、被収用者は自分の意見を公述したという実績を残した以上の意味づけは難しいであろう」(注3-13)と批判されているが、このことは、大深度地下使用における使用認可の手続きにおいても同様であろう。

　すなわち、鉄道や道路の建設のように地表面や浅深度から徐々に深度を深め大深度地下に達するという事業形態の場合では、上記の「いまさら事業の中止または変更はできないとの前提の下で」開催される公聴会という性格はより強く帯びることとなり、大深度地下使用における公聴会も収用法の公聴会と同様に使用認可庁のアリバイづくりの一翼でしかないことになろう。こうやってみると、住民の不安を払拭することにおいては、先に述べた事業者による事業説明会の方が公聴会以上に重視されることになるといえよう。

　参考までに、公聴会の実施手続きについて述べておこう（収用法施行規則4条～12条参照）。

第 3 章　大深度地下の使用認可の手続き　55

① 公聴会の開催を請求しようとする者は、使用認可庁に、請求者の氏名および住所、請求する旨ならびに起業者の名称および事業の種類を記載した書類を提出する（収用法施行規則 4 条参照）。
② 使用認可庁は、公聴会を開催しようとするときは、あらかじめ、一般に公告する（準用する収用法 23 条 2 項）とともに、事業者に対して当該公聴会の期日を通知しなければならない（収用法施行規則 5 条参照）。公告は、起業地の存する地方の新聞紙に、遅くとも、公聴会の期日の前日から起算して前 11 日に当たる日が終わるまでにしなければならず、その際、事業の名称、公聴会で意見を述べることの申出期限、意見を述べることができる 1 件当たりの予定時間、その他使用認可庁が必要と認める事項を公告する（収用法施行規則 6 条 1 項、2 項参照）。なお、公聴会で意見を述べることの申出期限は、公告の日の翌日から起算して 8 日以後の日を定めなければならない（収用法施行規則 6 条 3 項参照）。
③ 公聴会に出席して意見を述べようとする者（公述人）は、意見申出期限までに、自らの意見の陳述に併せて、事業者に対し質問をすることを希望する場合にあっては、その質問の要旨を記載した書面を使用認可庁に提出する（収用法施行規則 7 条参照）。
④ 公聴会は、使用認可庁の指定された職員が議長としてこれを主宰するのが通例である。議長たる職員は、公聴会に係る使用認可庁の権限を行使するが、氏名・写真を貼付した証明書を期間中携帯しなければならない（収用法施行規則 10 条参照）。
⑤ 公聴会における発言は、議長の許可を得てしなければならない。公述人は、公聴会に出席し、議長が指示する時刻からあらかじめ指定された公述時間内において意見を述べることができるが、その意見は案件の範囲および申出書に記載した要旨の範囲を超えてはならない。また、あらかじめ申出書に記載した事項について公述時間内において質問し、その答弁を聴くことができるが、その質問は案件の範囲および当該申出書に記載した同号の要旨の範囲を超えてはならない。議長は、公述人等に対して質疑することができる（以上、収用法施行規則 11 条参照）。
⑥ 議長は、公述人等が、申出書の範囲を超え、もしくはその公述時間以外

の時間に発言した場合または不穏当な言動をした場合は、その発言を禁止することができる（収用法施行規則 11 条の 2 参照）。

⑦　また、議長は、公聴会の秩序を維持するために必要があると認めるときは、著しく不穏当な言動をし、⑥の規定による禁止に従わず、または所定の公述人等が遵守すべき事項に違反した公述人等を公聴会の会場から退場させることができる。使用認可庁は、傍聴人の遵守すべき規則を制定する（収用法施行規則 11 条の 3）。議長、議長補助者、議長より委託を受けた者、公述人等もしくは傍聴人の身体に危害が加えられ、またはその著しいおそれがあるとき、公聴会を開催する施設もしくはその設備が破壊され、損傷され、もしくはその使用を困難にする行為がされ、またはその著しいおそれがあるとき、または退場命令に従わない者が多数いることにより公聴会の運営が困難となったときには、議長は公聴会を打ち切ることができる（収用法施行規則 11 条の 4）。

⑧　公聴会については、案件の内容、公聴会の期日および場所、出席した公述人等の氏名および住所、公述人等の意見または答弁の要旨（速記録の添付をもって代えることができる）ならびにその他公聴会の経過に関する事項について記録を作成し、議長が署名押印する（収用法施行規則 12 条参照）。

## 3　大深度地下の使用認可処分

### (1)　使用認可の要件

　使用認可庁は、適法な使用認可申請を受理し、以上の諸手続きを経た後、使用認可の申請に係る事業が次に掲げる要件のすべてに該当することを認定できたときは、認可をすることができる（大深度法 16 条）。

　すなわち、使用認可申請書および添付書類の記載内容から、①申請に係る事業が大深度法 4 条各号に掲げるものであること（1 号要件）、②事業が大深度法の適用地域における大深度地下で施行されるものであること（2 号要件）、③事業の円滑な遂行のため大深度地下を使用する公益上の必要があるものであるこ

と（3号要件）、④事業者が当該事業を遂行する十分な意思と能力を有する者であること（4号要件）、⑤事業計画が基本方針に適合するものであること（5号要件）、⑥事業により設置する施設または工作物が、事業区域に係る土地に通常の建築物が建築されてもその構造に支障がないものとして政令で定める耐力以上の耐力を有するものであること（6号要件）、⑦事業の施行に伴い、事業区域にある井戸その他の物件の移転または除却が必要となるときは、その移転または除却が困難または不適当でないと認められること（7号要件）の各要件について該当するか否かを認定する。

各要件を認定するための資料等は次のとおりである。

① 1号要件は、申請書の「事業の種類」等（14条1項2号）から判断される。

② 2号要件は、申請書の「事業区域」（14条1項3号）ならびに添付書類の事業区域等を表示する図面および事業区域が大深度地下にあることを証する書類等により判断される。

③ 3号要件は、使用認可を受けながら使用開始の時期までに長期間を要するときは、大深度地下を使用する事業の公益適合性に問題ありとされる。また、事業者が大深度地下を使用する区分地上権を任意取得済みか、または任意取得の合意がある場合は、大深度法による大深度地下を使用する必要性はないということになる(注3-14)。

④ 4号要件は、法的、資金面、組織・人員の三つの観点から要件具備の有無を判断すると解されている(注3-15)。法的な観点からは、事業施行の免許、許可、認可等の有無、路線の認定（道路法7条）、河川指定（河川法4条、5条）、整備計画の策定（高速自動車国道法5条）等の事前手続きの履践の有無が問題になる。資金面の観点では予算措置が講じられているか否か、組織・人員の観点では事業を遂行できる能力を有する組織・人員となっているか否かが判定される。また、意思は、事業者が自治体の場合は議会の議決の有無、一般の法人の場合は取締役会の議決などの有無が、能力は事業計画書の経費およびその財源と必要な財源に対する措置の有無が判断される。

⑤ 5号要件は、申請に係る事業が、基本方針の定める大深度地下の公共的使用の基本的事項に十分適合することを求めている。

⑥　6号要件では、大深度地下の事業区域に設置される施設等の位置、土質および地下水の状況に応じ、事業区域の上方の通常の建築物の建築により作用する荷重、土圧および水圧に対して当該施設等が安全であることが所定の方法で確かめることができる最低の耐力（大深度法施行令5条）以上の耐力を有するか否かが認定される。

⑦　7号要件では、事業区域内の井戸、温泉井、他の公共・公益事業に供されているトンネル等の地下工作物の移転または除却が技術的に困難な場合、または移転による利益の得失や移転補償額の多寡が不適当な場合、この要件の充足性は否定される。

使用認可庁は、認可処分に際し、認可に係る事項の確実な実施を図るために、条件を付することができ、付した条件を変更することもできる（大深度法17条1項）。条件は、使用認可の趣旨に照らして、または使用認可に係る事項の確実な実施を図るため必要最小限のものでなければならない（同条2項）。たとえば、「事業区域を他の事業者に使用させる場合には、使用権設定者に届け出なければならない」との条件を付すことがあるとのことである (注3-16)。

## (2)　大深度地下の使用認可処分と認可拒否処分

### 1)　使用認可処分

使用認可庁は、上で述べた認可の要件に全て該当すると認めたときは、原則として、使用認可処分を行う（大深度法16条）。法文は「使用の認可をすることができる」と規定しているが、使用認可処分は、認可の要件を満たしている場合は、特段の事情がない限り認可すべきで羈束裁量行為と解されている (注3-17)。

その結果、三大都市圏では、大深度法の施行により大深度地下は公的使用が優先する地下空間であるということに帰着した。そのことは裏がえしていえば、その地域では土地所有者が自由に心おきなく使えるのは地表から大深度地下までになったということを意味することになろう。このことが自覚されるなら、時代を重ねるごとに高度に立体的に利用されてきた市街地における土地の取引においては、土地所有権が自由に行使できる範囲、換言すれば、その土地の大深度地下はどの深さから始まるのかということは、いずれ重大な関心事に

なるであろう。しかも、大深度地下の定義によると、大深度地下の範囲は最終的には個々の土地ごとに建物の基礎の支持層はどこかということを判定した上で決めることになるわけだから、その土地の大深度地下の範囲や大深度地下使用権の内容はぜひ公示されるべきであるということが求められることになる。

　そのことを踏まえて、大深度法は、使用認可庁は大深度地下の使用認可をしたときは直ちに事業区域が所在する市町村長に通知し、通知を受けた市町村長は事業区域を表示する図面を、使用認可処分の取り消し（大深度法29条）または事業区域の全部の使用が廃止される（同法30条参照）まで、長期縦覧しなければならないとした（同法22条）。それに加え、大深度地下使用権の公示に関して、都道府県知事は大深度地下の使用認可に関する登録簿を調製し、公衆の閲覧に供するとともに、請求があったときは、その写しを交付しなければならないと規定した（大深度法23条）。

**2）　使用認可処分の告示および処分の効力**

　使用認可庁は、大深度法16条に基づいて使用認可処分をしたときは、遅滞なく、その旨を当該使用認可を受けた事業者（以下、「認可事業者」という）に文書で通知するとともに、官報または当該都道府県の公報で告示しなければならない（大深度法21条1項）。

　告示する事項は、①認可事業者の名称、②事業の種類、③事業区域、④事業により設置する施設または工作物の耐力、⑤使用の期間の5項目である。

　国土交通大臣が使用認可庁の場合、認可の告示をしたときは、直ちに、関係都道府県知事にその旨を通知するとともに、事業区域を表示する図面の写しを送付しなければならない（大深度法21条2項）。それに対して、都道府県知事が使用認可庁の場合、認可の告示をしたときは、直ちに、国土交通大臣にその旨を報告し、国土交通大臣の要求があった場合には、使用認可に関する書類の写しを送付しなければならない（大深度法21条3項）。

　使用認可は、認可の告示があった日から、その効力を生ずる（大深度法21条4項）。すなわち、事業区域を表示する図面の長期縦覧手続きが開始される（大深度法22条）。また、当該告示の日において、認可事業者は、当該告示に係る使用の期間中、立体的な区域である事業区域を使用する権利（大深度地下使用

権)を取得し、当該事業区域に係る土地所有権および土地に関するその他の権利は、認可事業者による事業区域の使用を妨げ、または当該告示に係る施設もしくは工作物の耐力および事業区域の位置からみて認可事業者による事業区域の使用に支障を及ぼす限度においてその行使を制限される(大深度法25条)。そして、登録簿の調製手続きが開始され(大深度法23条)、事業の廃止または変更の届出・周知義務が生じる(大深度法30条)。

　また、認可事業者による事業区域の使用については、道路法、河川法その他の法令中、占用の許可および占用料の徴収に関する規定は適用しない(大深度法26条)。その結果、前述のとおり、事業者が、道路や河川のような公共施設の大深度地下を使用するにあたり、大深度法の使用認可処分を受けたときは、別途、公共施設管理者から占用許可を得る必要はない。

### 3) 使用認可拒否処分

　使用認可庁は、使用認可を拒否したときは、遅滞なく、その旨を申請に係る事業者に文書で通知しなければならない(大深度法24条)。使用認可拒否処分は、使用認可庁が、申請に係る事業が前述の認可要件のいずれかに該当しないと判断したときに行う。認可要件に該当すると認めた上で、利害関係人からの意見書や関係行政機関からの意見聴取を踏まえて特段の社会的・経済的事情等を特に認めて認可を拒否することもできると解されている(注3-18)。

## 4　大深度地下の使用権の登録

　大深度地下の使用が認可されたときは、都道府県知事は大深度地下の使用認可に関する登録簿を調製し、公衆の閲覧に供するとともに、請求があったときはその写しを交付しなければならないとされている(大深度法23条)。その結果、大深度地下使用権の内容は登録簿により公示されることになり、土地所有者等の利害関係人も大深度地下使用権の存在や内容を知ることができることになる。

　ところで、収用法に基づいて地下使用権が設定された場合、原則として、その土地には利用制限が課せられる(注3-19)。土地の利用制限、とりわけ荷重制

限が課せられると、土地の利用はその制限内に限られ、土地としての使い勝手は著しく悪くなるので、その土地の取引上の利害関係者は、地下使用権の存在と土地の利用制限の内容に重大な関心を示すことになる。

そのような関心に応える一般的制度としては不動産登記制度があるのだが、しかし、通説および登記実務によると、不動産登記制度は、私権の公示を元来の目的とするものであって、収用法の土地（地下）使用権のような公用制限を表現する公法上の権利を公示するものではないとされ、地下使用権の登記は認められていない（注3-20）。しかも、収用法には権利の存在を表すために、都市計画の図書（都市計画法14条参照）のような一般的な制度も設けられていないので、取引上の利害関係者が地下使用権設定の行政処分の存否（裁決の有無）を知るというだけのことでさえ、収用委員会の個々の使用裁決書を見る以外に方法がない。しかし、裁決書は個人のプライバシー保護の名の下で起業者と被収用者以外の者が見ることは否定されることが多い。都市のインフラ整備にあわせて地下使用が盛んになるにつれ現実に土地取引に不都合が生じつつあることから、地下使用権は私権であり登記を認めるべきだとの説も提唱されている（注3-21）。

地下使用権を地上権的地下使用説で理解していた時代には、上のような登記否定論のドグマも一定程度説得性があったといえるかも知れないが、前述のとおり、大深度法の制定により収用法の地下使用権についても区分地上権的地下使用説で統一的に理解することに妥当性が与えられ、しかも民法の区分地上権との間に理論的な整合性がとられるようになった。そこで、筆者は、従前から、地下使用権を登記できる権利とすることに理論的な障害はなくなったのであるから、速やかに登記技術的な問題点を洗い出して登記可能の道を探るべきであると主張してきた（注3-22）。大深度地下使用権についても同様である（注3-23）。

だが、大深度法は、上述のとおり、大深度地下使用権の公示方法については不動産登記簿への登記ではなく、特別につくられる大深度地下の使用認可に関する登録簿を公開する方法を採用した。

大深度地下使用権設定の事実を公示するといった行政目的だけなら登録簿や台帳に記載するのみで十分であるが、利害関係人に権利の存在とその内容に係

る情報を公示して土地取引に混乱をもたらさないようにしなければならないという観点からみるなら、特別の登録簿を調製しそれを公開するという屋上屋を架すような方法よりも、不動産登記簿に登記する方法の方がはるかに効果的であろう。それにもかかわらず、大深度法が登記ではなく登録簿の公開という方法を採用したということは、同法の立法に至った経緯から来る妥協の所産であると思われる (注3-24)。それでも大深度法は上述したような収用法の欠陥を若干ながらも克服したものとして評価に値しよう。

収用法の地下使用権は、土地調書に基づいた分筆登記で平面的な位置関係が確定され、しかも権利の存在および内容について、上述のとおり理論的にも登記に耐えられることが肯定され、あとは法務省の決断以外に問題は残っていない。だが、大深度地下使用権に関しては、登記は理論的には問題がないにもかかわらず、認可手続きにおいて土地調書の作成がなされないことから、その権利の平面的な位置関係を確定して分筆をするということができないという問題が残っている。その点で土地調書の作成を法定しなかった現行大深度法では、実務的に大深度地下使用権の登記は認められないと主張される根拠を与えたことになりかねない。

将来、地下の利用がさらに盛んになったり、建物の高さがさらに高くなり建物の基礎がもっと深くなるようなことがあるなら、大深度地下使用権といえども登記により公示されるべきことが要求されるようになるだろう。いまからそのための法改正を行っても決して早すぎない。その際には、収用法の地下使用権についても法改正をすべきであろう。

## 5　使用権の承継または取消し、事業の廃止または変更

相続人、合併または分割により設立される会社等の認可事業者の一般承継人は、被承継人が有していた使用認可処分に基づく地位を承継する（大深度法27条）。

使用認可処分に基づく権利の全部または一部の譲渡は、使用認可庁の承認を効力要件とするが、国土交通大臣の承認を申請する場合には、事業所管大臣を

経由して行わなければならない（大深度法28条1項、2項）。使用認可庁が譲渡を承認したときは、官報または公報で告示し、市町村長に通知しなければならない（大深度法28条5項、6項）。

　認可事業者が、この法律またはこの法律に基づく命令の規定に違反したとき、施行する事業が認可の要件のいずれかに該当しないこととなったとき、正当な理由なく事業計画に従って事業を施行していないと認められるとき、または使用認可処分に付された条件に違反したときは、使用認可庁は使用認可処分を取り消すことができる（大深度法29条1項）。ただし、国土交通大臣が取り消すときは、あらかじめ事業所管大臣の意見を聴かなければならない（大深度法29条2項）。

　使用認可庁が、使用認可処分を取り消したときは、官報または公報で告示し、市町村長に通知しなければならない（大深度法29条3項、4項）。

　告示があった日から将来に向かって、使用認可処分はその効力を失う（大深度法29条5項）。

　認可事業者は、使用認可の告示後に事業の全部もしくは一部を廃止または変更したために事業区域の全部または一部を使用する必要がなくなったときは、遅滞なく、使用認可庁にその旨を届け出なければならない（大深度法30条1項）。使用認可庁たる国土交通大臣は、官報で告示し（大深度法30条2項）、直ちに事業区域が所在する市町村長および関係都道府県知事に通知し、使用廃止に関係する図面の写しを送付する（同条3項）。また、使用認可庁が都道府県知事の場合は、公報で告示し（大深度法30条2項）、直ちに事業区域が所在する市町村長に通知し、廃止関係の図面の写しを送付するとともに、国土交通大臣に報告する（同条4項）。

　市町村長はその図面を公衆の縦覧に供し（大深度法30条5項）、都道府県知事は登録簿に必要な修正を加える（施行規則10条4項）。

　告示があった日から将来に向かって、使用認可処分はその効力を失う（大深度法30条7項）。

　ちなみに、収用法は、事業認定の告示後に、事業者が事業の全部もしくは一部を廃止し、もしくは変更し、所定の期間中に裁決申請や手続保留解除の申立（手続開始申立）を懈怠したことで事業の認定が失効し（収用法34条の6）、また

は所定の期間内に補償金の支払いを懈怠したことで裁決が失効したこと（同法100条）に因って土地所有者または関係人が損失を受けたときは、起業者は、これを補償しなければならない（同法92条1項）。その損失補償は、起業者と損失を受けた者とが協議して定めなければならないが、協議が成立しないときは、起業者または損失を受けた者は、収用委員会へ補償裁決を申請することができる（収用法94条1項、2項）。ただし、損失を受けた者は、損失があったことを知った日から1年を経過した後においては請求をすることができないと規定している（収用法92条2項）。

　大深度法には、これらの収用法の規定は明文で準用されていない。使用認可処分は、取消し等があっても告示後将来に向かって失効するのであって、告示前の認可が違法になるわけではない。したがって、告示前は適法な使用認可であるから具体的な損失が生じていない限り無補償であること（大深度法37条）、告示後は使用認可は失効するのであって違法になったわけではないので損害賠償は生じないという理由から、収用法の規定を準用する必要がないというのであろうか。ただ、例外として、取消し等の告示前に具体的な損失が生じているような場合は損失補償の請求権まで失効するいわれはないだろう。


（注3-1）　地下鉄半蔵門線の建設が遅れたのは「一坪共有地反対運動」による使用裁決手続きの煩雑さが唯一の原因だったという話が後々まで根強く語られていた（2000（平12).5.24朝日新聞。この恣意的な話の流布は意図的であったようであることについては『考える』119頁以下を参照）。その話を意図的に強調して土地所有者の意向を全く聞かずに私有地の大深度地下といえどもその使用認可を行政庁の任意に任すというのでは、かつて、旧土地収用法を「内務大臣の専断的権限」・「官僚的傾向」と美濃部達吉博士が名著『公用収用法原理』において強く批判したこと（昭和11年版、151頁参照）を思いうかべるとき、この七十有余年の歴史のむなしさを感じる者も少なくないだろう。なお、『概論』245頁参照。
（注3-2）　道路のような公共施設の地下に地下鉄トンネルを敷設する等の場合、そこが大深度地下であるなら、道路法の占用許可ではなく、大深度法の使用認可処分で使用できることについては、先に述べたとおりである。大深度法26条参照。
（注3-3）　東京湾平均海面（略称T.P.）とは、明治時代に数年間にわたり東京湾で測って求めた平均海面の高さであって、日本の水準原点の基礎とされている数値である（『概論』55頁参照）。なお、事業区域の下面については、（注2-13）参照。

(注3-4)　使用の期間については、大深度地下の使用であっても、認可処分で事業者が付与されるのは土地所有権ではなく、使用権である以上、「無期限」とすることはできない（『概論』66頁参照）。

(注3-5)　東京都都市整備局関係手数料条例別表第11では、(1) 2キロメートル以下のものは46万5,000円、2) 2キロメートルをこえるものは46万5,000円に、事業区域の延長の2キロメートルをこえる部分が1キロメートルに達するごとに10万7,800円を加えた金額、とされている。

(注3-6)　荷重制限条項は多くは本文のように建物荷重方式で記載されてきたが、総荷重方式（施設の頂面での耐力）で表記する裁決例もある（『概論』193頁以下参照）。

(注3-7)　施行規則8条6号では、「ボーリング調査、物理探査等による地盤調査の結果を記載して、当該事業区域が大深度地下にあることを明らかにしたもの」と定め、案の定深さだけにしか関心を示していない。収用法のように土地調書の作成を事業者に義務付けなかったのは、調書作成に費やされる日時を端折ろうとしたからであろうか。大深度法の適用される三大都市圏では土地の区画は極端に狭く、境界についての数センチの誤差が熾烈な争いを招きかねないことも多いので、問題が思わぬ方向に転がらないことを願うのみである。なお、『考える』114頁以下参照。

(注3-8)　『詳解』103頁参照。

(注3-9)　小澤道一著『(改訂版)逐条解説土地収用法（上）』、2012年、ぎょうせい、301頁参照。

(注3-10)　拙稿「土地収用事業における公共性の認定」（『早稲田法学』64巻4号242頁以下）参照。

(注3-11)　拙稿「大深度地下使用と土地収用」（(注1-2)）137頁）に、「このたびの収用法の改正で公聴会については、請求があったときは開催しなければならないとされたが、大深度法には、この義務付けは適用されていない。」と述べたのは言葉たらずであった。なぜなら、収用法改正が公布されたのは2001年7月11日、施行されたのが2002年7月1日であったので、『都市と土地政策』が刊行されたのが2002年2月20日であったから、問題の部分は「このたびの収用法の改正で公聴会については、請求があったときは開催しなければならないとされたが、改正収用法はまだ施行されていないので、いまのところ、大深度法には、この義務付けは適用されていない。」と、下線部分を加えた記述に訂正することとする。訂正の遅れを陳謝したい。

(注3-12)　国の直轄事業では、事業認定の申請時期について、「用地取得率が80％となった時、又は用地幅杭の打設から3年を経過した時のいずれか早い時期を経過した時までに、収用手続きに移行するものとする。」との通知がなされている（平成15年3月28日国総国調191号通知）が、多くの現場では80％という数字は、一つの重要な判断基準になっているようである。

(注3-13)　拙稿「改正土地収用法の概要とその問題点及び課題」（大浜啓吉編著『公共政策と法』、2005年、早稲田大学出版部、163頁以下）参照。

(注3-14)　『詳解』98頁参照。なお、同書には、「事業者が権利者と全然交渉を行わなかった

としても、それをもって本号の要件（3号要件）が充足されていない、とすることはできないものと解される。」とあるが、むしろ、収用法の事業認定では、事業者が権利者と全然交渉を行わなかったことは土地の収用または使用につき公益適合性に欠けるものだとされるのに対して、大深度法の定義上、任意取得済みの地下空間は事業区域に含まれないからであると解すべきであろう。

(注3-15)　『詳解』98頁参照。
(注3-16)　大深度地下使用法使用認可申請マニュアル第1章10参照。
(注3-17)　『詳解』97頁参照。
(注3-18)　『詳解』111頁参照。
(注3-19)　『概論』70頁以下参照。
(注3-20)　高田賢造・国宗正義著『土地収用法』、1953年、日本評論新社、295頁以下参照。筆者は、同書に述べられている土地使用権の登記ができない理由について、まるで吐き捨てたかのような書き方をしていることに違和感を感じていたところ、以前、同書の共著者の一人で、1951（昭26）年の現行収用法の制定当時建設省文書課長として立案責任者の一人を務めていた故国宗正義氏が、土地使用権について、立法のとき故我妻栄東大教授の指導を受けて登記を認めるべく法務省と協議をしたけれど法務省側は頑として拒否したため建設省側もあきらめざるをえなかったという趣旨のことを語られたことをうかがったことがある。
(注3-21)　大場民男著『土地収用と換地（第二版）』、1988年、一粒社、98頁参照。
(注3-22)　『概論』56頁参照。なお、拙稿「都市の地下利用と土地収用法」（『法令解説資料総覧』76号94頁）参照。
(注3-23)　『考える』93頁以下。
(注3-24)　拙稿「大深度地下と土地収用法」（（注2-14）22頁）参照。

# 第4章

# 事業区域の明渡しおよびその補償と権利利益救済のための争訟

## 第1節　事業区域の明渡しおよびその補償

### 1　事業区域の明渡し

#### (1)　明渡し請求の対象物件

　大深度法において事業区域とは、これまで度々触れたが、大深度地下の一定の範囲における立体的な区域であって、大深度法4条各号に掲げる事業（大深度法の適用事業）を施行する区域をいうと定義されていて（大深度法2条3項）、範囲は、事業の円滑な遂行のため公益上の必要があって、使用認可により使用権を取得または取得しようとする大深度地下の区域である（同法16条3号）。

したがって、事業区域の範囲には、「全体の事業計画のうち大深度地下に至らない区域はもちろんのこと、本法以外の制度（公共施設の占用許可、収用法による使用権の取得、契約による区分地上権の取得等）によって大深度地下に相当する地下の使用権を取得した場合に、重ねて本法の使用の認可を受ける必要のない部分については」含まれないと解されている(注4-1)。

　ところで、大都市での大深度地下は、通常、土地所有者等の権利者による利用が行われていない地下空間であるが、例外的に、深井戸や温泉井などを設置して利用されている場合がある。

　旧国土庁が臨時調査会に提出したデータによると、当時使用中の井戸でみて、東京都区部では50メートル以上の深さまで掘っている深井戸は36本で、最深の井戸は300メートル、横浜市では41本で同225メートル、名古屋市では17本で同180メートル、京都市では45本で同150メートル、大阪市では5本で同80メートル、神戸市では30本で同228メートルだという。同様に、温泉井については、東京都区部では30本で最深は2,000メートル、横浜市では44本で同1,500メートル、名古屋市では7本で同1,350メートル、京都市では16本で同2,000メートル、大阪市では18本で同1,500メートル、神戸市では69本で同1,500メートルであるという。現在は、井戸も温泉井も本数、最深の深さともに変わっていることだろうが、これらのデータはだいぶ古くなったとはいえ、大深度法の適用地域の大都市における大深度地下利用の一端を示していて、その傾向は読み取れるであろう。

　以上のように事業対象地の大深度地下（事業区域）が私的に利用されている場合、それらの私的利用の施設は、大深度地下を公的に使用するにあたって、支障物件となるので除却が必要となる。そこで大深度法は、事業者はその物件の占有者に対して、物件を除却して事業区域を明け渡すことを求め、そのために生ずる損失は補償しなければならないとした（大深度法31条1項、32条1項）。

　大深度地下の使用認可がなされると、その告示の日より使用認可の効力が生じ（大深度法21条4項）、その日に認可を受けた事業者は、告示された期間中事業区域を使用する権利を取得し、事業区域に係る土地に関するその使用権以外の権利は、事業者による事業区域の使用を妨げ、または使用認可に係る施設等の耐力および事業区域の使用に支障を及ぼす限度において、その行使が制限

される（同法25条）。

　その結果、認可事業者は、告示の日以後いつでも使用認可で付与された使用権を行使して事業区域を掘削できることになるので、事業区域内に既存の支障物件がある場合、事業施行のために必要があるときは、その物件の占有者に対して「期限を定めた明渡し請求書」を出して、物件を除却して事業区域を明け渡すことを求めることができると規定された（大深度法31条1項）。

　そこで、事業者は、大深度地下の使用認可を受けようとするときは、あらかじめ、事業区域に深井戸その他の物件があるかどうかを調査して物件に関する調書を作成し、使用認可申請書に添付しなければならない（大深度法14条2項5号）。調書に記載する事項および調書の様式については、第3章で述べたとおりである。

　すなわち、物件に関する調書には、①物件がある土地の所在および地番（大深度法13条1項1号）、②物件の種類（大きさを含む）および数量ならびにその所有者の氏名および住所（同項2号）、③物件に関して所有権以外の権利を有する者の氏名および住所ならびにその権利の種類および内容（同項3号）、④調書を作成した年月日（同項4号）、⑤物件または物件に関する権利に対する損失の補償の見積もりおよびその内訳（同項5号、施行規則6条2項）を記載する。

　物件に関する調書の作成にあたり、「損失の補償の見積もりおよびその内訳」については積算の基礎を明らかにすること、もしくは事業者が過失なく物件に関して権利を有する者を知ることができない場合、または物件に関する権利について争いがある場合には、その旨を記載すること、または土地所有者等が正当な理由なく立ち入りを拒否するなどで調査をすることが著しく困難であるときは、他の方法によりすることができる程度で作成し、その旨を附記すること等が必要である（施行規則様式8備考参照）。

　また、物件に関する調書は、前述のとおり、作成者としての事業者限りで完成し（大深度法13条1項、施行規則様式8）、使用認可申請書に添付することとされている（同法14条2項5号）。

　ちなみに、収用法の物件調書については、上記の①から④までは、同じように調査し記載されるが、⑤の損失の補償の見積もりおよびその内訳は記載されない（損失の補償の見積もりおよびその内訳は明渡裁決申立の際に提出する別の書

類に記載することになっている（収用法47条の3・1項））。また、先に述べたが、物件調書は事業者が作成し、自ら署名押印した上で、原則として、土地所有者および関係人に立ち会わせて署名押印させなければ完成しない（収用法36条1項、2項）。大深度法の物件に関する調書には、土地所有者等の立ち会いと署名押印が必要とされていない点に注意が必要である。

## (2) 明渡し請求の効果

　使用認可の告示があったときは、事業区域に係る土地所有権等の権利は、認可事業者による事業区域の使用を妨げ、または支障を及ぼす限度において、権利行使が制限されること（大深度法25条）から、認可事業者は、物件に関する調書に記載した物件に権利を有する者（占有者）に対して、期限を定めて事業区域の明渡しを求めることになる（同法31条1項）。

　物件に権利を有する者（占有者）は、自らその物件を除却することが原則であるが、その物件の所有権を認可事業者に譲渡することを否定するものではない。

　「期限を定めた事業区域の明渡し請求書」に記載する明渡しの期限は、明渡しを請求した日の翌日から起算して30日を経過した後の日でなければならない（大深度法31条2項）。そして、明渡しの請求に係る物件を占有している者は、原則として、明渡しの期限までに、物件の引渡しまたは移転を行わなければならないが、次に述べる物件の引渡しまたは移転により通常受ける損失の補償の支払いがないときはこの限りでない（大深度法31条3項）。

　なお、明渡し請求の処分については、行政手続法（平5法律88号）第3章の弁明、聴聞についての規定は適用されない（大深度法31条4項）。

　ところで、大深度法31条3項は「物件の引渡し又は移転（以下「物件の引渡し等」という。）を行わなければならない。」と規定しているが、この「物件の引渡し」について、『詳解』は、「『物件の引渡し』とは、従前の占有者が占有の放棄により、占有を解いて認可事業者に占有を取得させることをいう。」と説明する (注4-2)。もし、この意味で「物件の引渡し」と条文に明記したのであれば、大深度法31条からは次のような二通りの見解が導かれよう。

　すなわち、一つは、使用認可処分が「従前の占有者が占有の放棄により、占

有を解いて認可事業者に占有を取得させる」という効果をもたらしたと解する見解である。この見解は、畢竟、使用認可処分により事業区域とされたことで、当該区域に係る土地所有権は否定され、既存物件は違法な存在となることを意味することに帰着する（しかも、大深度法2条3項が事業区域の下限を定めない理由にも繋がるかも知れない）。しかし、これでは、使用認可処分は、物件の引渡しまたは移転による通損を補償するのみで、土地所有権に対する正当な補償なく土地の一部を公共の用に供することとなって、大深度法31条は憲法29条3項に反する規定となるであろう。

他の一つは、本条は、使用認可処分を契機に「従前の占有者が占有の放棄により、占有を解いて認可事業者に占有を取得させる」ということが行われただけであるとする見解である。この見解は、本条を憲法適合的に解釈しようとするものであるが、しかし、物件に権利を有する者がその権利を認可事業者に有償または無償で譲渡して認可事業者に物件の占有を取得させることは大深度法に規定するまでもなくできることであり、むしろ自ら放棄した占有者になぜ補償をするのか（大深度法32条参照）、あるいは認可事業者が占有することになったのになぜ市町村長の代行（同法35条）や都道府県知事の代執行（同法36条）が必要なのか、という疑問を解消する必要が生じる。

どちらも解き難い疑問を全て立法政策の問題として処理せざるをえないことになり、『詳解』のように説明することには賛成できないといわざるをえない。結局、本条が「物件の引渡し又は移転」と規定したことは、条文の解釈に誤解や混乱を招くことになりかねないので、「物件の移転」とのみに解釈することにし、立法技術上はなはだ拙劣な規定として「物件の引渡し」の文言は無視するしかあるまい(注4-3)。

結局、認可事業者は、使用認可の告示後は事業区域の使用権を取得するのみで、事業区域内の既存の支障物件の所有権等の権利を取得するわけではなく、他方、その物件の占有者は、事業区域に係る土地に関する権利の行使が妨げられるだけで（大深度法25条）、物件に対する権利を喪失するわけではなく、まして占有を強制的に放棄させられるわけではない。仮に、従前の物件占有者が占有を放棄することがあったとしても、使用認可処分による強制ではなく、あくまでも占有者の任意の判断によることである。物件占有者の占有の放棄は、

使用認可処分を契機にした任意の行為であるにすぎないので、使用認可処分の効果として説明すべきではないといえよう（この際、何がしかの補償をすべきことは、それこそ立法政策の問題として認めうる余地があろう）。

## 2　明渡しに伴う損失の補償

### (1)　事業区域の明渡しに伴う損失の補償の内容

　認可事業者は、事業区域にある物件の引渡しまたは移転により、その物件に関し権利を有する者に対して通損を補償しなければならない（大深度法32条1項）。認可事業者は、その通損補償について、損失を受けた者と協議して定め（大深度法32条2項）、事業区域の明渡し請求に定めた明渡しの期限までに支払うこととされている（同条3項）。協議が成立しないときは、認可事業者または損失を受けた者が収用委員会に補償裁決を申請することになる（大深度法32条4項による収用法94条2項の準用）。

　ここで、注意しておきたいことは、筆者は、先に述べたように、条文の「物件の引渡し」の表現は不当であり、単に「物件の移転」とのみ表現するべきであると考えているので、大深度法31条3項が物件の引渡しまたは移転について、「以下この章において『物件の引渡し等』という。」と略称を使用することとしているけれど、本書ではこの略称を使用しないこととする。なお、上で述べた『詳解』の見解、すなわち、物件の引渡しについて「従前の物件の占有者が占有の放棄により、占有を解いて認可事業者に占有を取得させること」とする見解を容認する場合、それが認可事業者との間で対価を伴う任意の合意の結果であるなら、もちろん対価で損失は損填されるのであるから、改めて通損の補償は不要であるが、対価が合意されていなければ補償を考慮する余地が生ずる。このような混乱を生じることからも、繰り返しになるが、大深度法31条以下の「物件の引渡し」の表現は不当であるといわざるをえない。

　事業区域内にある物件の引渡しまたは移転により物件に関し権利を有する者が受ける通損補償は、収用法の明渡し裁決における移転補償等の通損補償（収

用法77条、88条参照）に相当するものといえるが、補償額の算定については問題がありそうである。

　大深度地下の私的利用といえば、前述のとおり、土木建築技術の発達が著しいだけに、将来は予想もしていない利用施設が建設されるかもしれないが、現在は、深井戸や温泉井の設置というのが利用施設の代表的なものであろう。そこで、事業区域内に存在する深井戸の通損補償をどのように見積もれるかを考えてみよう。

　土地に設けられた井戸は、公営または私営の水道がない地域であれば生活上絶対的に必要な施設であり、上水道が普及している地域であっても生活の利便性を高める施設である。したがって、土地収用の場合は、土地から独立した物件（建物の附帯施設）として、占有者が移転除却しなければならない（収用法102条）が、その資産価値に多寡はあっても、いずれにしろそれを単純に埋め戻すといった除却費用を積算して補償するだけでは足りない。

　浅深度の一般的な井戸の場合、土地収用における「通常妥当と認められる移転先に、通常妥当と認められる移転方法によって移転するのに要する費用を補償する」という物件移転補償の実務上の原則的基準（「公共用地の取得に伴う損失補償基準」〔昭37用地対策連絡協議会決定。以下、「用対連基準」という〕28条参照）を適用して、新たな移転先で同種同等の井戸を新たに掘削整備する費用が補償として積算され、そこから既存の施設の機材の残存価値を減じることで算定されることになろう。

　問題は、大深度地下使用の事業区域内の深井戸や温泉井の場合である。土地収用の場合の浅深度の井戸は新たな移転先に掘削することを想定できるが、大深度地下の立体的空間の使用では、土地収用の場合のような移転先を想定すること自体ができない。すなわち、大深度地下使用の場合、使用認可を受けた事業区域はその土地の地中の所定の深さにおける立体的空間であって、そこが認可事業者の使用権（権利行使の制限）の対象となるが、残りの立体的空間部分は使用権の対象ではなく、後述の地山の大規模改変の禁止等いろいろな制約はあるけれど、従来どおり土地所有者が権利行使できる部分である。だからといって、その残りの立体的空間部分に深井戸や温泉井を掘削しても、前より深度は浅くなることもあり、同質の水や温泉は出ないであろうという問題がある。

また、仮に平面的に残地が生じたので、そこに新たに深井戸や温泉井を掘削するとしても、地中のどの深さまで掘れば同質の水脈あるいは温泉脈に当たるのか、その探査結果如何によっては、新規に掘削する費用が従前とは著しく異なってくるであろうと思われる。

　結局、大深度地下使用で移転除却すべき物件が深井戸や温泉井の場合、「同種同等」のものの再建可能な移転先は、事業区域を掘削できないだけに相当程度に限られたところとなるであろう。

　以上のことから、結論として、大深度地下使用の物件移転は、「通常妥当と認められる移転先に、通常妥当と認められる移転方法によって移転する」という判断基準に「同種同等のものの再建」という判断基準を加味して初めて合理性のある判断ができるのではなかろうかと思う。

　ただ、具体的に算定するとなると、非常に困難なことになるであろう。以下のように考えることも一案であろう。

　第一の例として、土地を平面的に見て、対象地が広大で事業区域に相当する範囲がその一部であって分筆することができる場合は、分筆後の平面的残地は大深度地下使用の利用制限を直接受けることはないので、その残地部分に「通常妥当と認められる移転先に通常妥当と認められる移転方法によって移転するのに要する費用を補償する」という基準を準用して、「同種同等」の井戸を新たに掘削する費用が補償として積算され、そこから既存の施設の機材の残存価値を減じることで算定されることになろう。ただ、移転先の地中のどの深さまで掘れば同質の水脈あるいは温泉脈に当たるのか、その探査結果如何により新規に掘削する費用が著しく異なってくるであろうと思われる。

　第二の例として、土地を平面的に見て、対象地が狭小で事業区域に相当する範囲にその土地の大部分または全てが含まれてしまう場合は、事業区域すなわちその土地の所定の深さの立体的空間の大深度地下は全て利用制限を受けることになるので、既存の深井戸や温泉井と「同種同等」のものを移設することは不可能である。そうだとすると、その施設の価値に除却する費用を加算し、その合算額から残存機材の価値を減じた額を補償額とするということになろう。

　もちろん、どちらの場合であっても、補償金額は、浅深度の井戸の場合と異なり相当多額になると思われる。そうなると、大深度法が収用法78条（移転

困難な場合の収用請求）や79条（移転料多額の場合の収用請求）の規定を準用しなかったことが問題となろう。

さらに、加えて、深井戸や温泉井を自ら用いて営業している場合、あるいはいろいろな施設や企業に、または個人に対して営業として配水・配湯している場合は、営業補償も通損補償として積算されなければならない。

深井戸や温泉井の移設等に関して、上の第一の例の場合のように、既存の深井戸や温泉井と「同種同等」のものを移設することが可能なときは、移設のために営業を一時休止する必要があると認められるときは営業休止補償が、移設により従来の営業規模を縮小せざるをえないと認められるときは営業規模縮小補償が考慮されることになる（用対連基準44条、45条参照）。

それに対して、第二の例の場合のように既存の深井戸や温泉井と「同種同等」のものを移設することは不可能で、その施設の価値に除却する費用を加算した額が補償額のベースになるときは、営業の継続が客観的にみて不可能であると認められるときにあたるであろうから、営業廃止補償がなされることになろう（用対連基準43条参照）。

いずれにしろ、大深度地下使用の明渡しに伴う損失の補償は、実務的にはなかなか厄介な問題が伏在しているので、大深度地下使用権の特性を踏まえて、慎重に合理的な思考を巡らせて検討する必要がある。

## (2) 損失補償の請求権と除斥期間

認可事業者は、使用認可の処分を受けた後、事業区域内にある物件に関し権利を有する者が事業区域の明渡しに際して受ける通損を補償しなければならない（大深度法32条1項）が、その通損補償は、認可事業者と損失を受けた者とが協議して定めなければならないとされている（同条2項）。

このように先に行政処分が行われ、その後に損失を補償する方式は、事後補償方式ともいわれていて、収用法の事業準備のための測量、調査等（収用法11条3項、14条）もしくは事業認定後の土地物件調査権による測量、調査等（同法35条1項）により生じた損失の補償に関する補償内容の確定方式（同法91条）、または事業の廃止もしくは変更等（同法26条1項、29条、34条の6、100条）による損失補償に関する補償内容の確定方式（同法92条）、または収用しもし

くは使用する土地以外の土地に対する損失の補償（みぞ・かき補償）に関する補償内容の確定方式（同法93条）と同様の方式である。

ちなみに、通常の土地の収用または使用の裁決事件では、事前補償方式とか想定補償方式といわれていて、裁決申請を行う事業者はあらかじめ自ら見積もった損失補償額を記載した書類を申請書に添付し（収用法40条1項および47条の3・1項参照）、審理において土地所有者等損失を受けた者は、その見積もりに不服を主張し（同法43条、47条の4・2項および63条2項参照）、収用委員会が裁決をし（同法48条1項、49条1項）、裁決された補償金を所定の時期までに支払うことで裁決は効力を発揮し、対象の土地が収用・使用される（同法100条参照）という仕組みが採られている。事前補償方式は、憲法29条3項の文言に形式的に忠実な方式であるといわれている。

たが、損失の種類によっては事後的にしか正当な補償額を確定できない場合もあり、その場合は事後補償方式によることも憲法に違反するものではない(注44)。大深度法では、先に述べたとおり、事業準備のための立ち入り等の損失補償（大深度法9条）の確定方式のみならず、本章の事業区域の明渡しに伴う損失補償（同法32条）の確定方式および次章で述べるその他の損失補償（同法37条）の確定方式のいずれもこの事後補償方式が採用されている。

事業区域の明渡しに際して生ずる通損補償については、認可事業者は、損失を受けた物件に関して権利を有する者に対して、通損補償をする義務を負担するのに対して、損失を受けた者は、認可事業者に対して通損補償を請求する権利を有する関係になる（大深度法32条1項参照）。

一方、先に述べたように、認可申請書に添付する物件に関する調書には物件または物件に関する権利に対する損失の補償の見積もりを記載することとされている（大深度法13条1項5号、施行規則6条1項）。そして、その申請に基づき、認可が行われ、告示がなされた後で、事業区域の明渡しが請求されることになる（大深度法31条1項）。この手続きの流れの下では、事業区域の明渡しに伴う損失の補償を定めるための認可事業者と損失を受けた者とが行う協議（大深度法32条2項）は、この認可申請書の添付書類の調書に記載されている損失補償の見積もりに対して、損失を受けた者がそれに対して意見を述べることで始まるとみてよいだろう。すなわち、この意見表明をもって、損失を受けた

者の損失補償請求権が行使され、協議が始まり、協議の確定で「補償契約」が成立し、債権債務関係となると解して差し支えないだろう。

　ところで、上記の収用法における事後補償の補償請求権の行使にはいずれも短期の除斥期間が定められている。損失のあったことを知った日から1年とするもの（収用法91条2項、92条2項）や、事業に係る工事の完了後1年とするもの（同法93条2項）のようにいずれも短期で、その期間内に損失を受けた者は事業者に補償を請求しなければならないとされている。

　この除斥期間の問題については、大深度法の大深度地下使用の場合は分かれている。事業準備のための立ち入り等の損失補償（大深度法9条）については、同法9条により準用する収用法91条2項に基づき、損失があったことを知った日から1年を経過した後においては、損失補償請求権を行使できないという短期の除斥期間の適用を受ける。この場合の損失の発生は事実関係が原因であり、立法政策として短期か長期かの問題はあるが、法的に特に問題はない。

　また、大深度法37条のその他の損失の補償については、使用認可の告示の日から1年間の短期の除斥期間の適用が明文で規定されている（大深度法37条1項）。この場合の短期の除斥期間の問題点については第5章で触れることにする。

　ところが、大深度法32条の事業区域の明渡しに伴う通損補償の請求権については、かかる除斥期間が定められていない。では、支障物件の占有者は、認可事業者に対して、その損失補償請求権の行使はいつまで認められるであろうか。

　前述のように、大深度地下の使用認可は告示の日より直ちに発効する（大深度法25条）。その結果、極端にいえば、認可事業者は、認可告示の日からトンネル掘削工事に着手できることになる。それにもかかわらず事業区域の明渡しに伴う通損補償は、大深度地下使用権の発効後に行われる事業区域の明渡し請求を契機にして確定され、補償されるという事後補償方式である。しかも、損失補償の問題は金銭支払いの債権債務の問題とみなせるのであるから、損失補償をすべきか否か、ひいては補償裁決の申請または訴えの提起すら、認可事業者の事業の進行や大深度地下の使用区域を使用することを停止しないとされている（大深度法32条5項参照）。

結局、大深度地下使用権の権利行使によるトンネル掘削工事に影響するのは、支障物件の実際の存在とその移転除却の実施の有無だけである。
　したがって、使用認可の告示後は、いつ補償請求が行われても、事業の遂行に影響はない。その意味で、損失補償請求権の行使には制限がないということになる。
　しかし、協議により損失補償が確定したにもかかわらず、認可事業者が明渡しの期限までに補償金を支払わないときは、物件を占有している者は、その期限までに物件の引渡しまたは移転をする必要はない（大深度法31条3項但書）。認可事業者は、補償金支払い義務を履行せずに、認可処分の効力により直ちに事業区域に工事を開始できるというのは公平ではないということで、認可事業者の補償金支払いと物件占有者の物件の移転除却を同時履行とした。
　ただ、物件占有者が損失補償請求権の行使を遅らせ、協議の開始を意図的に遅らせるなら、物件占有者に付与された同時履行の抗弁が、認可事業者の工事施工を遅らせることに利用されることになりかねない。その際は、認可事業者から協議を請求し、積極的に損失補償金額等の債務内容の確定を図ることで対処することになろう。

## (3)　損失補償の確定

### 1)　協議による確定

　事業準備のための調査から大深度地下に対する使用認可の告示までの手続きの流れについては先に第3章で述べたとおりであるが、ここでは、明渡しに伴う損失補償額を確定させるための協議に至る手続きについて述べることにしよう。
　すなわち、前述のとおり、事業準備のための調査の結果(注4-5)、大深度地下の事業区域に深井戸または温泉井が存在することが判明した場合、事業者はその物件とそれを除却する際の通損補償の見積りを記載した物件に関する調書を作成する（大深度法13条、施行規則6条1項）。そして、事業区域等を明記した申請書にその調書等を添付して使用認可を申請する（大深度法14条1項、2項）。使用認可庁が対象の事業区域の使用を認可し、その旨を告示する（大深度法21条）と、認可事業者はその事業区域を使用する権利を取得し、施設の設置工事

を開始することができる（同法25条）。その際、事業施行のため必要があるときは、認可事業者は、期限を定めて、深井戸または温泉井の占有者に、それを除却して事業区域を明け渡すように請求することになる（大深度法31条1項）。事業区域の明渡しが請求されたときは、事業区域内の物件の占有者は、明渡しの期限までに、物件の引渡しまたは移転をする義務を負担し（大深度法31条3項本文）、反対に、認可事業者は物件の引渡しまたは移転に伴う通損を補償する義務を負担する（同法32条1項）。ただ、物件の占有者は、認可事業者から明渡しの期限までに損失補償金の支払いがないときは、支払いがなされるまで物件の引渡しまたは移転を拒否できるとされている（大深度法31条3項但書）。

　さて、物件の引渡しまたは移転に伴う通損補償の金額や支払い日等は、認可事業者と損失を受けた者とが協議して定めることとされている（大深度法32条2項）。協議では、まず、事業者の方で見積額を提示し（認可申請書に添付された物件に関する調書には、あらかじめ損失補償の見積りおよびその内容が記載されている（大深度法13条1項5号、施行規則6条1項参照））、損失を受けた者が、その提示された金額に意見を述べる等で、協議が進められるのが一般であろう。

　協議が合意に至ると、その合意された補償額が事業者から明渡しの期限までに支払われることになる（大深度法32条3項）。合意は、補償金の支払いを約する補償契約といえる。事業者は明渡しの期限までに支払わなければならない補償金額および具体的な支払い日は、その期限までの間で協議により年月日の確定日付をもって決めるべきである（大深度法32条2項）。

　ところで、認可事業者が行う支障物件の占有者に対する事業区域の明渡し請求において定める明渡しの期限は、前に述べたように、使用認可の告示の日の翌日から起算して30日を経過した後の日でなければならないとされている（大深度法31条2項）が、明渡しの請求自体を行うべき時期はいつか。使用認可の告示（大深度法21条1項）の日の前か後か、規定はない。だが、使用認可庁が使用認可の告示をしなければ事業区域に大深度地下使用権は発効しないのであるから、「事業の施行のため必要があるとき」とは認可の告示が行われたことが判断基準となろう。結局、一般的には、明渡しを求めることは認可の告示の日の後で行うべきであると解されよう。

その結果、事業区域の明渡しの請求の日において、支障物件は明らかになり、ひいては通損の内容およびその補償の内容が具体的になる。すなわち、「事業区域にある物件の引渡しまたは移転により、その物件に関し権利を有する者が通常受ける損失（通損）」が具体化するのは認可事業者の事業区域の明渡し請求の内容によるのである。したがって、そのとき初めて物件に関し権利を有する者は自己の請求すべき通損補償の存在およびその内容をはっきりと知ることになるのであるから、損失を受けた者として、それ以降、補償を請求することができるといえよう。

　それでは、支障物件の占有者は、認可事業者に対して、いつまでに、「物件の引渡しまたは移転」による通損の補償を請求することができるであろうか。この損失補償は事後補償方式であるから、補償の有無はトンネル掘削工事に何の影響もない。トンネル掘削工事に影響するのは、支障物件の移転除却そのものである。補償は単に金銭支払いの債権債務の問題とみなせるのであるから、使用認可の告示後はいつ補償請求が行われても、事業の遂行に影響はない。ただ、前述のとおり、認可事業者が支払いを意図的に遅らせることがないようにということで物件に関し権利を有する者に付与された同時履行の抗弁権が、認可事業者の工事施工を遅らせることに利用されることもあり得る。その際は、認可事業者から協議を請求し、積極的に損失補償金額等の債務内容の確定を図ることとなろう。

### 2）　補償裁決による確定

　物件の引渡しまたは移転による通損の補償（大深度法32条1項）は、認可事業者と損失を受ける者とが協議して定めなければならないとされている（同条2項）が、協議が成立しないときは、見切りをつけて認可事業者と損失を受ける者のどちらかが収用委員会に裁決を申し立て、補償裁決で決定することになる（大深度法32条4項による収用法94条2項から12項までの準用）。以下、補償裁決の手続きについて、文言を読み替えた上で、準用する収用法の規定を示しながら述べることにする。

　補償裁決を申請しようとする者は、次の事項、すなわち①裁決申請者の氏名および住所、②相手方の氏名および住所、③事業の種類、④損失の事実、⑤損失補償の見積りおよびその内訳、⑥協議の経過について記載した所定の裁決申

請書を収用委員会に提出しなければならない（準用する収用法94条3項）。その際、所定の手数料（実費の範囲内において当該事務の性質を考慮して損失補償の見積りの額に応じて政令で定める額（収用法施行令2条2項掲載の表第5欄参照）を標準として条例で定める額）を収用委員会の所属する都道府県に納めなければならない（収用法125条2項参照）。

補償裁決申請書に欠陥があるときは、収用委員会は期間を定めて補正を命じることができる（準用する収用法94条4項）。期間内に補正をしないとき、または所定の手数料の納付がないときは、補償裁決の申請は法律の規定に違反しているとして、裁決をもって却下される（準用する収用法94条7項）。

収用委員会は、補償裁決申請書を受理したときは、違法な申請として却下裁決をする場合を除くの外、裁決申請者および裁決申請書に記載されている相手方にあらかじめ審理の期日および場所を通知した上で審理を開始しなければならない（準用する収用法94条5項）。

補償裁決手続きは、一般の土地収用裁決手続きの規定が準用される（準用される収用法94条6項による同法50条および第5章第2節（60条〜66条）の規定の準用）。収用委員会は、審理の途中において、いつでも、裁決申請者およびその相手方に和解を勧めることができる。全員の間に損失の補償および補償をすべき時期に関して和解がととのった場合は、和解調書が作成され、裁決があったものとみなされる（準用される収用法50条）。

収用委員会の審理の手続きは会長が指揮する（準用される収用法63条）。収用委員会の審理は公開しなければならないが、ただし、審理の公正が害される虞があるときその他公益上必要があると認めるときは公開しないことができる（準用される収用法62条）。

裁決申請者およびその相手方は、損失の補償に関する事項については、収用委員会の審理において、新たに意見書を提出し、または口頭で意見を述べることができる（準用される収用法63条2項）。

収用委員会は、裁決申請者もしくはその相手方の申立てが相当であると認めるとき、または審理もしくは調査のために必要があると認めるときは、①裁決申請者、その相手方または参考人に出頭を命じて審問し、または意見書もしくは資料の提出を命ずること、②鑑定人に出頭を命じて鑑定させること、③現地

について土地または物件を調査することができる（準用される収用法65条）。

　また、共同の利益を有する事業者以外の裁決申請者またはその相手方が多数の場合は、全員のために収用委員会の審理において一切の行為をする代表当事者を選定することができるが、著しく多数の場合、収用委員会は、代表当事者を選定すべきことを勧告することができる。代表当事者の選定、選定取消し、変更は、書面をもって証明しなければならない。代表当事者が選定されたときは、代表当事者を通じてのみ審理における行為をすることになる（以上、準用される収用法65条の2）。

　収用委員会は非公開の裁決会議で、文書によって裁決を行い、裁決書には、その理由および成立の日を附記し、会長および会議に加わった委員は、これに署名押印する。裁決書の正本には収用委員会の印章を押し、これを裁決申請者およびその相手方に送達する（以上、準用する収用法66条）。

　収用委員会は、違法な裁決申請として却下裁決を行う場合（準用する収用法94条7項）を除き、損失の補償および補償をすべき時期について裁決しなければならない（準用する収用法94条8項前段）。この場合において、収用委員会は、損失の補償については、裁決申請者およびその相手方が裁決申請書または意見書によって申し立てた範囲をこえて裁決してはならない（準用する収用法94条8項後段。当事者処分権主義の採用）(注46)。

　収用委員会の補償裁決に対して不服がある者は、裁決書の正本の送達を受けた日から60日以内に、損失があった土地の所在地の裁判所に対して訴えを提起しなければならない（準用する収用法94条9項）。

　補償裁決で確定した補償金の支払いが遅滞した場合、補償金の受取り人は、後述のように、補償裁決の裁決を債務名義として強制執行を申し立てることになる（準用する収用法94条10項参照）。

## (4) 補償裁決の申請は、事業の進行および事業区域の使用を停止しない

　上記のとおり、物件の引渡しまたは移転に係る通損補償について、協議が成立しなかったときは、認可事業者または損失を受けた者は収用委員会に補償裁決を申請する（大深度法32条4項参照）が、補償裁決の申請は事業の進行等を停止しないとされている（同条5項）。

そうはいっても、協議が成立しなかった場合、実際には、収用委員会の裁決がなければ、認可事業者は補償金の支払いも供託もできないので、裁決が出るまで事業を執行できないことになり（大深度法31条3項但書）、これは収用法の明渡し裁決の場合と同じである（収用法100条2項、102条参照）。

たとえば、認可事業者の都合で、物件の引渡しまたは移転に係る通損補償の支払いがないときは、物件の占有者は明渡しの期限までに行うべき物件の引渡しまたは移転を遅延しても責任を問われない（大深度法31条3項但書）。しかし、補償裁決の提起があって、補償額が不確定で支払いが滞っていることまで、認可事業者に責任があるとして物件の引渡しまたは移転の遅延を認めることは行き過ぎであるとして、大深度法は、補償裁決の申請は事業の進行および事業区域の使用を停止しないと規定している（大深度法32条5項）。

その結果、二つの規定の間には、事実上、矛盾が生じることになるが、認可事業者が意図的に補償問題の決着を補償裁決に持ち込むこともありうることを考慮すると、大深度法32条5項の規定は、限定的に解すべきである。それは結局、認可事業者の責任で補償金の支払いが遅延し、物件の引渡しまたは移転が遅延することになるということを広く認め、事業区域のうち物件があるごく限られた範囲については、事実上、使用を停止することもやむをえないが、その範囲外の事業区域についての使用は停止しない。すなわち、シールドマシンは事業区域の掘削を開始するが、除却物件の直前で機械を止めて、補償裁決の決着を待つということになるしかあるまい。

これは、補償裁決の申請は物件の引渡しまたは移転により損失を受ける者に対する補償の妥当性を確保するための手続きではあるが、損失補償に関する問題は当事者間の金銭支払いの債権債務の問題であって、大深度地下使用の事業全体の進行という公益の遂行からは、とりあえず切り離すことが適当であると考えられた結果であり、やむをえないだろう。

## (5) 補償金の支払い・供託

### 1) 補償金の支払い

先に述べたとおり、事業区域内の支障物件の占有者は明渡しの期限までに物件の引渡しまたは移転を行わなければならないが、それまでに、認可事業者が

協議で確定した物件移転に係わる通損補償の補償金の支払いをしないときは、物件の占有者は事業区域の明渡しを拒否できる（大深度法31条3項但書）。それ故、認可事業者にとって支払い期限までに補償金を支払うということは重要な問題になる。

事業者と損失を受けた者との協議で確定した損失補償金の支払いは、現金の持参払いが原則である（民法484条参照）。分割払いでも一括払いでも構わないが、明渡しの期限（支払い期限）には完済されている必要がある（大深度法32条3項）。具体的な支払い方法については、現金支払いだけでなく、たとえば銀行振込みで支払う方法など、あらかじめ協議で合意された補償契約に定めた方法があれば、それに従って支払うことになる。

補償裁決で損失補償が確定した場合、または後述の当事者訴訟の判決で確定した場合にも、上記のとおり、損失補償金の支払いは、現金の持参払いが原則であるが、裁決または判決で現金支払い以外の方法が定められたなら、その方法に従う。

ところで、土地の収用・使用裁決の事前補償の場合は、補償金の支払いと裁決の効力の発効が関係づけられており、支払いが遅れると収用・使用の裁決が失効することになる（収用法100条参照）。それに対して、事後補償の補償裁決による補償である大深度法の物件移転に係わる通損補償の支払いは、支障物件の移転義務と同時履行の関係にあり、認可事業者が期限までに協議で確定した補償金の支払いをしないときは、物件の占有者は事業区域の明渡しを拒否できる（大深度法31条3項但書参照）が、認可処分の効力の発効自体とは関係づけられていない。すなわち、原則として、補償金支払いの債権債務は一般の債権債務と変わりなく扱われることになるので、補償すべき時期に支払いが遅れたときは、債務不履行として扱われることになる。その結果、補償裁決で補償金額が確定した場合、補償金を受けるべき損失を受けた者は、前記のとおり補償裁決の裁決で強制執行の手続きをとることができることになる。

その手続きとして、補償裁決の裁決は、裁決された補償額等に不服で当事者訴訟を提起した場合を除き、民事執行法の強制執行に関する債務名義とみなされ（準用する収用法94条10項）、収用委員会の会長が行う執行文の付与（準用する収用法94条11項）を受け、強制執行を申し立てる。執行文付与に関する

異議についての裁判は、収用委員会の所在地を管轄する地方裁判所が扱うこととされている（準用する収用法94条12項）。

なお、土地の収用・使用の裁決の補償金支払いに関する普通為替証書を書留郵便で所定の期限前に補償金を受け取るべき住所に発送した場合は、支払い期限までに補償金を払い渡したものとみなすとの規定（収用法100条の2）については、大深度法には明文で準用されていないが、類推適用することができよう。

## 2) 補償金の供託

損失補償金の支払い関係は、通常の金銭債権における債権債務の関係とみなされているので、債権者（損失補償金の受領者）が補償金の受領を拒んだとき、債務者（事業者）はそのまま支払いをせずに支払い期限を徒過すると債務不履行責任を負うことになる。そこで、事業者は、債務不履行責任を回避するために、支払いに代えて事業区域の所在地の供託所に供託することで、無事、補償金の支払いを完了したと同じ扱いを受けることができ、免責を受けることができるとされている（民法494条参照）。

大深度法の物件の移転に係わる通損補償の補償金の支払い関係でいうと、上で述べたように、物件占有者等補償金を受けるべき者が、通損補償の補償金の受領を拒んだとき、認可事業者がそのままにして支払い期限（明渡しの期限）を徒過すると、物件占有者等は補償金の支払いがないとして事業区域の明渡しを拒否できることになる。それを避けるために、あるいは事業準備に係る損失補償に関して債務不履行責任を回避するために、事業者は、支払いに代えて事業区域の所在地の供託所に供託することで、無事、補償金の支払いを完了したと同じ扱いを受けることができ、免責を受けることができることとしている。

大深度法は、認可事業者は補償金の支払いに代えて供託できる場合として、上記の通損補償の補償金を受けるべき者がその受領を拒んだとき、または補償金を受領することができないときのほかに、認可事業者が過失がなくて補償金を受けるべき者を確知することができないとき、収用委員会が裁決した補償金の額に対して不服があるとき、差押えもしくは仮差押えにより補償金の払渡しを禁じられたときに、供託することができると定めている（大深度法33条1項1号）。

ただし、認可事業者が収用委員会が裁決した補償金の額に対して不服がある

場合において、補償金を受けるべき者の請求があるときは、認可事業者は、自己の見積り金額を払い渡し、裁決による補償金の額との差額を供託しなければならない（大深度法33条2項）。また、支障物件が、先取特権、質権もしくは抵当権または仮登記もしくは買戻しの特約の登記に係る権利の目的物であるときは、その補償金を支払う際に、これらの権利者のすべてから供託しなくてもよい旨の申出があったときを除き、その補償金を供託しなければならない（大深度法33条3項）。そして、先取特権、質権または抵当権を有する者は、供託された補償金に対してその権利を行うことができる（物上代位。大深度法34条）。

また、補償金を受けるべき者が補償金の供託および供託された補償金を受けとる手続きは供託法（明32法律15号）の定めに従う。

なお、認可事業者が裁決された補償金を裁決された時期に支払わないときは、前記のとおり、債務不履行として強制執行を受けることとなる。補償裁決は、強制執行に関して、民事執行法（昭54法律4号）22条5号に掲げる債務名義とみなされ（準用する収用法94条10項）、債務名義についての執行分付与は、収用委員会の会長が行う（準用する同条11項）。

## 3 事業区域の明渡しの代行と代執行

### (1) 市町村長による明渡しの代行

認可事業者は、事業施行のため、必要があるときは、事業区域内の支障物件を占有している者に対して、明渡し請求の日の翌日から起算して30日を経過した後の日を明渡し期限と定めて、事業区域の明渡しを求めることができる（大深度法31条1項、2項）。それに対して、その物件を占有している者は、その明渡し期限までに、「物件の引渡し又は移転」を行わなければならないことになっている（大深度法31条3項本文）。

ところが、事業区域の明渡しに伴う損失補償の協議が成立し、所定の明渡し期限までに補償金が支払われた（大深度法32条1項、2項、3項）にもかかわら

ず、事業区域内の支障物件の引渡しまたは移転が行われない場合、強制的にその物件の引渡しまたは移転を実現する方法として、認可事業者の請求により市町村長が代行する方法（同法35条1項）と都道府県知事が代執行する方法（同法36条1項）の二種類が規定されている(注4-7)。

　事業区域の明渡し請求を受けた支障物件の占有者が、明渡し期限までに物件の引渡しまたは移転を行おうとしたが、その責めに帰することができない理由等で実行できなかったときは、市町村長は、認可事業者の請求により、物件の引渡しまたは移転を行うべき義務者に代わって、物件の引渡しまたは移転をしなければならない（大深度法35条1項1号）。または、認可事業者が過失がなくて義務者を確知することができず、明渡し請求が義務者本人に有効に到達できないために履行義務の不履行があったときは、同様に、市町村長は、認可事業者の請求により、義務者に代わって物件の引渡しまたは移転をしなければならない（大深度法35条1項2号）。

　市町村長は、代行の請求を受けたときは、現地調査を行って、請求が代行の要件を満たしているか否か、すなわち、請求どおり義務者の不履行があるか否か、不履行であるならそれが義務者の責めに帰することができない理由に因っているか否か、または不履行が事業者の過失なく義務者を確知できないためであるか否か、を確認する。そして、代行の要件が満たされていることが明らかなときは、市町村長は履行を代行しなければならない。

　物件の引渡しまたは移転の代行は、市町村長において実際に引渡しまたは移転を行う。もちろん、実際の作業は、市町村長の命令で職員または市町村長の委託により業者が行うことになる。ただ、作業は代替的作為義務である移転の代行を原則とすべきである。特殊な物件であってトンネル掘削時に除却するしか方法がないような場合には、認可事業者をして市町村長の作業補助者とする代行も認められよう。

　市町村長は、物件の引渡しまたは移転の代行に要した費用を義務者から徴収する（大深度法35条2項）。

## (2) 都道府県知事による明渡しの代執行

　都道府県知事は、物件の引渡しまたは移転を行うべき義務者がその義務を履

行しないとき、履行しても十分でないとき、または履行しても明渡し期限までに完了する見込みがないときは、認可事業者の請求により、行政代執行法（昭23法律43号。以下、「代執行法」と略称する）の定めるところに従い、自ら義務者のなすべき行為をし、または第三者をしてこれをさせることができる（大深度法36条1項）。

　前述の市町村長の代行は、義務の不履行が義務者の責めに帰すことができないとき等の理由であったのに対して、都道府県知事の代執行（大深度法36条1項）は、義務の不履行が義務者の責めに帰すことができる場合等である。ただ、代執行の対象の義務は、他人が代わって行える作為義務に限られる（代執行法1条参照）。義務者本人のみが履行可能な非代替的作為義務や不作為義務は、元来、代執行にはなじまないといえる。

　ところが、法文は「物件の引渡し又は移転を行う」べき義務と述べている。このうち「物件の移転義務」は、代替的作為義務であるから、代行または代執行の対象たる義務としては問題がない。しかし、「物件の引渡し義務」は、本来、義務者自身の引渡しの意思表示が必要な義務であるとされている（民法182条2項、183条、184条参照）ので、問題である。この点からも、本法が義務者の履行義務に「物件の引渡し義務」を含むかのような表現をしていることは立法技術上まことに適当ではない (注4-8)。

　そこで、使用認可の法的効力とは言い得ない「物件の引渡し」なるものを規定していても都道府県知事の「物件の引渡し」義務の代執行は無意味であるのであるから、「物件の引渡し又は移転」の義務については「移転」に力点をおいて代執行を行い得るという解釈を採用しようと思う (注4-9)。

　代執行法の定める代執行の手続きは、次のとおりである。すなわち、代執行庁たる都道府県知事は、まず、相当な履行期限を定め、その期限までに履行がなされないときは、代執行をなすべき旨を、あらかじめ文書で戒告する（代執行法3条1項）。次いで、戒告書で指定した履行期限までにその義務を履行しないときは、代執行令書でもって、代執行の実施時期、代執行のために派遣する執行責任者の氏名および代執行に要する費用の概算による見積もり額を、義務者に通知する（代執行法3条2項）。代執行を実行するために現場に派遣される執行責任者は、執行責任者たる本人であることを示す証票を携帯し、要求があ

るときは、何時でもこれを呈示しなければならない（代執行法4条）。実際の作業は、執行責任者が作業補助者を指揮して行うか、その監督の下で委託された業者が行う。ただ、特殊な物件であってトンネル掘削時に除却するしか方法がないような場合には、執行責任者の監督の下で認可事業者を作業補助者とする代執行も、代行同様に認められよう。

　代執行に要した費用の徴収については、実際に要した費用の額および納期限を定め、義務者に対し、文書をもってその納付を命じなければならない（代執行法5条）。

## (3)　代行・代執行の費用の徴収

　市町村長は、物件の引渡しまたは移転の代行を行うのに要した費用（代行費用）を義務者から徴収する（大深度法35条2項）。同様に、都道府県知事は、代執行に要した費用（代執行費用）を義務者から徴収する（代執行法2条）。

　代行費用または代執行費用に充てるため、義務者および認可事業者にあらかじめ通知した上で、市町村長または都道府県知事は、義務者が認可事業者から受けるべき物件の引渡しまたは移転の補償金をその代行費用または代執行費用の額の範囲内で、義務者に代わって受けることができる（大深度法35条3項、36条2項）。認可事業者が、補償金の全部または一部を代行費用の額の範囲内で市町村長に支払った場合、または代執行費用の額の範囲内で都道府県知事に支払った場合においては、認可事業者が市町村長または都道府県知事に支払った金額の限度において、物件の引渡しまたは移転により物件に関して権利を有する者に対して通損の補償金を支払ったものとみなされる（大深度法35条4項、36条2項）。

　市町村長は、代行費用を補償金から徴収することができないとき、または徴収することが適当でないと認めるときは、義務者に対し、あらかじめ納付すべき金額ならびに納付の期限および場所を通知して、これを納付させるものとする（大深度法35条5項）が、通知を受けた者が納付期限を経過しても納付すべき金額を完納しないときは督促する（同条6項）。督促状に定めた期限までに納付しないときは、市町村長は、国税滞納処分の例によって、これを徴収することができる（同条7項）。

都道府県知事は、代執行費用を補償金から徴収することができないとき、または徴収することが適当でないと認めるときは、義務者に対し、実際に要した費用額、納期日を定め、文書をもって納付を命じる（代執行法 5 条）。代執行に要した費用は、国税滞納処分の例により、これを徴収することができる（代執行法 6 条）。

## 4　原状回復の義務

　認可事業者は、使用認可の取消し、事業の廃止または変更その他の事由によって事業区域の全部または一部を使用する必要がなくなったときは、遅滞なく、当該事業区域の全部もしくは一部を原状に復し、または当該事業区域の全部もしくは一部およびその周辺における安全の確保もしくは環境の保全のため必要な措置をとらなければならないとされている（大深度法 38 条）。

　大深度地下を原状に復することは至難なことである。ただ、原状に復すといったところで、地下水の流路や地質を大深度地下の使用以前の状態に完全に戻すことは、物理的には不可能であろう。それでもなお法律が原状に復すとしていることの意味について、収用法の地下使用の裁決に際して、「構築物を存置し、その空洞部分に土砂を埋め戻すことによって、原状に復したものというべきである」とした裁決例がある(注4-10)。

　大深度法の使用認可に係る原状回復も同様に解することになろうか。

　地質の有する物理的性質を元の状態と同様の状態に戻すこと、すなわち古来より堆積された固い状態を復元することは、人工でなせる技とはいえないので、当該事業区域の全部もしくは一部およびその周辺における安全の確保もしくは利用環境の保全のために必要な措置をとる程度に復元することで、法的な原状回復といわざるをえないであろう。

## 第2節　権利利益救済のための争訟

### 1　処分に対する不服申立てと取消訴訟

#### (1)　行政不服申立て

　行政処分が行われた際、処分に対して不服のある者または権利利益が侵害されたのでその救済を求める者は、行政不服審査法（昭37法律160号。以下、「行服法」という）に基づく不服申立て（行服法4条）、または行政事件訴訟法（昭37法律139号。以下、「行訴法」という）に基づく処分取消訴訟（行訴法3条2項）で、処分庁と争うことができるのが原則である。

　行政処分に対する行服法の不服申立て制度は、行政権内部のチェック、自己統制機能に基づくもので、行政庁の違法または不当な処分その他公権力の行使にあたる行為に関し、国民に対して広く行政庁に対する不服申立てのみちを開くことによって、簡易迅速な手続きによる国民の権利利益の救済を図るとともに、行政の適正な運営を確保することを目的とするものである（行服法1条）。

　それに対して、行訴法の処分取消訴訟は、違法な行政処分で侵害された被処分者の権利利益の救済を図ろうとする裁判であり、行政処分という行政庁の行為を直接司法判断の対象にする抗告訴訟（行訴法3条2項）であって、行政の適正な運営の確保は間接的なものとなる。権利利益の救済のための裁判としては、他に、行政処分の効果として生ずる権利義務を対象とする民事訴訟類似の当事者訴訟（行訴法4条）がある。

　ところで、大深度法に基づく主な行政処分には、事業区域についての使用認可処分と、事業区域の明渡し請求とがある。

　前者は、事業者の大深度地下を使用するために行う事業区域の使用認可申請

に対する使用認可庁の応答行為で、公権力の行使にあたる行為であるから、明らかに争訟の対象となる行政処分であるといえる（大深度法43条1項参照）。

後者は、請求と表記されているが、事業者が国や都道府県の場合、請求により、事業区域内に存する支障物件の占有者に、その意思を斟酌することなく、請求の際に定めた明渡し期限までに、支障物件を移転・除却すべき義務を付与する効果を有するので、行政処分といえよう。

それに対して、事業区域の明渡し請求を行った主体の認可事業者が私企業の場合は問題である。私企業の行う明渡し請求は、使用認可処分で権力主体性を帯びたその企業が、認可処分で認められた範囲で行うことができる一種の行政行為といえるので、行訴法でいう取消訴訟の対象となると解されるであろう(注4-11)。ただ、私企業は形式的には「行政庁」とはいい難いので、特に大深度法に規定されていない以上、行服法の適用による不服申立ての対象とすることはできないといわざるをえないが、取消訴訟の対象としては認められることで、国民の権利利益の救済には支障はないだろう。

以下、煩雑となることを避けるため、使用認可処分についての行政不服申立ての手続きのうち、大深度法が定める特則に関するものを主に述べることとするので、手続きの詳細については行服法の規定を参照して欲しい。

行政処分に対する不服申立てには、異議申立てと審査請求の二つがある。異議申立ては、処分庁に上級行政庁がないときまたは処分庁が主任の大臣であるときに、処分庁または不作為庁に対して行う不服申立てである（行服法6条）。それに対して、審査請求は、処分庁または不作為庁の上級庁または特に法律もしくは条例で定められた行政庁に対して行う不服申立てである（行服法5条1項）。

大深度地下の使用認可処分についての不服申立ては、使用認可庁が国土交通大臣の場合は、処分庁に上級行政庁がないときにあたるので、国土交通大臣に対する異議申立てをすることとなる（行服法6条）。

それに対して、都道府県知事が使用認可庁の場合は、大深度法に特則があり、知事の使用認可に関する処分に不服がある者は、国土交通大臣に対して審査請求をすることができるとされている（大深度法42条）。都道府県は憲法で認められた自治体（憲法92条以下）として、国とは別個の行政主体で独立の法

人（地方自治法2条1項）であるから、その長である知事には上級庁は存在しないので、知事の使用認可処分に対する行政不服は異議申立てということになるはずであるが、大深度法が特例として国土交通大臣への審査請求としたのは、異議申立ての決定が知事ごとに異なるような事態がもたらされることを避け、国土交通大臣を審査庁とすることで、大深度法の解釈運用の統一性を図ることを重視した結果であろう。

　ところで、大深度法は、「この法律において準用する土地収用法の規定に基づく収用委員会の裁決に関する訴えは、これを提起した者が事業者であるときは損失を受けた者を、損失を受けた者であるときは事業者を、それぞれ被告としなければならない」（大深度法45条）と規定していて、補償裁決に対する「訴え」は、収用委員会を被告とする補償裁決の取消訴訟ではなく、当事者訴訟（行訴法4条）であることを明示している。補償裁決の取消訴訟が認められないということは、補償裁決に対する不服申立てをも否認する趣旨に帰着しよう。なぜなら、仮に補償裁決に対する不服申立てを認めたとしても、補償裁決という原処分の取消訴訟が否定される以上、その行服法の裁決・決定の取消訴訟も認められるべきではないことに帰着するからである。

　また、大深度法は収用裁決に対する不服申立ての理由制限といわれている収用法132条2項の規定を明文でもって準用していないが、損失補償額に対する不服については当事者訴訟でのみ争うことになるので、使用認可処分に対する不服申立ての理由とすることはできないと解されよう。

　大深度地下の使用認可の通知書には、当該処分に不服のある者は上記のように国土交通大臣に異議申立書または審査請求書を提出できる旨の教示がなされなければならない（行服法58条1項）が、誤った教示がなされたために誤った不服申立てがなされても、当初から適法な不服申立てがなされたものと扱われる（同法18条、46条、58条3項、4項）。また、教示を怠った処分は、それ自体違法無効とはならないとされている(注4-12)。

　大深度地下の使用認可処分に対する不服申立てにおける審理は、一般の不服申立ての審理と変わりはないが、大深度法には、国土交通大臣は審理において、「使用の認可に至るまでの手続その他の行為に関して違法があっても、それが軽微なものであって使用の認可に影響を及ぼすおそれがないと認めるときは」、

不服申立てを棄却することができるとする規定がある（大深度法43条2項）。これは、大深度法が特に認めた事情裁決・決定の規定である。一般の不服申立ての事情裁決・決定は「一切の事情を考慮したうえ」で行うことができると規定している（行服法40条6項）のに対して、大深度法の事情裁決・決定は「軽微なものであって使用の認可に影響を及ぼすおそれがないと認めるとき」には行うことができる、としている点に特徴がある。

ただ、大深度法の事情裁決・決定は「原処分は違法でも不当でもないと解される」ほど瑕疵は軽微であるので、一般の不服申立ての事情裁決・決定で行われる「当該処分が違法又は不当であること」を宣言すべしとの規定（行服法40条6項後段）と同様の規定がない以上、このような宣言は不要であるとする説がある（注4-13）。

しかし、「手続その他の行為に関して違法があっても」と大深度法自体が違法であることを認めているのであるから、それが「軽微なものであって使用の認可に影響を及ぼすおそれがない」としても、「原処分は違法でも不当でもない」と解すべきではなく、違法性はあるが軽微なので事情判決を行うと規定したものであると、素直に解すべきである。違法の宣言はやらないよりやる方が事情判決を採用した趣旨に適うのであるから、収用法40条6項後段の違法性の宣言は類推適用すべきであると考える。

大深度地下の使用認可処分に対する不服申立ての場合、国土交通大臣の決定・裁決は、事業所管大臣の意見を聴いた後にしなければならないとされている（大深度法43条1項）。その理由は、使用認可申請書が事業所管大臣を経由して使用認可庁に提出されること（大深度法14条1項）と同旨であろう。

なお、国土交通大臣が行う収用法の事業認定に関する処分または収用委員会の収用・使用の裁決についての異議申立てまたは審査請求に対する決定または裁決は、公害等調整委員会の意見を聞いた後にしなければならない（収用法131条1項）が、大深度法に準用されていない理由は不明である。

大深度法は、異議申立てまたは審査請求に対する決定または裁決により、使用認可処分が取り消された場合において、国土交通大臣または都道府県知事が再び使用認可処分をしようとするときは、当該取消しの理由となったものを除き、取消しの遡及効を制限し、使用認可処分につき既に行った手続きその他の

行為は再度やり直さずに省略して、処分をし直すことができると規定している（大深度法44条）。原処分は、多くの詳細な添付資料を精査して行われるのであるから、一部の資料に誤りがあって処分が取り消されても、その他の資料に誤りがないなら、再度、使用認可処分を行う際には、誤りのない資料まで当初から作り直す必要性はほとんどないものと思う。誤りのあった資料を正しいものに取り替え、他の資料は前のまま流用することは、無駄を省き、時間のロスを減じる方法だとして採用されたものであろう。

## (2) 大深度地下の使用認可処分に対する処分取消訴訟

　上記のとおり、使用認可も明渡し請求も行政処分として、取消訴訟の対象となるが、ここでは代表として使用認可処分に対する処分取消訴訟について述べることとする。ただ、行訴法の手続きを逐次述べることは煩雑にすぎるので、大深度法が定める特則に関するものについてのみ述べることとする。手続きの詳細については行訴法の規定を参照して欲しい。

　国土交通大臣または都道府県知事が事業者に対して行った大深度地下の使用認可処分（大深度法10条）は、前述のとおり、使用認可の告示の日から効力を生じ（同法21条4項）、その告示の日において事業者はその土地の事業区域について使用権を取得し、土地所有者等の権利者はその事業区域について権利行使を制限される（同法25条）。

　そのことで自己の権利利益を害されたとして救済を求めようとする土地所有者等の権利者は、使用認可庁（国土交通大臣または都道府県知事）を相手取って、使用認可処分の違法性を主張して、処分取消訴訟を提起することができる（行訴法3条2項）。処分取消訴訟は抗告訴訟の一種で主観訴訟といわれる。また、上で述べた使用認可に対する不服申立ての決定または裁決に不服の場合は、決定または裁決に対してその取消しの訴えを提起することができる（行訴法3条3項）。この裁決取消訴訟も抗告訴訟の一種で主観訴訟である。

　ただ、上記のとおり、補償裁決に対する不服は当事者訴訟で争うことが法定されている（大深度法45条）結果、いずれの取消訴訟でもその理由として損失補償に関する不服を主張することが制限されることに帰着することに注意を要する。

一般の処分取消訴訟は、処分のあったことを知った日の翌日から起算して、6か月以内に提起しなければならない。また、処分のあった日から1年を経過したときは出訴はできないが、正当な理由があるときはこの限りではない（行訴法14条1項）。不服申立ての裁決後に原処分取消訴訟を提起する場合の出訴期間は、裁決があったことを知った日から6か月とされている（同条3項）。

　それに対して、収用裁決に対する取消訴訟は、裁決書の正本の送達を受けた日から3か月の不変期間内に提起しなければならないとされている（収用法133条1項）。これは、収用裁決は事業説明会から始まり、長期間にわたり多くの手続きを踏んで、裁決に至るので、被収用者は処分の内容を十分承知しているはずであり、また、公共事業の公共性から、できるだけ早く裁決の効力を確定することが望まれるから、一般の処分の取消訴訟より短い期間を出訴期間としたものである。

　大深度地下の使用認可処分の取消訴訟の場合は、処分のあったことを知った日の翌日から起算して、6か月以内に提起しなければならないとする一般の処分の取消訴訟の出訴期間の規定が適用されると解す。なぜなら、収用法133条1項の規定は準用されておらず、また、認可処分の前に事前説明会があり（大深度法19条）、土地所有者等権利者は意見書を提出することが認められている（準用する収用法25条）が、収用裁決のように第三者機関の収用委員会が審理を行う過程で、土地所有者等権利者が大深度地下の使用認可処分の内容を十分に知るはずの機会は設けられていないからである（注4-14）。

## 2　補償裁決に対する当事者訴訟

### (1)　大深度地下使用に関連する損失と補償

　大深度地下使用に関連する損失と補償については、既に詳細を第3章で、そして次の第5章で述べるところであるが、ここで簡単に繰り返しておこう。

　その第一は、事業の準備のための作業に伴う損失と補償である。事業者は、許可を受けて他人の占有する土地に立ち入り、障害物の伐除および土地の試掘

等をする等の行為を行うことができるが、それらの行為により生じた損失を補償しなければならない（大深度法9条による収用法91条の準用）。その第二は、事業区域の明渡しに伴う損失と補償である。大深度地下の使用認可を受けた事業者は、事業施行のために必要があるときは、事業区域にある物件を占有している者に対し、期限を定めて事業区域の明渡しを求めることができる。その際、認可事業者は、物件に関し権利を有する者が物件の引渡しまたは移転に伴う通損を補償しなければならない（大深度法32条1項）。その第三は、使用認可処分で設定された大深度地下使用権で、土地所有権等の権利行使が制限されたことにより生じた具体的な損失の補償である。認可事業者は、大深度地下の使用認可の告示の日において、事業区域を使用する権利を取得し、事業区域に係る土地に関するその他の権利は、認可事業者の事業区域の使用に支障を及ぼす限度でその行使が制限される（大深度法25条）。その際、認可事業者は、権利行使の制限によって具体的な損失が生じたときは、請求に基づき、補償しなければならない（大深度法37条1項）。

　これらの損失補償は、いずれも事業者と損失を受けた者とが協議して定めなければならない（大深度法9条による収用法94条1項の準用）。協議で定まらないときは、事業者または損失を受けた者は、収用委員会の裁決を申請することができる（大深度法9条、32条2項または37条2項による収用法94条2項の準用）。この収用委員会の裁決は、一般に補償裁決といわれていること、および手続きについては本章第1節で述べた。

　収用委員会の補償裁決で具体的になった損失補償の内容に不服がある者は、当事者訴訟で争うことになる（大深度法45条）。

## (2) 補償裁決に対する当事者訴訟

　収用法の土地収用・使用裁決または補償裁決のうち損失の補償に関する訴えは、提起した者が事業者であるときは土地所有者または関係人を、土地所有者または関係人であるときは事業者を、それぞれ被告としなければならないとされている（収用法133条2項、3項）。この訴訟は、行政事件訴訟のうち自己の権利利益の救済を求める主観訴訟の中でも取消訴訟とは区別され、当事者訴訟といわれている（行訴法39条以下）(注4-15)。

大深度地下使用に関して生ずる事業準備作業にかかる損失補償、事業区域の明渡しに係る損失補償または権利制限にかかる具体的な損失に係る損失補償に関して不服がある者が、裁判所に提起する訴えも、裁決庁の収用委員会を被告とする裁決取消訴訟ではなく、直接補償裁決の相手方を被告として訴えることになる当事者訴訟である（大深度法45条）。

　大深度法は、補償裁決についての当事者訴訟は、裁決書の正本の送達を受けた日から60日以内に、原告が損失を受けた者であるときは事業者を被告とし、原告が事業者であるときは損失を受けた者を被告として、損失があった土地の所在地の裁判所に対して訴えを提起するとしている（大深度法45条および9条、32条2項または37条2項により準用される収用法94条9項）。

　裁決された損失補償に対する不服の訴えは、性質的には収用委員会を被告とする裁決の取消訴訟であってもおかしくないのであるが、端的に当事者間で補償額の多寡等を争うことが適当であると考えて、損失にかかわる当事者が相互に原告・被告となる当事者訴訟として規定したのは、裁決の効力を争い、そのうえで補償額等を争うという迂遠な解決方法を採ることを避けたものである。

　また、一般の収用または使用の裁決では、損失補償に関する問題は、事業の遂行の緊急性からは切り離された、金銭の債権債務の問題であることから、早急に確定しなければならない裁決の効力を争う裁決取消訴訟とは、訴えの提起期間の制限は別個でもよいとされている。その結果、裁決取消訴訟は裁決書正本の送達を受けた日から3か月以内とされている（収用法133条1項）が、損失補償にかかる当事者訴訟の訴えの提起期間は、裁決書正本の送達を受けた日から6か月以内とされている（同条2項）。

　それに対して、補償裁決を不服とする当事者訴訟は、そもそも当事者間の協議が合意に至らなかったこと、さらに補償裁決で争ったことが前提であり、損失の内容およびその補償額等については先刻承知のはずであるから訴えの提起期間は短くても十分であろうということで、裁決書の正本の送達を受けた日から60日以内に提起しなければならないとされているものである（準用する収用法94条9項）。ただ、注意すべきは、確定した通損補償の支払いがない限り、物件に権利を有する者は、物件の引渡しまたは移転を拒否できるとされている（大深度法31条3項但書）ので、使用認可処分の効力は実質的に制限されるこ

とに帰着することである。この点については補償金の供託の問題として既に述べた。

　また、この当事者訴訟の提起は、事業の進行および事業区域の使用を停止しない（大深度法32条5項）ので、使用認可に対する不服申立てまたは取消訴訟において執行停止の決定（行服法34条、48条、行訴法25条）がなされない限り、事業者は事業区域を掘削し、施設の建設を続けていくことになる。しかし、事業区域に物件が存しなければ問題はないが、物件が存する場合は先に述べた問題が生じる。

　当事者訴訟は権利主体と行政主体との間の争訟で、民事事件に類似した手続きである。一般に公務員の地位確認訴訟や俸給請求訴訟など当事者間の公法上の法律関係に関する訴訟を本来の当事者訴訟といい、損失補償金増・減額請求事件（収用法133条2項）のように、本来なら、収用裁決の内容である損失補償に関して不服を申し立てる処分取消訴訟であるが、法律や条例が特に当事者間の権利関係に関する訴訟と規定したものは、形式的当事者訴訟といわれている（行訴法4条参照）。

　性質的には収用委員会を被告とする裁決の取消訴訟であってもおかしくない紛争を、法律が特に当事者訴訟とすると規定しているのであるから、収用委員会を相手取って裁決取消訴訟を提起することはできない。それだけでなく、先に述べたように、処分取消しを求める不服申立てや取消訴訟において、損失補償に対する不服を処分の違法性の理由として主張することもできない。これは理由制限といわれている（収用法132条2項参照）。

---

（注4-1）　『詳解』82頁。
（注4-2）　『詳解』127頁。
（注4-3）　大深度法の立案者は、収用法102条の2の規定が物件についての移転の代行または移転の代執行に関して条文に「土地若しくは物件を引き渡し、又は物件を移転し」との文言を使用していることを参考に、それをそのまま流用したのかも知れない。しかし、収用法は、基本は土地の収用・使用に関する規定であるが、例外的に物件の収用・使用にも関する規定である。そのため、土地収用・使用の裁決の効果として、土地所有権の剥奪・新たな付与と物件所有権の剥奪と新たな付与、それに土地所有権の行使の制限と使用権の

付与と物件所有権の権利行使の制限と使用権の付与という法律効果のみならず、支障物件の移転除却についての権利・義務という法律効果が複雑に絡み合って発生することになり、これの代行または代執行をできるだけ簡潔に条文で表現する必要がある。そのことから、「土地若しくは物件を引き渡し、又は物件を移転し」との文言が使われているのであるが、大深度法は認可処分の効果としては単純に事業区域の明渡しの義務の発生だけを規定すれば足りるのであるから、収用法の文言をそのまま流用することは慎むべきであったはずである。換言すれば、大深度法31条が、「事業区域の明渡し」を一歩進めて、「物件の引渡し又は移転」と規定したことは、事業区域の明渡しを阻害しているものに目を向けたという、それなりの意義は認めえるが、「過ぎたるは及ばざるがごとし」であって、「物件の移転」だけで十分であったものを「物件の引渡し」まで広げたことは軽率であったといわざるをえない。

(注4-4) 最高裁判所昭和24年7月13日判決(刑集3-8-1286)参照。なお、宇賀克也著『国家補償法』、1997年、有斐閣、472頁以下、小澤(注3-9)(下)420頁以下参照。

(注4-5) 準備調査に伴う障害物の伐除や土地の試掘等で土地所有者等が受ける損失は、その後1年以内に事業者に対して補償を請求し、協議により損失補償が確定するという事後補償方式で補償することとされている(大深度法9条による収用法91条の準用)ことは先に述べたとおりである。

(注4-6) 当事者処分権主義については、拙稿「やさしい土地収用手続」(『用地ジャーナル』No.244、45頁以下)参照。

(注4-7) 先に述べたとおり、事業区域の明渡しは、支障物件の移転により実現できるのであって、それ以外に、事業者に「引渡」すという方法は、物件を契約で売却した場合に認められることは言わずもがなであろう。したがって、行政処分の場合、単に「引渡し」と表現することはむしろ誤解を招く用語の使い方であり、不必要である。仮に、その物件の譲受人が第三者の場合でも、本条の明渡し請求の下では、その譲受人は物件占有者として移転義務を負い続けるだけである。まして、『詳解』127頁が述べるように、「従前の物件占有者が占有を放棄し、事業者に占有を取得させる」ようなことがあった場合は、事業者は取得した権利に基づいて自ら除却すれば足り、本条に定めるまでもない。

(注4-8) 収用法の収用裁決は前主の土地所有権を剥奪する一方、事業者に新たに土地所有権を付与するという効力を有している。他に収用・使用の裁決は例外的とはいえ土地の収用・使用のほかに土地とともに家屋を収用・使用する場合(収用法6条)や、移転困難な場合等の物件収用(同法78条、79条)の場合もあり、事業者が家屋や物件の所有権を取得することもあるので、代執行で「土地若しくは物件の引き渡し又は物件の移転」と表現したことはやむをえなかったといえる。しかし、大深度法の事業認可は、事業区域の使用権を取得する効果を有するのみであって、事業区域の所有権または事業区域内の支障物件の所有権等の権利を取得する効力を有していない。物件の引渡しを想定する必要性はなく、占有の移転なるものは、前占有者が意思表示をしない限り起こりえず、使用認可処分の本来的効果とはいえない。

(注4-9) 収用法の代執行に関して、「土地若しくは物件を引き渡し、又は物件を移転」(収

用法102条の2・2項）の文言の意味をどう解するかについては争いがある。収用代執行研究会著『土地収用の代執行』、2008年、プログレス、45頁参照。

（注4-10）　東京都収用委員会昭和62年3月31日裁決は、「使用の方法が土地の形質を変更し、当該土地を原状に復することを困難にするものであるときは、これによって生ずる損失をも補償しなければならない」との規定（収用法80条の2・1項）を踏まえて、土地所有者が「原状回復とは、単に埋め戻すのではなく、地質は古来より堆積された固い状態であるので、それと同様の状態に戻すこと」だと主張したことに対して、収用委員会は「法80条の2にいう原状とは、権利取得裁決時の土地の状況を意味し、原状回復とは、かかる状況に復することと解すべきところ、当該地下使用の範囲の現状は、土砂が堆積しているのみで、その他、何ら利用がなされているものではないことから判断すると、本件の場合、構築物を存置し、その空洞部分に土砂を埋め戻すことによって、原状に復したものというべきである。」と裁決している。

（注4-11）　私企業であっても、行政庁に代わって公権力の行使として行政処分を行うことが法律上認められる場合は、その私企業の行政処分は取消訴訟の対象となる（横浜地方裁判所平成17年11月30日判決（判自2775-31））。

（注4-12）　東京地方裁判所昭和54年8月21日判決（行集30-8-1410）、同昭和43年2月5日判決（行集19-1・2-168）。

（注4-13）　『詳解』161頁。

（注4-14）　土地所有者等権利者が提出した意見書については、使用認可庁がどのように扱うべきなのか、大深度法にも準用する収用法にも規定はなく、何らの法的義務付けも設けられていない。極端な話、受領印を押して、認可処分の関係書類として保存しておきさえすれば、法的には責任を問われることはないとされかねない。これでは、審理をした上で裁決をする収用裁決と同視することはできない。ただ、意見書をそのような粗末な扱いをしてよいわけではない。せっかく提出された意見書には、できる限り丁寧な扱いをすべきであることはいうまでもない。

（注4-15）　判例は、「収用法133条（現行規定の133条2項及び3項）が収用裁決そのものに対する不服の訴えとは別個に損失補償に関する訴えを規定したのは、収用に伴う損失補償に関する争いは、収用そのものの適否とは別に起業者と被収用者との間で解決させることができるし、また、それが適当であるとの見地から」収用裁決中収用そのものに対する不服は処分取消訴訟で、損失補償に関する不服は当事者訴訟で争うこととしたものである、と述べている（最高裁判所昭和58年9月8日判決（判時1096-62））。収用に伴う損失補償は、裁決を原因とする起業者と被収用者間の債権債務関係とみなされうるという特性を有するので、収用法はその不服の訴えを特に当事者訴訟と明示したものと言える。損失補償に関する当事者訴訟については、形式的当事者訴訟とすることが通説であるが、形式的当事者訴訟か実質的当事者訴訟かという議論は、法令に当事者訴訟との規定があるか、なくとも解釈上当事者訴訟と解せるという違い程度の話で、現行法の下では相違を議論するだけの価値は少ない。

# 第5章
# 土地に対する損失補償

## 第1節　地下使用の損失補償

### 1　地下使用補償に関する用対連方式とは

　大深度法は、前述のとおり、使用認可による権利行使の制限によって具体的な損失が生じたときは、認可の告示の日から1年以内に限り、損失を受けた者は、認可事業者に損失補償を請求することができると定めている（大深度法37条1項）。大深度法がこのように定めた理由は、臨時調査会の答申が、大深度地下の使用認可による対象地の権利制限に伴う損失およびその補償について、現在の地下使用の補償実務（注5-1）を基に、大深度地下の使用認可は、大深度地下の通常の利用状況から、また、荷重制限に関連しても、事業の対象地に対して実質的に損失を与えているということはできず、原則として補償する必要

はないと考えられるとしたことによる（答申第3章5参照）。

そこで、本章では、答申が前提とした現在の地下使用の補償実務の概略と問題点について検討し、次いで、大深度地下使用の権利制限に伴う損失の補償について、答申が補償する必要なしと推定した結論の是非を考えてみることにしよう。

収用法所定の公共事業（収用法3条参照）を行う場合には、事業者が事業の対象地の所有権を取得して事業を行う場合と、所有権を取得せずにその土地を一定期間使用して事業を行う場合とがある。

前者、土地所有権を取得する場合には、事業者は、売買契約で合意した対価を支払って対象地の所有権を取得することが多い。だが、契約できないときは、収用法の収用裁決によることになる。その場合は、公権力により私有地を公共のために用いることになるので、事業者は対象地の所有者等の権利者に正当な補償を支払わなければならない（憲法29条3項）。収用裁決における正当な補償は、近傍類地（近傍にある類似の土地）の取引価格等を考慮した価格を基準として、所定の方法で算定して得た額とすることと定められている（収用法71条）。この近傍類地の取引価格を基準として判定するということについて、判例は、収用法における損失の補償は、特定の公益上の必要のために土地が収用される場合、その収用によってその土地の所有者等が被る特別な犠牲の回復をはかることを目的とするものであるから、完全な補償、すなわち収用の前後を通じて被収用者の財産価値が等しくなるような補償をするべきであるものとして、その妥当性を認めている(注5-2)。

後者、土地所有権を取得せずに土地を一定期間使用する場合で、地下鉄トンネルのように地下の一定空間にトンネルを掘削して使用する場合、地下鉄トンネルは大部分が道路のような公共用地の地下を無償で使用して建設されているが、道路幅が狭い等で、どうしても例外的に私有地の地下を使用しなければならない場合がある。そのような私有地の地下を使用する場合には、事業者は、区分地上権設定契約で対象の地下空間に区分地上権を取得し、その対価として地下の使用が長期にわたるときの損失補償として算定した金額を支払う。その地下の使用が長期にわたるときの損失補償は、「公共用地の取得に伴う損失補償基準要綱」（昭37閣議決定。以下、「一般基準」という）20条2項および用対

連基準25条2項に定める原則「土地の正常な取引価格に相当する額に、その土地の利用が妨げられる程度に応じて適正に定めた割合を乗じて得た額」を一時払いするものとされている。

だが、契約できないときは、収用法の使用裁決によることになる。事業者が収用法の使用裁決により、私有地の地下の一定空間を長期にわたって使い続けるための土地使用権（地下使用権）を取得した場合は、やはり正当な補償が支払われなければならない（憲法29条3項）。ただ、この地下の使用裁決での正当な補償については、収用法には一般の土地使用裁決の際の規定（同法72条）しか定めがなく、明確ではないため、政令（平14政令248号「土地収用法第88条の2の細目等を定める政令」〔以下、「細目政令」という〕）で明確にしている。

細目政令は、地下の使用が長期にわたるときの損失補償として、上記の任意契約の補償基準である一般基準等に定める原則に平仄をあわせて、「土地の正常な取引価格に相当する額に、その土地の利用が妨げられる程度に応じて適正に定めた割合を乗じて得た額」とすることと規定している（細目政令12条2項参照）。

この「土地の正常な取引価格に相当する額」については、上述した一般的な判断基準に基づいた近傍類地の取引価格等を考慮した価格を基に判定することができる。

それに対して、「土地の利用が妨げられる程度に応じて適正に定めた割合」をどのように判定するか、これが地下の一定部分を長期にわたって使い続ける場合の損失補償額を判定する際の問題の核心となる。そこで、この「その土地の利用が妨げられる程度に応じて適正に定めた割合」について、少し詳しくみてみよう。

詳しくみる前に、地下利用の損失補償に関係する用語を簡単に定義しておこう。

都市においては、土地はそこに建物を建ててその利用を通じて使用されることが、最も普遍的であり、かつ有効な方法である。そうだとすると、都市の土地の利用価値が経済的に最大に発揮されるのは、建物を建てて土地を立体的に利用することであるので、その土地の利用価値を「土地の立体利用価値」ということにする。そして、土地の利用価値を最大に発揮できる建物を建てて土地

を立体的に利用することを「最有効利用」という。その際、階層が建築技術上可能で、建築基準法等の法令による制限内で、しかも経済ベースとして最も有効活用され得る建物を「最有効建物」という（ただ、経済投資効率からみると、一般には建ぺい率を最大にとり、階層を低くした方が最も有効であるとのことである）。

　また、土地に何らかの利用制限が付着していて、土地に「最有効建物」が建てられず、「最有効利用」ができないために、「土地の立体利用価値」の実現が阻害されていることを「立体利用阻害」といい、阻害の程度や割合を表現する場合を「立体利用阻害率」という。

　さらに、対象地の地下が使用されたことで土地に利用制限が課されて最有効建物が建設できないとき、その阻害される程度を「建物利用阻害率」といい、同様に建物の基礎の地下（たとえば、井戸の掘削等）や屋上（たとえば、屋上看板や鉄塔の設置等）を利用できなくなったとき、その地下や上空を利用する価値が阻害される程度を「その他利用阻害率」という。

　ところで、事業者が使用裁決で設定された地下使用権に基づき私有地の地下の一定部分を長期にわたって使い続ける場合、既に前章までに述べたように、その土地の所有権等の権利行使は制限され続けることになる。その結果、事業者は地下使用権相当分の価値を享受し、その土地所有者等の権利者は権利制限による土地の立体利用価値の減価相当分という損失を受けることになる。

　ただ、事業者の受ける地下使用権相当分の価値は、地下使用権は地下鉄とか上下水道といった公共事業に必要なために設定されるだけで、契約で設定される地下区分地上権でさえそれ自体を取引の対象とする市場は現在のところ成立していないので、一般的な損失補償額算定基準である取引事例をもとにして評価することはできない。また、他方の土地の立体利用価値の減価相当分についても、地下使用権の設定により生じた利用制限から生じたもので、一般的な損失補償額の算定基準から直接導かれるようなものではない。

　そのため、取引事例を基にする一般的な損失補償額の算定の手法とは異なる方法で、すなわち、土地の正常な取引価格に相当する額に「その土地の利用が妨げられる程度に応じて適正に定めた割合を乗じて得た額」を乗ずるという方法（一般基準20条1項）が考案された。ただ、適正に定めた割合といっても、

かつては各事業者がそれぞれ適当に決めて行っていたようであるが、地下鉄業者の強い働きかけの下で、1966（昭41）年、民法に区分地上権（民法269条の2）が新設されたことを契機に、統一的な方式の確立が模索され、いわゆる用対連方式がつくられたようである。

　用対連方式とは、元東京都用地部長であった前沢保利氏が1968（昭43）年頃、用地対策連絡協議会（用対連）の特別研究として発表された論文を、用対連が用対連基準の別添参考第7として、地下の区分地上権設定契約を締結するにあたり損失補償額を算出する際の参考にすべき基準に推奨し、その後30年以上にわたり全国の事業者、収用委員会がこの基準に従って地下利用の際の補償額を算定してきた方式のことである（注5-3）。それは、詳細は後述するが、対象地の「立体利用価値」の阻害率を割り出すことで地下利用の損失補償を判定するという精緻な理論構成と実務上の使いやすさを備えた説得力の高い方式であり、加えて用対連の推奨を受けているという権威を備えていた。

　現在は、用対連は用対連基準を改正し、その25条に正式な基準として規定している（なお、補償基準細則第12参照（注5-4））。

　他方、政府は、用対連基準の改正から遅れること3年の2004（平16）年に収用法88条の2を新設するとともに、同条の細目等を定める細目政令12条において用対連方式に準ずる方式をもって正式に収用委員会の裁決をする際の判定基準とすることとした。

　用対連方式を借用した細目政令12条2項の算定方式は、長期にわたる地下使用により土地の利用が妨げられて土地価格が減価することを、地下使用による損失とみなすとすることが前提となっている。地下の使用が長期にわたる場合の「土地の利用が妨げられる程度に応じて適正に定めた割合」とは、後に説明する立体利用阻害率のことである。

　別の言い方をすると、土地の利用が妨げられる程度が大きければ損失補償額は多額に、反対に程度が少なければ補償額は少額になるように適正に定めた割合が立体利用阻害率であって、これを「地下補償率」と名付けるなら、地下の使用が長期にわたる場合の損失補償額は、更地価格に地下補償率を乗じることでその単価を算出することになる。

地下使用権の損失補償額の単価＝更地価格×地下補償率（立体利用阻害率）

さて、臨時調査会は、地下の長期の使用の際の損失補償についての実務、すなわち「用対連方式」に無批判に追随して大深度地下使用権の権利制限に係る損失補償論を検討して、答申を行った。

無批判に用対連方式に従ってよいのかどうか、後に検討するとして、その前に、まず、用対連方式の内容の概略をみてみよう。

## 2　用対連方式

### (1)　用対連方式を支える公式

事業者が区分地上権により私有地の地下の一定部分を長期にわたって使い続ける場合、先に述べたように、その土地の所有者が有する土地所有権は権利行使を制限され続ける結果、土地所有者が受ける価値減は、次の算式で計算されよう。

土地所有者が受ける価値減＝制限のない土地所有権の価値－制限のある土地所有権の価値……①式

他方、事業者が地下区分地上権の設定契約により取得する地下空間の区分地上権の価値は、先に述べたように、一般的な損失補償額の算定基準である取引事例をもとにして評価することができない。

しかし、地下区分地上権を設定したことで、土地所有者は「地下区分地上権により制限を受けていない土地所有権の価値」のうち「制限のある土地所有権の価値」が手元に残っているという関係になる。

そこで、この「制限のある土地所有権の価値が手元に残る」とは、①式の「土地所有者が受ける価値減」の言い換えであることを踏まえ、先に地下区分地上権自体を取引の対象とする市場が成立していないために評価不能とされた「地下区分地上権の価値」と「土地所有者が受ける価値減」とが同値であると

みなすならば、次の式が成り立つことになる。

　制限のない土地所有権の価値－制限のある土地所有権の価値＝地下区分地上権の価値……②式

　この結果、単なる計算式の左辺と評価対象価値を示す右辺を等号で結びつけた②式が用対連方式の根本的な公式といってよいだろう（注5-5）。
　このようにして求められた②式は、「市場は現在のところ成立していないので、取引事例からその価値（価格）を判定することはできない」とされた地下区分地上権または地下使用権について、その取引事例がなくとも権利の価値を明らかにするための算定式ということになる。
　ひるがえって考えてみると、すでに述べたことではあるが、地下区分地上権が設定された場合、土地所有者は所定の利用制限の範囲内とはいえ、その土地の地表を自由に使うことができる。それに対して、一般の地上権が設定された場合は、土地所有者は原則としてその土地をすべて使うことができなくなる。だが、一般の地上権設定の場合でも、事業者が実際に使うのは地下の一定範囲にすぎない場合、土地所有者が従前どおり地表を使いたいと思ったときは、前述のとおり、事業者の使用に悪影響を与えない限りで地表を使うことができるとの特約を締結することになる。
　一般の地上権の設定がなされ、特約の範囲で土地所有者が地表を使うことができる場合は、土地所有権に対する利用制限の範囲内の所有権行使という側面においては、地下区分地上権設定の場合と変わりがないことになる。すなわち、このような法律関係の下では、②式は一般の地上権設定の場合も地下区分地上権設定の場合も同じように成立することになり、両者の区別を認識していないといえるのである。その結果、用対連方式は、そもそも民法の契約による区分地上権設定の際の損失補償の算定方式として考案されたものであるが、収用法の地下使用裁決の場合、区分地上権的地下使用説では当然のこと、地上権的地下使用説においても十分準用できるものでもある。
　また、②式の左辺は、地下の一定部分が使われると土地全体に利用価値の阻害が生じ、その阻害の程度によって土地全体の価値の減価分を判定できるということを示すものである。その結果、②式によりその土地全体の価値の減価分

が地下区分地上権の価格を意味し、地下区分地上権の設定に伴う損失補償額そのものということにもなる。

## (2) 地下補償率（立体利用阻害率）の算定

先に述べたように、都市の土地の利用価値が経済的に最大に発揮されるのは、最有効建物を建てて、その利用（最有効利用）を通じて土地を使用することだとの前提に立って、私有地の地下に区分地上権または地下使用権の設定された状態を考えてみよう。既に述べたように、地下区分地上権または地下使用権が設定された土地には利用制限が付されるので、最有効建物の建築ができなくなる。利用制限の強弱で建築可能な建物の階層は変わるが、それは土地の立体利用価値の阻害の程度を反映したものといえよう。

結局、立体利用価値が阻害される程度（阻害率）が大きければ、それだけ建築可能な建物の階層は少なくなって建物から得られる収益が減少するであろう。すなわち、土地の立体利用価値の阻害率が大きければ土地の価値減という損失は大きく、小さければそれだけ損失は小さくなることを意味し、地下補償率は立体利用阻害率を言い換えたものであることを意味する。

用対連方式は、以上で述べた事業者の地下使用による土地の立体利用価値の阻害の程度を算定して、地下補償率を判定する方式であるが、ただ、土地の利用状況の違いから都心部のような土地の高度利用の進んだ高度市街地、高度市街地以外の市街地である一般の住宅地、林地・農地、宅地見込み地とそれぞれ具体的な地下補償率の計算式は異なっている。しかし、根本の考え方は同じである。

以下、②式の「公式」にもとづいて、大深度地下利用の補償の要否を議論する際には主要な場となるであろう高度市街地、その場合での例を検討してみよう(注5-6)。

高度市街地での土地の利用価値というものは、①最有効建物を建ててその土地を最有効に利用する際の建物利用価値と、②建物以外のもの（屋上の広告塔や井戸など）を設置することで土地を利用するその他利用価値とで合成されていると考えた場合、対象地の利用価値を100％とすれば、建物利用価値の率（$\beta$）とその他利用価値の率（$\gamma$）との関係は、

$$\beta + \gamma = 1 \cdots\cdots ③式$$

※用対連基準では、$\beta$ と $\gamma$ の関係は、容積率が900％を超えるような超高層ビルの建設が認められる大都会の中心市街地では、0.9対0.1の関係にあるとされていて、容積率が少なくなるにつれ、$\beta$ の割合は0.6まで低くなるとされている。

と表される。

　また、先に述べたように、最有効建物の建設予定地の地下空間を、事業者がトンネルを建設する等により長期に使用すると、建物の基礎杭が短くなったり（直接侵害禁止の制限）、トンネル構造物を建物の重量で破壊しないように荷重を制限する（荷重制限）などで、その土地に建てられる建物の階層数に変化が生じるが、その変化はトンネル建設（地下区分地上権または地下使用権の設定）で生じる利用制限に伴う土地の建物利用価値の変化を反映していると考える。そのことを前提に、あらかじめ貸ビル的使用方法の最有効建物の利用価値を賃貸料による収益率を参考にして1階を最大に、上階に行くほど順次減少するように、各階層を指数化しておく。

　そのうえで、地下の使用が長期にわたることで生じる対象地の立体利用阻害率を求めることにする。

　「荷重制限」で建築不能となる階層の指数の合計と、「荷重制限」のない状態での最有効建物の全階層の指数の合計との割合が、その対象地に最有効建物の建設が阻害される程度（建物利用阻害率）を表すとすると、

$$建物利用阻害率 = \beta \times \frac{荷重制限で建築不能な階層の指数の合計}{荷重制限がない状態での最有効建物の全階層の指数の合計}$$
$$\cdots\cdots ④式$$

と表される。

　また、その他利用は、地下利用と上空利用とに1/2ずつに分けられるとしたうえで、さらに都市部では井戸を掘るといった利用の実態は多くはないので、地下利用は1/2のまた1/2とみなすことにすると、その他利用阻害率については、

その他利用阻害率＝地下利用阻害分（$\gamma \times 1/2 \times 1/2$）＋上空利用阻害分（$\gamma \times 1/2$）……⑤式

と表される。

その結果を対象地の立体利用阻害率を地下補償率と読み替えた上で、この④式と⑤式から、

地下補償率（立体利用阻害率）＝$\beta \times \dfrac{建築不能階層の指数の合計}{最有効建物の全階層の指数の合計}$
＋$\gamma$（$1/2 \times 1/2 + 1/2$）……⑥式

として、地下補償率を得ることになる。

以上の結果、収用法の使用裁決による長期にわたる地下使用の際の損失補償の金額は⑥式を使用して、次のように算出される。

長期の地下使用に係る損失補償額＝更地価格×地下補償率×使用対象地の面積
……⑦式

収用法に基づく地下使用の際には、事業者は事業認定を受けた後、⑦式で算出した額を見積もり額として記載した書類を添付して裁決申請を行い、収用委員会は自ら更地価格を評価するとともに地下補償率を算定し直し、対象地の面積を確定して、改めて計算を行い補償額を裁決する。事業者は裁決された補償額を所定の権利取得の時期までに被使用者に支払い、使用権を取得することになる。

## 3　用対連方式が抱える問題点

### (1)　用対連方式は、私有地の地下でトンネルが交差する場合は無力

用対連方式は、以上のように精緻な理論構造と強力な説得力を備えており、

特に②式は用対連方式にとってその妥当性を担保する最重要なもので、その根幹を支えているといってよい。この公式ともいうべき②式は、一見、何も問題がないように見える。しかし、計算式として構想された左辺と価値評価を表した右辺とを等号で結んだということは、法律論として問題がないかどうか、改めて考えてみる必要があろう（注5-7）。

　用対連方式については、単なる計算式で鑑定評価ではないといったような批判が以前からないわけではない。用対連方式の成り立ちから見て、その類の批判は当然予想されたもので、それほど重大視することもないと思う。

　だが、私有地の地下でトンネルが交差する場合には用対連方式では補償額の算定ができなくなるとか、私有地の地下でトンネルを交差させてはならないといった批判は、用対連方式の根本的な欠陥を浮き彫りにするものといえよう。

　私有地の地下でトンネルが交差する場合を考えてみよう。下側に新しく建設するトンネルは、既設の上側のトンネルが支えているすべての重さとそのトンネル自体の重さをあわせた重さのすべてを支えることができるだけの強固な構造でなければならない。だが、既設の上側のトンネルが支えているすべての重さに変化があるわけではない。それゆえ、従来のトンネルの下に新たにトンネルが建設されたとしても、地表での「荷重制限」をそれまで以上に強めなければならない必然性はない。

　最初の上側のトンネルによる荷重制限の程度に変化がなく、地表に建てられる建物の階層には変わりがないとすると、下側のトンネルによる地表での新たな建物利用阻害は発生せず、また、既設の上側のトンネルですでに井戸等の掘削は不可能なのであるから、新たなその他利用阻害も生じないということになる。結局のところ、先に述べた算定式そのものが成立せず、既設のトンネルの下側に新たなトンネルを建設するような場合の損失の補償は、否定せざるをえないことになる。このような結論になってしまうということは、私有地の地下で新たにトンネルを交差するように建設するときには、用対連方式では補償額の算定ができないことになるということを示している。

　ところで、区分地上権は、複数個をそのつど土地所有者等と契約して重層的に設定することができるとされている。既設のトンネルが契約で取得された区分地上権に基づいて建設されたような場合、先のトンネル建設の際に補償した

ので、後のトンネルでは補償はないというようなことでは、土地所有者等の権利者の納得を得ることは非常に難しい、というより、このような理屈自体が区分地上権の性質に反するといわざるをえない。

それどころか、地下使用権についての伝統的な地上権的地下使用説では、公用制限の効力は土地所有権の全体に及んでいるという前提であるから、後で下側に掘るトンネルで補償がないのは当然、その下側のトンネルを掘削するために、最初に設定されている使用権の権利者（事業者）の許可だけで必要な地下空間の公用使用が認められるので、使用権設定のために土地所有者に対する新たな契約も使用裁決も不要だという形式論までが出てきそうである。

用対連方式は、地下に1本のトンネルを設置するときには、先に見たように説得力があり、有効な理論といえる。しかし、上記のようにトンネルが私有地の地下で立体的に交差するような場合には有効性に疑義が生じる。トンネルが私有地の地下で交差するたびに補償額算定不能ということでは、私有地の地下で、既設の地下鉄トンネルと何本も交差することになるはずの大深度地下を利用する場合には、用対連方式は無力であるということにもなりかねない。このことを逆手にとって、だから無補償だというご都合主義的な論理をも導きかねない。

こうしてみると、用対連方式に無批判に追随して行われた大深度地下使用権の権利制限に係る損失補償論についての臨時調査会の検討は、不十分だったといわざるをえないだろう。

この私有地の地下でトンネルが交差する場合の問題を解決する手がかりは、区分地上権の性質に求めることができる。すなわち、地下の区分地上権は一区画の土地の地下に重層的に複数個を設定することができる。そうであるならば、使用裁決による地下使用権を区分地上権的に理解するなら、同様に一区画の土地の地下に重層的に複数個を設定することができると解されよう。ただ、このことに見合った補償論を構築することが重要となる。次に検討しよう。

**(2) 立体残地と立体潰地**

用地行政では、事業区域内にある一画地のうち買収対象または収用対象の範囲を潰地、残りの範囲を残地という。この関係を損失補償の問題としてみるな

ら、潰地はまさに権利者が所有権を失う部分であるから、その対価相当分が補償される（収用法71条）。それに対して、残地は潰地と一体的に利用できなくなることで価値が減少することになり、その価値減が残地補償として補償すべき損失ということになる（収用法74条）。

　土地使用の場合なら、潰地には使用権が設定されて土地所有権の行使が制限され借地料類似の地代相当分が補償されるが、画地の残りの部分が残地となり補償対象損失といえるだけの価値減が生ずるならそれが補償される関係となる。

　それでは、この潰地と残地の関係を地下使用の関係にあわせて考えてみると、伝統的な地上権的地下使用説では実際には地下を使用するだけであっても、権利としてはその土地の上下に及ぶ土地所有権を制限して土地そのものを公共の用に供させる土地全体の使用権であるというのであるから、潰地と残地の関係は、一般の土地使用の場合と変わりがなく平面的に考えれば足りる。

　それに対して、区分地上権的地下使用説では地下を使用する土地使用権は、対象地の地下の一定の範囲が権利の及ぶ範囲であり、かつ実際の使用の範囲であると解するのであるから、直接に使用権の設定範囲となる地下の一定の範囲が潰地で、その範囲外、言い換えれば地表面に向かう上部の範囲を含めて全てが残地ということになる。すなわち、平面的な意味での潰地と残地の関係は従前の考えのままであるが(注5-8)、その潰地については立体的な視座が必要となり、立体潰地と立体残地の関係と理解することになる。その結果、区分地上権の設定契約と同様に複数個の使用裁決が対象地の地下に重層的に設定されることも可能と考えることになる。

　前述のように、大深度法は区分地上権的地下使用説を採用したのであるから、トンネル設置の直接の区域および周囲の保護層の区域が立体潰地となり、立体潰地（上部保護層）の上面から地表面まで（土被り部分）は立体残地ということになる。

　そして、この立体的な潰地と残地の関係と土地の利用制限の問題については、既に述べたところであるが、次のように考えることになる。

　立体潰地にはトンネルが掘られることで、土地所有者といえどもそのトンネル区域に直接侵入するようなこと等は許されないという所有権行使の制限を受

他方、立体残地は土地所有者が自由にその権利を行使することができるところだとはいえ、そこには重力を利用してトンネルを危険に曝すような行為をしてはならないという制限、いわば所有権行使に対する間接的な制限が存在することになる。たとえば、いかに建築自由の原則があるからといっても、異常に重い部材や異常に重い建物等の重量を集中して地盤に伝えるような危険な基礎杭等を使ってトンネルを押し潰したり、破断させるような危険をもたらすような建築工法をとることは許されないという制限（荷重制限）を受けることなどである。

 土地所有者の立体潰地における権利行使の制限を直接侵害禁止の制限と称するなら、立体残地における権利行使の制限は重力法則を使った間接侵害禁止の制限と称することができる。地下使用権設定に係る損失補償論は、このような土地の利用制限の立体的な関係を基に検討を進める必要がある(注5-9)。

 ただ、間接侵害禁止の制限は、その代表的なものが「荷重制限」と呼ばれているが、その他にこれまで用対連などでも等閑視されてきた特別な侵害禁止の制限が含まれていることに注意を向けなければならない。それは、我が国の大都市の地盤は分厚い軟弱な堆積層で形成されていて、ガチガチの岩盤ではないという地盤の特性の下で見られる侵害禁止である。すなわち、立体残地またはその隣接地の土砂を大量に剥ぎ取ってトンネル施設の上下左右の一方でも著しく少量にするような土地の利用行為は、地中の重力バランスを崩し、非常に危険な事態を現出するので禁止されなければならない。このような土被りを著しく少量にするような利用行為の禁止は、地山の大規模改変の禁止の制限といわれ、間接侵害禁止の制限の一種である。

 この地山の大規模改変の禁止の制限は、立体残地に対する利用制限であると同時に、平面的残地に対しても、また、それを超えて隣接地にも及ぶ利用制限である。その制限の及ぶ範囲については、その地域の地質条件に大きく左右されるので、急ぎその実態を解明する努力が求められている。ただ、いまだに関心が低く、未解明であるため、本書では、このような土地の利用制限が客観的に存在するとの指摘をするだけにとどめざるをえない(注5-10)。

 地上権的地下使用説が疑問なく信じられていた当時に考案された用対連方式

は、地下使用権の対象地について以上のように立体潰地と立体残地とに区分して考えるような複雑なことはせずに、単純に土地全体に及ぶ使用権で土地全体に対する利用制限による土地価格の減価を地下使用による損失補償のベースとした。そして前述したように、地下使用に係る土地の立体利用阻害の程度を建物利用阻害率とその他利用阻害率として数値化して算定する補償額算定基準（用対連方式）がつくられたのである。すなわち、そこには、当時の土木建設の技術的制約から土地の地下使用は地表から掘り下げて施設を建設するためせいぜい10メートル前後の深さに止まり、地表での立体的利用もたかだか8、9階程度の高層ビルが建築されていたという時代状況が反映されていて、潰地と残地の関係は、あくまでも平面的な位置関係であって立体的な位置関係としてまで考える必要性がなかったからだといってよいであろう。

　それに対して、昨今では、トンネル建設の技術の著しい進歩の結果、市街地の地下使用であっても一般の地下鉄トンネルの直径の3～4倍程度になる40メートル、あるいはそれを超す深さに、地表の土地利用にほとんど影響を与えないシールド工法等でトンネルを複数本さえ掘削することが可能となり、また地表では至る所に100～200メートルを超えるような超高層ビルが大規模な地下室や地下駐車場等を伴って盛んに建築されるようになっているのであるから、損失補償額の算定基準の理論的前提としては、その時代状況を反映して立体潰地と立体残地の関係を明確に認識した立論が必要となっているといってよい。

　以上のような土地の利用制限の立体的な存在を前提に、地下使用権設定に係る損失補償額の算定基準を考えてみよう。

　結論からいえば、これら直接侵害禁止も間接侵害禁止もいずれも土地の利用制限であり、そのことが土地の価値を減少させる損失とみなされ、補償の対象となるといえる点は、用対連方式と同様である。

　ただ、ここで注意すべきは、区分地上権の本来の姿からいうと、地下に区分地上権が設定された場合、実際に公共事業用地として使われる土地は立体潰地に限られ、その上部や地表部分はあくまでも立体残地である。その上で、公共事業のために地下区分地上権を設定したときの損失を厳密に考えてみると、その地下区分地上権の設定に伴う損失補償は、立体潰地（地下区分地上権の設定

範囲）の価値相当分の損失およびその補償に限定されるべきであり、立体残地にかかる損失およびその補償とは区別して理解されるべきであるといえる。

　そのようにみたとき、②式の右辺は補償されるべき立体潰地の価値相当分を表しており問題がないとしても、左辺には隠れていた問題点が浮かび上がってくる。すなわち、地下区分地上権または地下使用権が設定された後の土地所有権は、荷重制限下とはいえ実効的に支配している主要な部分というのは立体残地部分のみであり、立体潰地の部分についての土地所有権は、地下区分地上権または地下使用権によって権利行使が全く制限された形式的、名義的なものになっているはずである。それを前提に考えれば、②式の左辺が表す土地全体の価値減の問題というのは、上述の立体残地の価値減の問題と立体潰地の価値減の問題とが合体された問題ということになる。そうだとすると、そもそも左辺と右辺とを等号で結び付けること自体に疑問がないわけではないということになる。

　さらにいえば、②式については、土地の利用制限の議論からも妥当性に疑問がある。前述のとおり、地下区分地上権に基づく土地の利用制限は立体潰地に係る直接侵害禁止による制限と立体残地に係る間接侵害禁止による制限とに区分できるのであるが、②式の左辺にいう地下区分地上権により受ける制限というものは、漠然としていて不明確である。ただ、少なくとも、直接侵害禁止による制限というのは回避することができないので、必ず土地の価値減として表現することは可能であろう。それに対して、間接侵害禁止による制限、とりわけ荷重制限については建物の基礎構造を工夫したり、軽い素材を使って建物の1階層当たりの重量を軽くするなどのことで、土木建築技術的にはその多くが回避不可能というわけではない(注5-11)。

　そうだとすると、荷重制限については、土地の価値減として表現できるときもあれば、若干の工事費や材料費の増額で土地の価値を維持保全できるときもあるということになる。それにもかかわらず、②式の左辺のように、「地下区分地上権により利用制限のある土地所有権の価値」として一括りにすることは、いうならば、「こみこみに入れて井勘定にする」といった趣である(注5-12)。

　また、用対連方式ではトンネルが私有地の地下で交差するときには補償額の

算定があやうくなるというのも、土地の利用制限の類型を分析せずに、ひとまとめにして土地全体の立体利用価値の阻害の問題として考え、土地全体の価値の減価分を補償すると考えることの欠陥が表れているといえる。この点も、潰地と残地という関係を立体的に考えた上で、土地の利用制限を直接侵害禁止による制限と間接侵害禁止による制限とを区分することで解決が図れるのであるが、そのことは、新しい地下使用の損失補償論を構築することと関連するので、後述することにする（第6章参照）。

　加えて、前述のとおり、用対連方式は、地下の区分地上権設定契約での損失補償論として考案されながら、一般の地上権設定契約においても区別なく、また、地上権的地下使用説でも利用できるというのは、応用範囲が広いといえるかもしれないが、論理的には一貫していないということになる。そうだとすると、臨時調査会が答申で、用対連方式を無批判的に使って、それを前提に大深度地下使用権の損失補償論を検討したことは用対連方式に潜む以上の問題点を見過ごしたもので不十分な検討であったといわざるをえないのである。大深度地下利用では大深度地下の定義そのものが建物利用阻害を考慮の外に置くという前提で構想されていたので、そのことに引きずられて用対連方式に内在する論理上の矛盾に気がつかなかったものであろうか。

## 第2節　大深度地下使用権の設定に係る権利制限に伴う損失補償

### 1　損失補償に係る臨時調査会の答申の内容

　臨時調査会は、大深度地下を使用する権利を取得する場合には、これによって制約される財産権に対する補償を、①使用権の取得によりその地下空間の利用制限が行われることに関する補償、②使用権の内容を全うさせるために使用

権の存する空間の上部に課される荷重制限に関する補償、③使用権が取得される空間に既存物件が存する場合にこれに関する補償の三つに分けて検討している。以下、答申の検討内容について概略を述べるが、詳しくは巻末の【資料1】を参照されたい。

　①は、使用権の取得により、土地所有者等に対して、地下空間の利用制限が行われ、地下空間について掘削および建築物、工作物の設置が制限されることになるという。これは、筆者のいう立体潰地における直接侵害禁止の制限のことであろう。

　そして答申は、使用権の対象となる大深度地下は、地下室の建設のための利用が通常行われない深さ、または、建築物の基礎の設置のための利用が通常行われない深さのうち、いずれか深い方から下の空間という定義の下では、大深度地下の利用制限によって実質的に制限されるとされる地下水採取のための深井戸、温泉井の掘削などは、各種法令、条例等による厳しい規制の存在や、井戸に代わる上水道の普及等により掘削すること、あるいは、その必要はほとんどないと思われる。したがって、今後、通常の地下利用として一般化することは考えにくく、また、土地の中心的な効用とはいえないことから、立体潰地においては、井戸を掘削することが制限されても実質的に損失はないとか、地下室以外のその他の施設の設置は一般化することもないので、これらが設置できないことによる損失は実質的にないといった結論を導いている。しかし、用対連方式を前提にする限り、損失が実質的にないというのは、あくまでも現在のところという条件の下でしかない。将来、技術的な発達に基づき予想外の方法で大深度地下に所有権を行使するようになるかもしれないが、その予想は困難である。

　筆者が提唱する立体潰地に対する直接侵害禁止の制限とその補償は、荷重制限に伴う立体残地補償とは区分し、立体潰地（地下使用権の直接の設定範囲・事業区域）の立体利用価値の減価分を損失と把握し、それに伴う補償を考えようというものであり、現在の利用阻害が予想できるか否かの問題ではなく、また将来いかなる方法であれ大深度地下を日常的に使うような技術的発達があるか否かといった問題でもない。立体潰地を直接侵害するような所有権行使は禁止するという制限が現に存在していること、言い換えるならば、その部分を使う

または使わないということではなく、いかなる場合でも使おうとしても使うことが禁止される制限が現実にかつ具体的に存在すること、そのことが土地の立体利用価値において損失とみなされることを認めようというのである。その視点からみると、臨時調査会の結論は、現在の利用技術のレベルに囚われた狭隘な議論による結論であるといえよう。

　②の荷重制限とは、使用権の内容を全うさせるため、その地下空間の上部において、建築物等の建設により増加する荷重を一定限度に制限することであり、これに関する補償については、代表的な土地利用である建築物の荷重が制限されることについて検討する必要があるという。これは、筆者のいう立体残地における間接侵害禁止の制限のうち荷重制限のことであろう。

　答申は、大深度地下の定義の増加荷重が30トン/$m^2$に制限された場合、既存の50～55階程度の高層建築物はいずれもこの制限内であり、また地下室を設置しない構造でも鉄骨構造の35～45階程度、鉄筋コンクリートまたは鉄骨鉄筋コンクリート構造の20階程度の建築物が建設可能である。また、この荷重制限の下でも現在の法令で認められる最大の容積率（特定街区制度を含む）の建築物も十分建設でき、土地の効用を十分発揮することができる。増加荷重が30トン/$m^2$に制限されたとしても、極めて高い容積率の建築物が建設可能であるし、高さで見ても現存する最大級程度の高層建築物（50～55階程度）を建設しうるので、実質的に損失はないと考えられ、荷重制限に関する補償は不要であると推定される。ただし、例外的ながらも損失が生じる場合には補償がなされるべきである、と述べる。

　ここでも、答申は、現在の建築技術レベルを金科玉条にしての議論・結論を述べている。将来、地表で建てられる建物の建築技術レベルが如何に発達しても、それとは別に地下に埋設される施設に危険を及ぼさないための荷重制限は必要である。それにもかかわらず、荷重制限を建物の高さの制限と読み替えて議論し、実質的に損失はないと決めつけるのは、結論はさておき、議論としてはいかがなものであろうか。また、臨時調査会にはトンネル工学の最高権威の研究者も集まっていたのであるから、筆者が提唱していた「地山の大規模改変禁止の制限」の実態解明を期待していたのであるが、ここでも無補償の結論ありきの意向に引きずられたらしく、期待はずれであった。まことに残念の極み

である。

　③は、深井戸、温泉井等の既存物件が存する大深度地下空間について使用権の取得が行われる場合に現実に生じる損失は、土地所有者等に負担させる理由はないので、通常利用されない空間の使用権の取得に関する補償とは区別して、営業上の損失等を含め既存物件等に関する通常生ずべき損失の補償を浅深度地下の場合と同様になされるべきである。

　この点は当然のことで特に批評することもなく、筆者も賛成である。

　以上のとおり、臨時調査会の答申は、大深度地下を公共事業で使用しても、対象地に補償対象損失は考えられない、言い換えれば、補償をしたくないという結論を前提にした議論を行ったが、ただそれでは不安なので、結論として「ただし、例外的ながらも損失が生じる場合には補償がなされるべきである。」と逃げを打っておいた、というように筆者には受けとれるのである。

## 2　大深度地下使用に伴う権利行使の制限による損失の補償

### (1)　損失補償に係る大深度法の規定

　大深度法は、使用認可の告示があったときは、当該告示の日において、認可事業者は、認可に係る使用の期間中、大深度地下の事業区域を使用する権利を取得し、当該事業区域に係る土地に関するその他の権利は、認可事業者による事業区域の使用を妨げる限度においてその行使を制限され、また、当該告示に係る施設もしくは工作物の耐力および事業区域の位置からみて認可事業者による事業区域の使用に支障を及ぼす限度においてその行使を制限されるとした（大深度法25条）。

　これらの制限の結果、具体的な損失が生じたときは、損失を受けた者が事業者にその補償を請求することができるとして、臨時調査会の答申の③を踏まえて、「事業区域の明渡しに伴う損失の補償」について大深度法32条が、答申の①および②を踏まえて、「権利行使の制限に対する損失の補償」について同法37条が制定された。

損失補償に係る大深度法32条および37条の規定の内容は、次のとおりである。

（ア）　補償の内容

① 　大深度法32条1項に規定する損失の補償は、事業区域の明渡しに伴う通常受ける損失の補償（通損補償）であり、その額は協議で定め（同条2項）、認可事業者は自ら定める事業区域の明渡し期限までに支払う（同条3項）。

② 　大深度法37条1項に規定する権利行使の制限に対する損失の補償は二つに区分される。

　　第一は、認可事業者による事業区域の使用を妨げてはならない（大深度法25条）との土地に関する権利行使の制限によって具体的な損失が生じたときには、土地所有者等の権利者で損失を受けた者は事後的に補償を請求できるが、反対に具体的な損失が生じていないときは補償の請求はできない。これは、立体潰地における直接侵害禁止の利用制限とそれにより生ずる損失の補償の規定であると解される。

　　第二は、施設もしくは工作物の耐力および事業区域の位置からみて認可事業者による事業区域の使用に支障を及ぼす限度において、土地に関する権利行使が制限される（大深度法25条）。この権利行使の制限によって具体的な損失が生じたときには事後的に補償を請求できるが、反対に具体的な損失が生じていないときは補償の請求はできない。これは、立体残地における間接侵害禁止の利用制限とそれにより生ずる損失の補償の規定であると解される。

（イ）　補償額確定手続き

①の通損補償の補償額確定手続きについては、前章で述べたとおりである。②の権利行使の制限に対する損失補償の補償額確定手続きについては、具体的な損失が生じたときに、損失を受けた者は、認可事業者に対して、使用認可の告示の日から1年以内にその損失の補償を請求することができる（大深度法37条1項）。請求を受けて、事業者と請求者は協議をして補償額を確定する（大深度法37条2項による32条2項の準用）。協議が成立しなかったときは、双方どちらかが収用委員会へ補償裁決を申請する（大深度法37条2項による同法32条

4項に基づく収用法94条2項の準用）(注5-13)。

　補償裁決に不服がある者は、裁決書正本の送達を受けてから60日以内に当事者訴訟を提起することができる（大深度法32条4項による収用法94条9項の準用）。

　なお、補償裁決の申請または当事者訴訟の提起は、事業の進行および事業区域の使用を停止しない（大深度法32条5項）。

## (2) 大深度法37条の意義と問題点

　周知のように、収用法は事業主体（起業者）が収用・使用裁決で正当補償として確定した補償額を、裁決が示した時期までに支払わないと、裁決は失効し、土地の所有権または地下使用権を取得することができなくなるとしている（想定補償方式・事前補償方式。収用法100条、101条参照）。補償なくして収用なしの憲法原理（憲法29条3項参照）を字義どおり忠実に守っている。

　これに対して、大深度法は、上で述べたように、認可事業者は、その申請に基づき使用認可されると、その告示の日において、事業区域に対して大深度地下使用権を付与されてその使用権を行使することができる（大深度法25条）。そして、その使用権による権利行使の制限によって具体的な損失が生じたときは補償することとされている（大深度法37条1項）。ただ、その補償については、損失を受けた者が、告示の日から1年以内に事業者に請求し、両者が協議して補償額等を決めることとされているが、協議が調わないときには、収用委員会にいわゆる補償裁決（収用法94条の裁決）の申請をするという方式が採用された（大深度法37条1項）。この方式は、収用法の収用・使用裁決の場合とは異なり、土地区画整理法（昭29法律119号）や都市再開発法（昭44法律38号）等でも採用されている方式で、裁決の効果である使用権の取得が先で、その後に補償の可否および内容が確定するという事後補償方式である(注5-14)。

　確かに、大深度地下の定義からいって、自己所有地の大深度地下を公共の目的のために使用されたからといって地表の土地利用が制限されることはないだろう。したがって、地表において土地の利用制限に基づいた具体的な損失が生じるということは、現状ではよほど特殊な場合以外は考えられない(注5-15)。

　しかし、問題は二つある。一つは、請求期間が使用認可の告示の日から1年

で除斥されることである。この短期間の除斥期間の問題については、後述する。他の一つは、用対連方式において具体的な損失が生じるとはいかなる意味であるかである。

物件移転補償のことは別にして、細目政令12条も採用したいわゆる「用対連方式」を前提にした場合、大深度法は建物の基礎杭を据えることができる許容支持力を有する地盤より深いところを大深度地下と定義しているのであるから、地表に通常の建物を建てる限り利用制限のうち代表的なものである土地の荷重制限は無意味なものとなり、荷重制限に伴う損失は発生していないことに帰着し、原則として無補償となるが、例外的に具体的な損失が生じたときは、補償を請求できるとした。

そうだとすると、大深度地下使用権の設定に伴う地表の所有権行使の制限により具体的な損失が生じ、その補償額を請求に基づいて決めるというようなことはほとんど考えられないだけに、この仕組みは結果として大深度地下使用権設定に伴う損失補償は無補償になるという結論に帰着する。すなわち、事前補償方式で条文上無補償を明記することは違憲の法律であるとの疑いも濃厚になるが、当初から補償は否定せず処分後に具体的な損失が生じたら請求をまって補償するという事後補償方式にすることで、実際問題として無補償の結果を導きだそうというなかなか巧妙な工夫である。とするなら、「具体的な損失が生じたとき」ということは一種の目眩ましかと勘ぐりたくなる。

また、上記のとおり、大深度地下の定義の下では地表には通常の建物を建てることができ、荷重制限に伴う損失は発生しないことから、原則は無補償であるが、例外的に具体的な損失が生じた場合は、補償を請求できるとされているが、損失を受けた者が、補償を請求する際、何を主張すべきかの問題もある。ただ、この点については、大深度法は、具体的な損失が生じた場合は補償を請求できるとしているので、損失を受けた者は、損失が生じたことおよびその補償金額は〇〇円であると、具体的に主張して請求すれば足り、使用認可処分と生じた損失との因果関係や影響の程度等についての判断は専門的な知識経験を要するので、事業者側が行うべきであろう。

## (3) 立体潰地補償および立体残地補償に係る損失

### 1) 立体潰地補償について

　地下使用に伴う損失は、既に述べたように、立体潰地に係る直接侵害禁止に伴う損失と、立体残地に係る間接侵害禁止に伴う損失とに区分できる。このことは、大深度地下使用においても理論上は同じである。したがって、大深度法37条にいう「具体的な損失」は何を意味するのかは、立体潰地と立体残地の双方で検討されなければならない。

　ところで、大深度法25条は、使用認可の効果として、当該事業区域に係る土地所有者等の権利は、「認可事業者による事業区域の使用を妨げる限度において」または「当該告示に係る施設若しくは工作物の耐力及び事業区域の位置からみて認可事業者による事業区域の使用に支障を及ぼす限度において」、いずれも「その行使を制限される」と規定している。条文が前者と後者を「または」で接続している点に若干問題は残るが、上でも述べたけれど、前者は筆者のいう「立体潰地に係る直接侵害禁止」を意味し、後者は「立体残地に係る間接侵害禁止」を意味すると解されよう。

　直接侵害禁止に伴う損失は、地下使用権が設定された立体潰地（大深度法でいう事業区域）に必然的に発生する損失であり、簡単にいえば、土地に大きな穴をあけられたことにより土地所有権等の権利の行使が妨げられることによる損失のことである。

　この損失は、基本的には、浅深度であれ大深度であれ地下使用の場合には必ず発生する。この損失に対しては、立体潰地については土地所有権等の権利行使が完全に妨げられるのであるから、事業区域の立体利用価値が減少しているとして補償金額の多寡にかかわらず必ず補償すべきであろう。そうだとすると、大深度法37条の規定に基づいて補償を請求すべきである。すなわち、立体潰地について生ずる直接侵害禁止に伴う損失は、大深度法25条の規定による権利行使の制限によって生じる「具体的な損失」にあたるということになる。

　ただ、大深度法は、臨時調査会の答申に従って立法されたという立場を強調すると、大深度地下に係る利用制限によって、今後も通常の地下利用として一般化することもなく、また、土地の中心的な効用とはいえない深井戸、温泉井

の掘削が制限されても実質的な損失とはならないとする臨時調査会の答申と同様の解釈をとることになろう。そうすると、大深度法は、大深度地下の立体潰地に生じる損失はごく軽微なものであるから、権利者の請求をまって補償する事後補償としても問題はないと解したものであろうか、あるいは、大深度法は、「具体的な損失」が生じたときに請求すると規定することで権利者は「具体的な損失」の存在を明らかにすることと、請求する損失補償額の多寡を天秤にかけ、請求する可能性はほとんどなく、実質的に「無補償の大深度地下使用」の実現を期待したのかもしれない。

　このような解釈には、論理上、未解決の問題がある。すなわち、大深度地下の直接侵害禁止に伴う損失は実質的にないとされ、「補償は不要であると推定される」とする臨時調査会の答申の確かな理由は何であろうか。答申の述べる理由は、前述のとおり、大深度地下空間の利用制限によって実質的に制限されるのは、地下水採取のための深井戸、温泉井の掘削と考えられるが、大都市地域においては、地下水の汲み上げ規制や、井戸の必要性の喪失から、今後通常の地下利用として一般化することは考えにくく、また、土地の中心的な効用とはいえないことから、「土地所有者等に対して地下空間の利用制限が行われたとしても、実質的に損失はない」というのである。しかし、このことは答申の論理を突き詰めていえば、利用制限によって実質的に制限されるのは、土地の中心的な効用とはいえないような地下水採取のための深井戸、温泉井の掘削であるということに帰着する(注5-16)。では、「土地の中心的な効用」とは何か、そして、その何かが利用制限によって影響は受けるのか否か、答申はそのことを明らかにしていない。そのことを明らかにせずに、「土地の中心的な効用」ではない深井戸、温泉井の掘削を制限することには「実質的に損失はない」としているが、これはある種の論理矛盾であろう。

　「土地の中心的な効用」とは、そこに完全所有権の対象たる土地、すなわち立体利用価値が円満な状態で存在すること、それに尽きるのであろう。言い換えるなら、将来の利用可能性としての価値であろう。そうだとするなら、むしろ直接侵害禁止に伴う立体潰地に生ずる損失は補償金額の多寡にかかわらず補償すべきであると考えることが、市民感覚に素直であろう。

　補償すべきであるとすると、補償額の算定基準が必要である。一つは、立体

潰地の損失補償は、直接侵害禁止に伴う損失の補償であって、用対連方式でいう地下のその他利用阻害の補償に相当するものとすることも考えられよう（注5-17）。簡便な解決策を求めて、答申のように用対連方式だけが地下補償の算定方式であるとする立場や数式でのみ思考しようとする立場からは、それもやむをえないという面がないわけではない。

　しかし、用対連方式でいう地下のその他利用阻害というのは、土地の立体利用価値を分析的に評価する都合上、建物利用価値とその他利用価値とに区分した結果において考えられた概念であって、本来の損失補償論からの思考に基礎を置く概念ではない。本来の損失補償論からの思考に基礎を置くならば、長期の地下使用に伴う損失は地下空間に分布する「立体利用価値の一定量の喪失」を損失とみるという視点が前提となるべきであろう。この視点からみた補償基準の試案については、第6章で述べる。

## 2) 立体残地補償について

　他方、上述の大深度法25条の後者、すなわち、使用認可の効果として、当該事業区域に係る土地所有者等の権利は、「当該告示に係る施設若しくは工作物の耐力及び事業区域の位置からみて認可事業者による事業区域の使用に支障を及ぼす限度においてその行使を制限される」と規定されている損失は、これも上で述べたけれど、筆者のいう「立体残地に係る間接侵害禁止」を意味していると解される。

　ただ、大深度地下使用に伴う立体残地補償は、間接侵害禁止に伴う損失であって、それを補償するか否かは、その土地や周辺の土地の地質条件に大きく左右される。ガチガチに固い岩盤にトンネルを掘るなら、その立体残地や隣接地に損失補償をしなければならないような土地の利用制限を付することは少ないだろう。しかし、日本の大都市の地盤のように、未固結で岩盤になりきっていない堆積層のままで形成されているところでは、地下使用を実現させるために土地の利用制限は重要な条件であり、立体残地に対する荷重制限等の利用制限による土地の価値減は補償対象損失として考えられる余地が生ずることになる。

　立体残地に係る間接侵害禁止に伴う損失補償のうち代表的な荷重制限に伴う損失を考えてみよう。一般論としては、土地利用の際の全ての荷重が、公共事

業の地下使用権を害してはならないという制限に伴うものであるが、具体的には、既に述べたように、荷重制限の結果、建てることができる建物の階層等が制限されることから導かれる土地の価値減を損失ととらえてそれを補償するものである。

ただ、大深度法は「通常の建築物の基礎杭を支持することができる地盤」面からさらに10メートルの離隔距離を置いたところを大深度地下と定義したことから明らかなように、立体残地には既存の公法規制の範囲内の最有効建物が阻害されることなく建築できるのであるから、大深度地下使用権が設定された土地にそのような建物の建築を規制するための荷重制限が課されることはありえないことになる。

したがって、大深度法25条の当該事業区域に係る土地所有者等の権利は、施設等の耐力、事業区域の位置からみて、「認可事業者による事業区域の使用に支障を及ぼす限度においてその行使を制限される」とされる権利行使の制限によって具体的な損失が生じる場合というのは、ごく例外的な場合といえよう。

### (4) 補償請求権と除斥期間の問題

大深度地下の使用認可の告示の日において、事業区域に係る土地に関する権利は、大深度地下使用を妨げたり支障を及ぼすような権利行使は制限され（大深度法25条）、権利行使の制限によって具体的な損失が生じたときは、認可事業者が損失補償を行う。補償額等は、損失を受けた者からの請求をまってその者と事業者とが協議して決めることになっている（同法37条1項、2項の準用による32条2項）。

ただ、問題は、第4章でも述べたが、損失補償を請求できるのは大深度地下の使用認可の告示の日から1年以内とされていることである（大深度法37条1項）。

次に述べるように、個々の宅地の大深度地下の位置の判定や、事業損失補償における大深度地下の使用から生じる損失の認定等に、この損失補償の請求権の行使期間が使用認可の告示の日から1年以内とされていることは短期にすぎて不当だとされよう。そうだとすると、現行法の解釈として、どのような解決

策が提唱できるかが問われることになる。

　また、認可事業者は、明渡しの請求の際、自ら定めた明渡しの期限までに、通損補償を支払わなければならず、支払いがないときは、物件の占有者は事業区域の明渡しを拒否できるとされている（大深度法32条2項、31条3項但書）。権利制限に伴い生じた具体的な損失に対する補償の支払いに対して、この仕組みは明文で準用されていない（大深度法37条2項参照）。それは、事後補償方式であるから、補償の支払いの有無に、トンネル掘削工事は何の影響も受けず、単に金銭補償の問題であるから、使用認可の告示後ならいつ補償請求が行われても、また、補償金の支払いが遅延しても、事業の遂行に影響はないので、金銭債権の強制執行の仕組みがあれば十分であるというのであろう。

　もっとも、事後補償方式（大深度法25条、37条参照）は、自己所有地の大深度地下を公共の目的のために使用されたからといって地表の土地利用が制限されることはないというのであるから、その仕組みが機能することはほとんどなかろう。

　大深度法37条は「権利の行使の制限」による具体的な損失の発生が損失補償の要件であると定めているが、この要件では地下使用の損失補償を地表の利用制限に論拠を求める従来からの理論（用対連方式。細目政令12条参照）を前提にする限り、大深度地下使用権の定義の上から土地の利用制限に伴う具体的な補償対象損失の発生を考えることは困難であろう。すなわち、この困難性と事後補償制とが相まって、大深度地下使用権は地表の土地利用に影響のない深度の地下に使用権を設定するので、原則として、損失補償は無補償に帰着するはずだということになる。

　使用認可された事業区域が真に大深度地下かどうか、あるいは権利行使の制限によってどこにどのような影響が生じているか否かが問題になった場合、手間暇や費用のかかるボーリング調査をしてみないと詳細が判明しない。すなわち、権利行使の制限によって具体的な損失が生じているか否かが確定するのは、その土地のボーリング調査の結果から地質状況の詳細が判明するまでまたなければならない。

　世間一般では、通常、ボーリング調査は非木造の重量建物の建築の際に行われるものである。対象地にそのようなボーリング調査を行うような建物の建築

が行われるか、行われるとしたらいつ行われるのか、全く不確定である。すなわち、その土地に係る事業区域が大深度地下かどうか、あるいは権利行使の制限によってどこにどのような影響が生じるか否かの詳細を明らかにするために重要な意味を有するはずのボーリング調査が、行われるのか否か、行われるとしたらいつ行われるのか、たまたま事業者が準備調査でボーリングをしている場合を除き、全く不確定だということである。そうだとすれば、権利行使の制限によって具体的な損失が生じていたことを知ったとしても、補償を請求するときにはすでに使用認可の告示の日より1年をはるかに過ぎていてもおかしくない。使用認可の告示の日から1年以内という期間はいかにも短すぎる。損失補償問題に関するトラブルを芽のうちに摘み取り、できるだけ早めに打ち切ろうとする規定といわざるをえない。

　では、どうするか。使用認可の告示の日から1年以内とされているが、1年以内にボーリング調査の結果が明らかになったときは、使用認可の告示の日から1年以内に請求し、ボーリング調査の結果が使用認可の告示の日から1年以内を超えたときは、ボーリング調査の結果が明らかになった後、1年以内に請求することにするが、ボーリング調査の結果を意図的に遅らせて使用したときは除く、と解したらいかがであろうか。

## 3　協議不調の際の補償裁決での「主張・立証責任」

　協議で補償が確定しないときは、収用委員会の補償裁決で補償額を確定する（大深度法37条2項による同法32条4項に基づく収用法94条2項以下の準用）。補償裁決の手続きの概要については、先に第4章で述べた。

　補償裁決の手続きの性質は、裁決申請者、相手方の両当事者が、第三者たる収用委員会の判断を求めて対峙する訴訟手続きに類似した行政機関における争訟手続きである。形式的には司法機関における訴訟手続きではないが、ただ、そこでは当事者主義、不告不理、証拠主義といった訴訟と酷似した手続きが採用されていること（収用法94条8項）には注意が必要である。

　たとえば、事前補償方式（想定補償方式）を採る収用法の使用裁決の場合、

事業者が事前に損失補償を見積もり、その見積もり内容および金額を添付書類に記載し、収用委員会に裁決申請する（収用法40条1項2号ホ参照）。被収用者は、その見積もりに異議を述べさえすれば、後は、収用委員会は当事者、特に事業者の立証に加えて職権調査の資料等に基づき審査し、「正当な補償額」を判断し、双方の申立ての範囲内で裁決する額を決定する（収用法48条参照）。

他方、事後補償方式とされる補償裁決手続きでも、裁決申請者が事業者であっても損失を受けた者であっても、裁決申請書には損失の補償の見積もりおよびその内訳を記載することとされていて（収用法施行規則23条、別記様式第12参照）、形式的には、裁決申請者が先に損失の補償の見積もりをし、その内容を裁決申請書に記載する点では、上で述べた一般の収用・使用の裁決申請手続きと同様である。

もっとも、収用法94条の補償裁決手続きにより補償額等を確定する典型的な損失補償の類型、すなわち、測量・調査等による損失の補償（収用法91条）、事業の廃止または変更による損失の補償（同法92条）および法定の事業損失の補償（いわゆる「みぞ・かき補償」。同法93条）は、いずれも事業の施行と損失との関係は比較的明瞭であるから、損失を受けた者が、事業を発生原因とする損失の程度と補償額を自ら見積もることには、それほど難儀を感じることは多くはないといえよう。それゆえ、裁決申請者が損失を受けた者であっても、裁決申請書に自ら見積もった損失補償額等を記載することは当然と考えられたので、上記のような施行規則の様式が定められたものであろう。

ところが、前述のとおり、大深度法は、同法37条の補償協議決裂後は、収用法94条を準用して補償裁決手続きをとることができると規定した（大深度法37条2項による同法32条4項に基づく収用法94条2項以下の準用）が、形式的に上記のように解せるであろうか。補償裁決の手続きにおいて、上記のように、収用法91条から93条までの補償類型では裁決申請者が裁決申請書に自ら見積もった損失補償額等を記載することは当然とされるであろうが、しかし、大深度地下の使用認可処分において補償裁決の手続きをとる際に損失補償を請求するにあたり、全く手直しもせずに同様の仕組みを準用することには再考を要する。

なぜなら、大深度地下の使用にあたり、その事業の場所が真に大深度法が定

義した大深度地下であるか否か、除却せよと要求された物件が真に事業区域の明渡しを阻害しているのか否か、権利行使の制限で具体的な損失が全く発生していないのか否か、といったことは、地下深くでの現象であって、土地所有者等の権利者にとっては実際に確認することは至難なことである。それにもかかわらず、土地所有者等の権利者が裁決申請する場合、損失の存在とその補償額を自ら見積もり、裁決申請書に記載しなければならないとされることは問題である。すなわち、裁決申請書に自ら見積もった損失補償額等を記載することは当然とする仕組みを単純に準用している現在、大深度法37条の補償協議決裂の際の補償裁決の審理にあたって、生じている損失と当該事業や使用認可処分との因果関係が争点になったときは、土地所有者等の権利者が裁決申請者である場合、具体的な損失の有無、それに対する補償の見積もりおよび内訳等を裁決申請で主張および立証すべきであると解されてしまう余地がある（注5-18）。仮に、このような解釈をとった場合、「争訟の場では攻撃防御の武器は平等」との原理に実質的に反することになるであろう。

　これは、元来、先に認可事業者側で補償の有無および額等を見積もって使用認可を申請すべき事前補償であるべきところを、立法政策の都合で事後補償としたことで、無理が生じたものであろうか。この点で、筆者は、「ともかく、当事者間で協議をした上で裁決申請をするわけだが、この際、損失の発生は権利者側に主張義務があるにしても、補償に値するか否かについては事業者に立証義務があると解すべきである」と述べたことがある（注5-19）。現在も、この見解を維持するにあたり、もう少し詳しく述べてみよう。

　たとえば、大深度法37条の補償裁決の申請にあたっては、土地所有者等の権利者は損失が生じていること、その補償として金〇〇円を支払えと主張すれば足り、それに対して、認可事業者は損失が生じていないと主張するときは、地質状況や大深度トンネルの設置状況等を詳細に反証するか、または、損失の発生を認めるなら、事業者として是とする補償額およびその具体的な見積もり内容を明らかにすべきである。なぜなら、地下の地質状況はボーリング調査等の地質調査の結果判明することであり、大深度地下のトンネルの位置の地質状況およびその施設の設置状況については、当初の事業計画、ボーリング調査および施工状況等を知る立場にある認可事業者がそれらを明らかにしない限り、

判断のしようがないだけでなく、推測もできないからである。しかも、認可事業者は、相手方の所有地の大深度地下を事業認可だけで一方的に掘削できるという利益を得る側として、争訟の場で自己の法的利益の実現を追求する責務があるからである(注5-20)。

　そうだとすると、土地所有者は、裁決申請書に損失が生じていること、および補償として金〇〇円を支払えと記載をすれば足り、認可事業者は損失が生じていないと主張するときは、地質状況や大深度トンネルの設置状況等の詳細な反証を提出するか、または、損失の発生を認めるなら、補償額およびその具体的な見積もり内容を明らかにした意見書を提出することになる(注5-21)。

　なお、補償裁決の手続において以上のとおりであるなら、その前提手続きである補償請求および協議においても、同様な扱いとなるべきであろう。


(注5-1)　公共事業に係る用地を契約取得する際の実務で、補償額算定の際の根拠とされている一般的な規範としては、「公共用地の取得に伴う損失補償基準要綱」(昭37閣議決定。いわゆる「一般基準」である)、およびこの要綱の運用基準として作成された「公共用地の取得に伴う損失補償基準」(昭37中央用対連決定。いわゆる「用対連基準」である)とがある。さらに用対連は、用対連基準を詳細にした用対連細則を公表している。ところで、「用対連」とは、昭和37年に「公共用地の取得に伴う損失補償基準要綱」が閣議決定されることに伴い、同要綱の統一的な運用等を図るための連絡・調整を目的として、中央省庁、公団・公社等の関係機関により、昭和36年12月1日に旧建設省を事務局に発足した用地対策連絡協議会の略称である(なお、現在は、国土交通省を事務局とする「中央用地対策連絡協議会」に名称を変更)。
(注5-2)　最高裁判所昭和48年10月18日判決(民集27巻9号1210頁)。
(注5-3)　用対連方式の基礎理論は、最初の提唱者の名前をとって「前沢理論」と称するべきであろう(『概論』182頁注79参照)。「前沢理論」の最大の功績は、土地の利用制限について荷重制限の機能を明らかにし、誰でも地下使用に係る損失補償額を簡易に算定することができる基準を作り出したことである。
(注5-4)　この用対連方式の準公的な解説としては、建設省建設経済局調整課監修『公共用地の取得に伴う用対連基準の解説①』、第一法規、2701頁以下参照。具体例を入れての一般の解説書としては、補償基準細則の改正前のものであるが、宮下恵喜男著『地下補償の実務』、1995年、清文社、梨本幸男著『空中・地下／海・山の利用権と評価』、1992年、清文社、等がある。
(注5-5)　『概論』93頁以下参照。

(注5-6) 『概論』132頁以下、および『考える』135頁以下参照。

(注5-7) 『概論』145頁以下参照。

(注5-8) 『概論』108頁以下参照。立体残地に対する荷重制限等の間接侵害禁止の制限に伴う残地の価値減が考慮される限りで、通常の潰地と残地の関係が考慮されることになろう。

(注5-9) 『概論』156頁以下、および『考える』151頁以下参照。

(注5-10) 間接侵害禁止の制限には、実は、トンネル上部の土地に対する禁止だけでなく、隣接地に対する禁止という制限が存在する。それは、トンネルの横の部分の土砂を取り除いてはならないという禁止である。なぜなら、トンネルは周囲の土砂（地山）からの圧力（土圧）のバランスの中で安定的に存在しているので、上下左右どちらか一方の土砂が取り去られて土圧のバランスが崩れるとトンネルは不安定な状況になり、場合によってはトンネル構造物が浮き上がったり、折れ曲がって崩壊する危険があるからである（『考える』103頁参照）。立体残地に対する禁止の制限は現行の荷重制限でも読み込ませることはできないわけではないが、隣接地に対する上の禁止は現行の損失補償論をこえた問題で、この地山の大規模改変の禁止の制限は事業損失の重要なテーマであり、いずれにしろ今後の検討課題である。

(注5-11) 『概論』160頁参照。

(注5-12) 『考える』148頁参照。

(注5-13) 収用法94条準用の補償裁決の手続きについては第4章で述べたので、そちらを参照して欲しい。

(注5-14) 事後補償方式の手続き等は収用法94条で規定されている。収用法94条の裁決に係る同法91条、92条、93条の損失補償は、損害賠償的な損失の補填ではあるが、その損失は適法行為に伴うものであるということで、形式的な意味で事後補償と構成したものである（損失を与えた伐除、掘削には本来的に適法のものと、違法のものとが混在しているという側面がある）。これに対して、土地区画整理法101条（所有権は換地により交換価値は保障されているが、事実として使用収益が停止することの損失を補償）あるいは都市再開発法96条（等価交換をしてもなお償いきれない損失の補償）などは、事前に算定困難であるがゆえに実質的な意味での事後補償である。ところで、大深度法の採用した事後補償は、将来、ボーリングをしてみないと判明しないという点から実質的な意味での事後補償と結論づけることは理解できないわけではないが、土地区画整理事業や市街地再開発事業の場合に類似したものと言いきるのには理論上いささか躊躇を覚える（『考える』158頁以下参照）。

(注5-15) この点について、この大深度法の規定は、事業区域の権利制限によっても、また荷重制限による権利制限によっても、実際の土地利用に関して「実質的に損失はないと考えられ」、いずれも「補償は不要であると推定される」という臨時調査会の答申の考えを前提に立法されたものであるから、同法37条の「具体的な損失」は、権利制限に伴う損失ではなく、権利行使に伴う「通常受ける損失」のことで、補償としては、きわめて例外的な大深度地下を使用する建築物の計画や建設を中止せざるをえなかったために、すでに投下した資金等を補償するような場合であると解する説がある（山崎房長「いわゆる大深

度地下法を踏まえた公共事業における地下使用、損失補償等の運用上の留意点について（私見）」（『用地ジャーナル』No.114、28頁）参照）。

　この説は、大深度地下使用権も土地の上下全体の利用制限を前提とする権利であると考えようとする伝統的な地上権的地下使用説にとらわれた見解といえるが、その点はさておき、「建築物の計画や建設を中止せざるをえなかったために、それまで現実に投下した資金等を補償する」というのは、収用法の地下使用の場合でいうと、これだけの表現では通損補償とも事業損失補償とも決めかねるけれども、仮に通損補償だとすると、一般的には明渡し裁決で考慮される問題であるので大深度法では明渡し請求（大深度法31条1項）がそれに該当するであろう。しかし、論者のいう大深度法25条の使用認可は、実質的には権利取得裁決と同視されるので、そこでの通損ということになると、もう少し詳細な理由付けが必要であろう。また、仮に事業損失の問題だとすると、明文の規定のない事業損失をどこまで是認すべきかは議論の余地があろう。どちらにしても検討すべき重要なテーマである。いずれにしろ、筆者は、大深度法37条の「具体的な損失」は、権利制限に伴う損失ではなく、権利行使に伴う「通常受ける損失」のことであるとする解釈に賛成することはできない。

(注5-16)　臨時調査会の答申（第3章5(2)①）が、大深度地下使用権によって「制約される財産権の具体的内容を考慮して」補償すべき損失が生じるか否かが検討される必要があるとの前提を置きつつ、大都市地域における深井戸による地下水汲み上げ規制の強化の結果、井戸の必要性が喪失していることから、「土地所有者等に対して地下空間の利用制限が行われたとしても、実質的に損失はない」との結論を導いていることに対して、筆者は、(注1-2) 142頁で、「大都市では深井戸については地盤沈下の防止の観点から厳しく制限されており、また温泉法の規制もある。（中略）このような所有権の自由な行使の制限は、大深度地下使用権の直接侵害禁止に伴う規制だけが原因なのではない」と述べ、そして、「確かに観念的には直接侵害禁止という制限が発生しているけれど、それが具体化・実際化しているといえるかは疑問である。結局、問題はこのような『損失』を大深度地下使用権の設定時に想定するかどうかの一点に帰するのである」と述べているが、今、これに付言するなら、「当初、ジオ・フロントとまで騒がれた大深度地下利用の将来の可能性も財産権の内容なのであり、それを答申の如く深井戸、温泉井といったこれまでの地下利用の実態に囚われてしまって、将来の可能性を全く閉ざしてしまうことは、いかがなものか」と述べておくことにしよう。

(注5-17)　拙稿「大深度（地下使用）法の今日的意義を問う（下）」（『Evaluation』49号58頁以下）参照。

(注5-18)　補償裁決の申請は、事業者または損失を受けた者の双方ができることとなっている（収用法94条2項）。実際の事例では、損失を受けた者からの申請が圧倒的に多数である。事業者が率先して裁決申請をすることは少ないが、本文のような解釈がまかり通れば、裁決申請の相手方になった方が断然審理を有利に運べるので、ますます事業者は自ら裁決申請を行うことはなく、結局、収用法94条2項の準用は死文化するであろう。

(注5-19)　(注1-2) 149頁。

(注5-20)　収用法94条の手続きは、損失を受けた者に対して、単に損失が生じたという程度ではなく具体的に主張することを求めている（収用法施行規則様式第12参照）。このことから、大深度法32条の事業区域の明渡しに係る損失補償に関しては、原則どおり、「物件移転の補償については、補償を請求する側の物件の占有者に主張、立証責任がある」ということは承認せざるをえないだろう。しかし、本文で述べたとおり、同法37条の権利制限に係る損失補償の裁決申請に関しては大いに問題がある。のみならず、同法37条の権利制限に係る損失補償は「具体的」であることが要件とされているだけに、損失を受けた者が補償請求をするにあたり、損失の内容・程度のみならず補償額の見積もりおよび内訳を具体的に主張すべきことを注意的に明らかにしたものであると解される余地さえある。

　本文に述べたように、地下の地質状況はボーリング調査の結果判明することであり、大深度地下のトンネルの位置における地質状況およびその設置状況は当初の事業計画、ボーリング調査および施工状況等を知る立場の事業者に主張・立証させなければ判明しないうえに、事業者は、大深度地下といえども相手方所有の地下空間を事業認可だけで一方的に掘削する権利・利益を得る側として、争訟の場で自己の法的利益の実現を追求する責務がある。それ故、損失を受けた者は補償裁決を申請するにあたり、「権利制限により損失が生じているはずであり、その補償として金〇〇円を請求する」との主張をすれば足りる。それに対して事業者は損失が生じていないと主張するときは、地質状況や大深度トンネルの設置状況等を詳細に反証するか、または、損失の発生を認めるなら、補償額およびその具体的な見積もり内容を明らかにしない限り、申請人の請求どおり決定されるべきである。このように解すべきである。

(注5-21)　ここで争点になっている「事業区域の使用を妨げる限度における権利行使の制限」に伴う損失補償（大深度法25条）の損失とは、立体潰地に関する直接侵害禁止制限に伴う損失であり、元来、事業区域の利用価値の実現を直接制限することによる損失であるから、事前に想定できるはずのものであるといえるが、大深度法はそれをあえて事後補償とし、あまつさえ具体的な損失が生じた場合に損失を受けた者の請求をまって協議で確定するとしたものであるから、損失の具体性および損失の内容等については、一般の使用裁決の本則に戻って、事業者が主張・立証すべきであると解すべきである。そうだとすると、「権利の行使の制限によって生じる損失補償」の算定基準を作成することが急務であることをも示しているといえよう。この点からも補償額の算定基準を策定する必要性が高いといえよう。

# 第6章
# 残された課題およびその解決試案

## 1 「大深度地下の定義」は、土木建築技術の進歩に耐えられるか

### (1) 地下使用の技術レベルの発達と土地の立体利用の高度化

　大深度法は、「東京、大阪、名古屋の三大都市圏の公共・公益事業者に国土交通大臣または都道府県知事が大深度地下の優先的使用権を認め、土地所有者に対しては事前に補償せず、例外的な場合に限って事後に補償する。公共・公益事業にかかる用地買収費などコストの軽減を図るのが狙いだ」（朝日新聞社「聞蔵Ⅱビジュアル」より）といわれているように、この法律だけをみていると、公共・公益事業を遂行するのに大きな手助けになりそうだ。それなりに良くつくられた法律のように見える。
　だが、はたして、実際に事業者が適用し運用するにあたって、他の法制度と連繋が良く、「使い勝手」が良いといえるのかどうか、という観点からみた場合、残された課題はないのか。いかに良くつくられた法律でも、それが手続きを主とする法律である場合、関係する他の法律との関連性が良くなく、「使い

勝手」が悪かったなら、関係者から相手にされないことが往々にしてみられるからである。

　本章は、大深度法を「使い勝手」が良いかどうかという視点から検討することにしよう。

　さて、19世紀にイギリスで開発されたシールド工法によるトンネル掘削技術は、20世紀後半にはコンピュータ化が進み飛躍的な進歩を遂げた。昨今は、地下鉄トンネルを必要なだけの深さに自由に建設することができるほどの時代である。そのような土木建築技術の発達は、当然のことだが、他方で土地の立体利用の高度化をも招いている。欧米の大都市に比較して決して地盤が良くない東京都区内でも100メートル超クラスの超高層ビルの建設ラッシュが続いており、ついには前述のとおり地表の地盤は軟弱な下町地区に私企業が地上634メートルという世界一高い鉄塔（東京スカイツリー）を建てるに至った。

　そのことは裏を返せば、国や公共団体等でなくとも私企業も採算がとれさえすれば大深度地下を掘削して活用することができるだけの土木建築技術が発達していることを示しており、大深度法適用の大深度地下にも経済的価値が認められ得ることを意味する(注6-1)。言葉を換えるなら、大深度法がとる大深度の定義そのものが妥当かどうかが問題となることに結びつく可能性を秘めているといってよいだろう。

　ところで、収用法の土地使用は公用制限の一種で、土地使用裁決で起業者が取得する土地使用権については、前述のとおり、伝統的に地上権的地下使用説で理解されていた。これは、公共事業として都市で地下鉄を敷設するような場合でも、土木建築の技術的なレベルが低く、地下鉄トンネルは地下数メートルという浅いところに建設せざるをえず、また地表の土地の立体利用も地下室付き建築物といっても低層建物とごく浅い地下室が一般的であった時代には、地下使用が公用制限の土地使用であって、土地全体に係る利用制限であるということについては疑問視されることはなく、当然視されていたからである。

　だが、近頃では、著しく発達した土木建築の技術に基づき数階層の地下室付きの巨大な超高層ビルが地下深くに基礎杭をおろして盛んに建設され、地下鉄のトンネルはシールド工法で地下40メートル前後の深さに頑丈な構築物でもって造られ、しかも、常時、良好に維持管理が続けられ、工事中でも工事後

でも、地表の土地利用はほとんど現状のままに継続可能となるようになっている。ここでは、地下使用にともなう土地の利用制限は、その場所の地質状況や建築物の基礎構造に即応した限定的なもので十分であることが当然視されるようになった。そして、前述のように、収用法の地下使用の場合、事業者は地下区分地上権または地下使用権という独立の権利を有し、その権利行使としてトンネルは建設され維持管理されていて、土地の利用制限についても立体潰地の直接侵害禁止と立体残地の間接侵害禁止とを区別する区分地上権的地下使用説が賛成を得ることとなった。

このような時代背景の中で、大深度法が収用法の特別法として、大深度地下使用権を区分地上権的地下使用説に基づいて立法されたことは、当然といえば当然のことであった。だからといって、大深度地下使用権の設定が損失補償を必要としないという結論に直結するわけではない。

以下、大深度地下の定義に係わる問題、大深度地下使用権の設定に係わる問題、損失補償に係わる問題、そして、以上の多くの問題点や課題を踏まえて大深度法を何とか活かす方策はないかを模索してみることとしよう。

## (2) 軽視されたボーリング調査の困難性

大深度法は、前述のとおり、大深度地下を使用する公共事業にとって、地下40メートルの深さと、所定の建物の基礎の支持杭の先端を支持する地盤より10メートル以深の深さとを比較してどちらか深い方を大深度地下という、というように定義している（大深度法2条1項参照）。この定義にとって最も重要なことは、所定の建物の基礎の支持杭を支持する地盤の存在と、そのような地盤として有用な地層が安定的に連続して存在していることである。

大深度地下を使用する公共事業のための調査は、そのような地層の安定的連続性を把握することで足り、それはボーリング調査と物理的探査の併用で十分判定できるといわれている（施行規則8条6号参照）。

ある地域の大深度地下がどの深さかを明確に判定できるか否かという技術論とは別に、法律論として、大深度地下の位置は事業者と土地所有者等の権利者個々人との関係ではどのような問題点があるのか否かということを検討することは、権利義務に係わる重要な事項である。

そこでは、大深度法についての法律論、とりわけ損失補償の有無を考える上で、個々の宅地の大深度地下は正確に地下のどの深さにあるのかが問題の核心となる。すなわち、東京や大阪のような大都市の建築物は、分厚い堆積層を地盤として建設されているので、トンネル施設の建設空間が大深度地下と定義された深さにあるか否か、大深度地下でなければ収用法が、大深度地下なら大深度法が適用されることになり、ひいては、そのことが補償の有無に直結することになるだけに、問題の核心になるわけである。

各自治体が公表しているボーリング調査により判明した地中の地質状況を示す土質柱状図のデータを見比べた上で、東京都区内の大深度地下を表現している前掲の標準的な**図2**（30頁）および**図3**（31頁）の2枚の図から読み取れることは、結局、ある土地所有者の宅地の大深度地下の基準とされる「許容支持力を有する地盤」は、どこであるかという問いに対しては、正確には当該宅地で直接ボーリング調査をしてみなければわからないというのが正解ということになる。大深度地下の深度は、多くの地区でボーリング調査の結果次第で変わる可能性が高いからである。

先に述べたように、東京都区部の地中の「許容支持力を有する地盤」というのは、前掲の**図1**（30頁）で見るように、超高層ビルであれ多くのビルの基礎を支えている地盤として有名な東京礫層であるが、それは東京都区内の地下に広く存在しているとはいえ、厚さは一様ではなく、また切れ目なく連続しているわけではない（前掲の**図2**参照）。その結果、東京都区内の大深度地下は、東京礫層が地表近くに見つかる西新宿地区では地下40メートル以深を指し、地下深くに見つかる江東地区なら概ね地下70数メートル以深を指すことになり、前掲の**図3**はこのことを大深度地下の分布の様子として平面図に分布図化したものであり、しかも全く不均一であることが示されている。

ただでさえ不均一な東京礫層だが、それが途切れていて、基礎杭の支持層をその近隣の支持層の位置よりさらに深い地層に求めなければならないような場所があることは、大深度法の適用に大きく影響することになる。そのような場所を強調して模式的に描いてみたのが**図5**である。

**図5**で示したような地層が激変している地形は、礫層が形成された後に、中小河川の浸食作用で谷が形成された後に氷河期の終了後の海面上昇により沖積

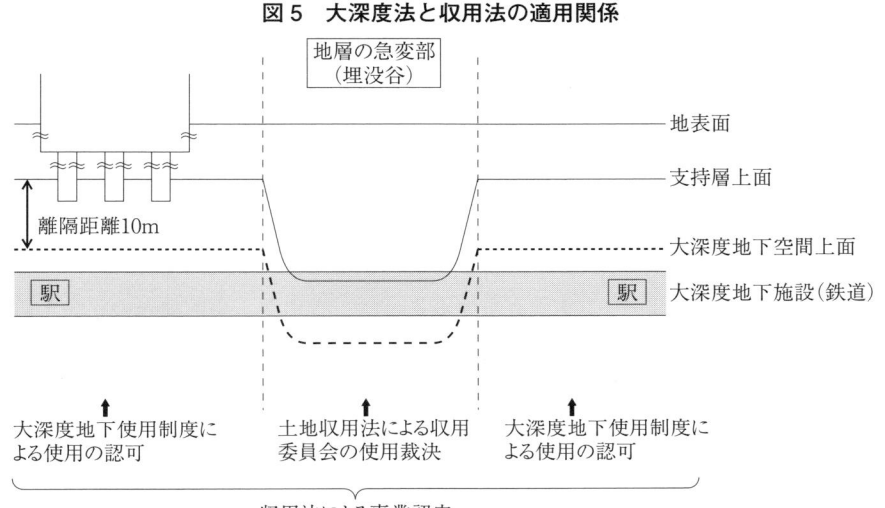

## 図5 大深度法と収用法の適用関係

```
            地層の急変部
            （埋没谷）
                                    ─── 地表面
                                    ─── 支持層上面

  離隔距離10m
                                    ─── 大深度地下空間上面
  ┌──┐                    ┌──┐
  │駅│                    │駅│    ─── 大深度地下施設（鉄道）
  └──┘                    └──┘

  ↑              ↑              ↑
大深度地下使用制度に  土地収用法による収用  大深度地下使用制度に
よる使用の認可     委員会の使用裁決    よる使用の認可
        └─────────────┘
         収用法による事業認定
```

（国土交通省『大深度地下使用法使用認可申請マニュアル』より）

土や火山灰が積み重なって埋没してしまったことで形成されるという (注6-2)。

　地下に埋没谷が存在しながら、その地表面は積み重なった沖積土や火山灰により近隣の土地とほとんど見分けがつかないような場合、そこでの大深度地下は、法律上の定義によれば、隣接地の礫層表面下10メートルに較べて丁度落とし穴のようにガクンと低くなるはずである。しかもそのことは、そこをボーリング調査をして初めて詳細がわかることになる。

　仮に、万一、ボーリング調査の結果、対象地がそのような場所であることが判明したならば、そこは周辺の土地と同じ深さを大深度地下とはいえないのであるから、地下施設の設置については、収用法の（地下）使用裁決を申請すべきところとなる。同じ地下施設を建設する同一事業区間で、収用法の事業認定の申請および裁決申請の手続きと、大深度法の使用認可手続きとが混在する事態になる。このような手続きの混在は事業者の事務作業の進捗に大きな支障を与えるだけでなく、ひいては土地所有者間に「手続き参加の権利」の不平等を招き、事業遂行に対していわゆる「地元」の納得を得ることは困難となろう。

　このような混乱を避けるには、まず、大深度地下の立体的な位置を正確に把握することが重要である。だが、地下の詳しいことはボーリング調査をしてみ

なければわからない。その土地の地下で建物の基礎を支持する地盤が何であるのか、それがどれくらいの深さにあるのか、それは掘ってみて初めて正確にわかる。しかし、権利者の宅地の大深度地下はどの深さなのかを知るには、そこをボーリング調査をして調べる必要があることは確かであるが、その費用は決して安くはなく、通常、土地所有者自身が個人的に負担できるようなものではない。かといって、事業者が事前調査の一環としてやるとしても、それは損失補償の対象となり（準用する収用法91条参照）、また、事業区間全線にわたって画地ごとに丹念にボーリング調査をすることは、費用面、事前調査の手続き面いずれにしても不可能に近いだろう。とすると、事業計画線の所々で行ったボーリング調査と物理的探査の結果を基にした資料を作成し、それで事前説明会を行っても、東日本大震災での福島の原発事故以来、専門家に対する不信感が蔓延している近時の世相の中では、到底、土地所有者等の権利者の納得を得ることは期待できないだろう。しかも、ことは補償されるか否かという問題とも絡んでいる。

　それだけに、大深度法37条の規定を使って、大深度地下の使用認可の告示の日から１年以内に具体的な損失補償を請求しない限り、損失が生じていたとしても補償請求権を失うという同法の態度は、各宅地の所有者に対して個々にボーリングを実施して、その土地の地盤状況を１年以内に確認しろというに等しく、ボーリング調査の困難さや重要性を軽視した話だといわざるをえない。こうなると、損失の種類や有無が明らかであろうとなかろうと、事前説明会を開いても住民の不信感を拭うことは困難であり、紛争間違いなしと予想できよう。

　いずれにしても、大深度地下か否かは、問題の土地の地下をボーリング調査をした結果により判定せざるをえないが、そのボーリング調査をいつ誰の責任で行うのか。何ともやっかいな話である。

## 2 使用認可処分の手続きにおける残された課題

### (1) 事業の公共性・公益性に対する疑念をただす場は設置されたか

　公共事業の用地が取得され、そこに道路、鉄道といった公共性・公益性の高い「公共施設」が建設されると、その施設は、通常、ほぼ永久に存続する。仮に用地取得にミスがあり、それに気づかずに公共施設が建設された場合、後に真実の土地所有者からその土地の返還と施設の撤去を求められても、完成した施設を取り壊して権原取得をやり直し、再度建設し直すというようなことが公の利益のうえから認め難いときは、用地取得の法律行為が取り消されることは避けられなければならない。承継取得とされる任意契約では、この問題の解決策としては、権利濫用原則（民法1条3項）に求めるほかにほとんどない。ここに権利の原始取得制度を標榜する収用制度の存在意義を求めることもできる。

　では、公共性・公益性あるいは公の利益というのは何ぞやということが議論になるが、その意見は十人十色で、だれでも納得する結論を得ることは至難である。だが、公共性・公益性あるいは公の利益を誰がどういう手続きで認めることにするのかということについては、制度あるいは手続きの問題として比較的容易に結論に到達できよう。

　また、国民あるいは社会のために計画される公共事業、公益事業だからといって、個々の私有財産に直接影響する問題があるだけに、対象地の地域住民の全員から歓迎を受けるということは、通常、考えられない。「総論賛成」、「各論反対」という場合も多いであろう。それだからこそ、その事業から派生するであろう不安、さまざまな迷惑、不利益等をできるだけ少なくし、権利者に納得して事業の計画を受け入れてもらう必要がある。そのためには、事業の公共性・公益性についての疑念をただしたり、場合によっては計画の修正ができるような場が、制度あるいは手続きの問題として検討され、できるだけ早い段階から設けられていることが望まれる。

しかし、現行の手続きのなかにはそのような場は用意されていないか、あるいは、そのような場らしきものがあったとしても、その機能や役割はそれほど大きなものではないようにみえる。

　土地の収用・使用における事業認定手続きも起業者と事業認定庁の間だけでとり行われるのが通例で、住民は意見を述べることはできても、その意見がどのように扱われたのかは判然としない。疑心暗鬼に憑かれた住民は意見を述べるどころか、口を閉ざしてしまうことが多い。それだけに、積もり積もった不安・不満が、確定した計画に基づいて用地を取得するという最終段階で激しい反対運動に転化することがある。

　そうなると、もともと権利者の利益保護のために設けられていた詳細な裁決手続きが事業反対のための手段に利用されることになり、起業者にとっては詳細すぎる煩わしいものへと変化する。収用法の土地の収用・使用において、以上のようなことが古くから繰り返されてきたにもかかわらず、いまだに解決していない問題である(注6-3)。

　公共事業は、できるだけ多くの人の納得を得て進めるべきであるという立場からいうと、契約交渉や収用手続きに時間がとられすぎるという批判を呼び込んだ原因は、事業認定手続きのこの機能の弱さ、役割のあいまいさに帰着すると思われる。そして、この点が現行制度の手続きのうえで、いちばんのネックを示しているといってもよいだろう。

　大深度法は、第2章で述べたとおり、事業者の申請→事業所管大臣の意見→国土交通大臣（知事）の認可・告示という、いうなれば利害関係のある住民の意思や意見は意見書で聞き置くだけで、それ以上でも以下でもないという一方的な手続きでもって、大深度地下使用権を設定するという仕組みを採用した。大深度地下は普段使わないまたはごく例外的にしか使われていない地下空間だから、それで十分だというのであろう。

　大深度地下を使用する事業を大いに進めたいと思う側の人からは「十分」とされても、反対に、意図せずにその事業に関わりを強いられる側の人が「十分」と思うかどうかは別問題である。

## (2) 不安・不信を抱いている住民の納得を得るためには、どうするか

　当面の土地利用に影響のない大深度地下とはいえ、土地所有権は絶対だという考えが多くの国民の常識とされる中で、同意なく行われる自己所有地の大深度地下へのトンネルの掘削を土地所有者が快く了解するとは思えない。加えて、地下にトンネル建設を必要とする公共事業の場合、地表面から浅深度地下までは現行の収用法を適用し、大深度地下になったら大深度法を適用することになるわけだが、実際はそう簡単に割り切れるものではない。

　後に詳しく述べるが、不特定多数の人々が利用するための地表からの出入口を必要とする施設の場合、トンネルは地表から地下深くへ連続して入っていく。その場合、地下のある一点、すなわち大深度地下とされる点から適用する法律が異なるという割り切りは、それが用地取得という裏方的場面においてであってもどうしても無理が生じる。

　ことは、単に気分の問題だけでなく、補償金があるか否かという実際的な利害の問題がからむだけに、土地所有者達や住民の理解を得ることは大変であろう。収用法か大深度法か、グレイゾーンをどのように取り扱うべきか、この法律の適用にあたっては明確な運用基準が必要とされよう。

　大深度法は公物法や収用法といった現行法の体系に理論上大きな影響を与える重要な法律ではあるが、実際問題として公共事業の施行に十分活用されることになるか否かは別問題で、明確な運用基準の如何に係わるのではあるまいか。

　大深度法は、大深度地下使用を何とか無補償にする仕組みを念頭において立法したため事後補償制を採用したが、一般の収用裁決で採用されている事前補償制との整合性が十分検討されたのか疑問である。特別法は一般法と重要な点で整合性がとられていないと、実際の運用に支障が出ることになる。

　たとえば、権利制限に伴い具体的な損失が生じ、大深度法37条を適用する場合に必要となるはずの大深度地下の定義に則した補償基準がいまだに構築されていない。このことは、用地担当者が土地所有者等に事業の説明をする際、補償のことで質問を受けても返答ができない恐れがあることになり、問い詰められたときには言葉に窮することになるだろう。

また、現代の大都市のように土地の立体利用が高度に進んでいる状況を踏まえると、公用制限といえども、土地の私的所有を保障する憲法原理を強調する立場からは、二つの問題が強調される。一つは、問題の土地の真実の所有者をどうやって確定するかという問題であり、他の一つは、大深度地下を公共の用に供するにあたり無補償か有補償かという判断基準として「具体的」ということで十分かという問題である。

　真実の土地所有者を確定するという問題は、我が国の法制では非常に悩ましい問題である。民法は所有権等の物権の変動には意思主義を採用し（民法176条）、登記は土地所有権等の物権変動の単なる対抗要件を具備するだけであるとしている（同法177条）。そのため、土地所有者は誰かを示す公簿であるはずの不動産登記簿は誰が真実の土地所有者であるかを確定的に示すものではないので、第三者が真実の土地所有者を判定することは著しく困難を極める場合がある。収用法はその点を救済する方法として、裁決の際の重要な証拠となる土地物件調書への土地所有者等の権利者の署名押印という制度を導入した（収用法36条）。もちろん、土地調書への署名押印だけで全ての問題が解決するわけではないが、非常に大きな機能を有していることは間違いない（収用法38条参照）。ところが、大深度法はこの収用法の土地調書そのものを不要とした。それだけでなく、物件に関する調書に、物件所有者等の署名押印を求めることさえ準用していない。これは、土地や物件の権利関係が争いになったときに、収拾がつかない混乱を招くのではなかろうかと危惧される。大深度法の使い勝手の悪さはこのような点にも見られる。

　他の一つの大深度地下の補償問題での判断基準としての「具体的」ということの問題であるが、少なくともアプリオリに、大深度地下だからといって補償をしなくても使用することができるという前提を承認するわけにはいかないだろう。土地所有者等から少なくとも何らかの補償がなされるべきであろうと追及されることになった場合、補償するとしたら、真っ先に問題となるのは、補償基準はあるのか否か、その内容はどのようなものかといったことであろう。この点は、後に詳しく検討することとする。

## (3) 地下使用は浅深度地下から大深度地下へ順次進む

　先に述べたように、私有地の地下に地下鉄等のトンネルを建設しようとするときの地下を使う権利について、民法では区分地上権という独立の権利概念が定められている（民法269条の2）。収用法では公用制限の一種で、土地全体に及ぶ使用権の具体的な使用形態として地下の一定範囲を使っているという事実を「地下使用権」と俗称しているだけで独立の法律概念とはされていない（収用法101条2項参照）。だが、前述のように、現在の著しく発達した土木建築技術のレベルの下で地下深く頑丈な構築物でもって建設されたトンネルの法的根拠は区分地上権的理解が当然視され、地下使用権が独立の法律概念とされた（大深度法25条）。

　このような時代背景の下で収用法の特別法として、大深度法が大深度地下使用権を独立の法律概念と認める区分地上権的地下使用説に基づいて立法されたのは、当然といえば当然のことであった。しかし、一般法の収用法は依然として従来からの伝統的な地上権的地下使用説に基づいて理解され、運用されている。この一般法と特別法のミスマッチが、大深度法の使い勝手を良くするわけがないといってよかろう。

　ごくあたりまえのことだが、リニア新幹線だからといって全線が大深度地下のトンネルであるということはない（注6-4）。農村部では、地価は比較的安いので建設工事費が比較的少なくてすむ地表に施設を敷設することになるだろう。それに対して、大都会の市街地は地価は高く、加えて地中には地下鉄のトンネルや上下水道管等が縦横に張りめぐらされていたり、超高層ビルの基礎杭が林立していて使える地中空間が限定されるので、建設工事費は高額になるとはいえ、大深度地下を使用せざるをえないことになろう。しかも、そこは補償費が原則として不要となるはずだという。

　事業者の立場から、公共事業の用地問題をみてみると、先にも述べたが、用地が道路や公園のような公共用地なら地表・地下を問わず当該公共用地管理者から占用許可を受けて使用できる。しかし、私有地なら地表では土地所有者等の権利者と売買契約を、地下なら区分地上権設定契約を締結することになる。契約が締結できないときは、収用法の適用により地表面では収用裁決を受ける

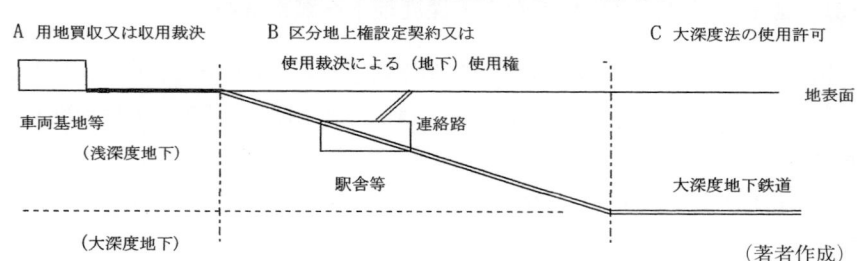

## 図6　大深度地下使用の鉄道トンネルの模式図

A　用地買収又は収用裁決　　B　区分地上権設定契約又は　　　C　大深度法の使用許可
　　　　　　　　　　　　　　　　使用裁決による（地下）使用権

　　　　　　　　　　　　　　　　　　　　　　　　　　　　　　　　　　　地表面
　　車両基地等　　　　　　　　　　　　　　連絡路
　　　（浅深度地下）　　　　　　　　　　　　　　　　　　　　　大深度地下鉄道
　　　　　　　　　　　　　　駅舎等

　　　（大深度地下）
　　　　　　　　　　　　　　　　　　　　　　　　　　　　　（著者作成）

ことになり、地下では、浅深度地下の場合は収用法の使用裁決を受けることになるが、大深度地下の場合は使用裁決ではなく大深度地下の使用認可を受けることになる。

　このように模式的に述べると、大深度法の適用は実にスムーズにいくようにみえる。しかし、いざ実務として実際に手続きを進めようとすると、収用法と大深度法の手続きの違いはどのような影響をあらわすであろうか。

　大深度地下へのトンネル施設は地表面からはじまり、深度を徐々に深め、大深度地下に到達してから、しばらく水平方向に、その後また地表面へというようになるだろう。図6は、そのトンネルの掘削を模式的に図化したものである。

　図6の地表のA区間は、通常の公共事業の用地買収を行うか、買収ができなかったときは収用法の収用裁決により補償金を払って用地を取得する。浅深度地下のB区間は、区分地上権設定契約が締結できるなら民法上の区分地上権を取得し、契約交渉がまとまらないときは収用法の使用裁決により補償金を支払って土地使用権を取得する。大深度地下のC区間は、事業認可を得て原則無補償で大深度地下使用権を取得する。以上のようなイメージとなろう。

　図6のB区間からC区間への移行点は、収用法の手続きか、大深度法の手続きかという実際に行う手続きが異なる境であり、しかも補償論からみると、B区間からC区間への移行地点は、事前補償を見積もるべき地点から事後補償として相手の請求をまてばよい地点への移行ということになる。

　ところで、前述のとおり、地下深くにある「許容支持力を有する地盤」はボーリング調査をしなければ、その詳細が確認できないのであるから、図6で

はB区間からC区間への移行点は自明の如く表示されているが、実は、ボーリング調査をして初めて判定できる地点である。ボーリング調査をして初めてわかるような移行地点を境に、収用法の手続きから大深度法の手続きに変わるというのは、その土地の所有者等の権利者にとっては理解を拒否したくなる問題といえよう。手続きの進捗は危ういことになろう。

　それでは、ボーリング調査の結果に手続きの進捗が連動する結果、手続きの遅れを避けるにはどうするか。それには、収用法の手続きと大深度法の手続きを同時平行的に進めるしかあるまい。そうしようとするなら、収用手続きにおける地下補償の見積もりを避けることはできない。加えて、大深度地下の使用認可の申請にあたっても、万が一、権利者から損失補償を請求された場合の対策として、あらかじめ当該大深度地下使用に係る損失の有無を判定したり、補償額を見積もっておく必要があろう。

　だが、先に述べたように、大深度地下使用の損失補償の算定基準は法定されていないだけでなく、検討もされていない有様である(注6-5)。

## 3　損失補償論における残された課題

### (1)　大深度地下使用の立体潰地に生ずる損失は、本当に補償の対象にならないのか

　これまで述べてきた大深度法の「使い勝手」の問題は、つまるところ、補償せずに大深度地下使用を認めようとする立法目的に係わると思われるが、それなら、「大深度地下使用は本当に無補償を原則としてよいのか」を検討することが必須となる。この点を検討するには、先に第5章で述べたとおり、その潰地については立体的に見る視点が必要になる。

　立体的に見る視点から考えるなら、第5章で指摘したように、立体潰地に生ずる損失とは、事業区域にトンネル等が掘削されることで空洞となり、いわば土地所有権の対象たる土地の一部を使用の期間とはいえ喪失するだけでなく、その事業区域に建物の基礎杭を差し込んだり、深井戸を掘ったりするなどで直

接侵害してはならないという制限を受けることである。この直接侵害禁止による利用制限という損失は、地下を利用する公共事業では浅深度地下の使用といわず、大深度地下の使用といわず、いかなる地下使用においても具体的に必ず生ずる損失であるから、大深度法37条1項にいう「具体的な損失」、すなわち具体的に事業区域を使うという権利行使が制限されることは、「第25条の規定による権利の行使の制限によって具体的な損失が生じた」とみなすことは十分可能であろう。そうだとすると、同法に基づいて補償を請求すべきことになる。ただ、その損失に対応する補償額の算定をどうするのかという点については、潰地について立体的にみる視点が欠落している用対連方式では、算定不能といわざるをえないという問題がさらなる課題となる。

そこで、潰地について立体的にみる視点から、検討してみよう。

長期の地下使用に伴う損失は、使用の期間とはいえ地下空間に分布する「立体利用価値」の一定量の喪失であるとみると、その損失補償論には二つの問題が伏在していることを指摘できよう。

一つは、「地下空間の立体利用価値の分布」はどのようになっているのかという問題と、もう一つは、「喪失する一定量」とはどの程度であるのかという問題である。

この二つの問題は、これまで、いずれも十分に検討されてきていないので、明確な答えを導き出すことはできないが、一つの試案を提示してみたい。

筆者は、かつて、土地の利用状況に合わせた「地区別地下深度別指数」を定め、その上で実際の大深度地下の深度を確定して指数を判定し、そして、更地価格にその判定した深度別指数を乗じて補償額を確定するという方式を確立させて立体潰地補償を行うことを考えるべきではないのか、と述べたことがある (注6-6)。

そのような指数を判定するためには、「地下空間の立体利用価値の分布」を明らかにする必要がある。長期の地下使用に伴う損失を考えたとき、一般的には、地表に近い浅い地下では大きな損失を受けたという感覚があり、深度が深くなるにつれて損失感は低くなるといえよう。これは、立体利用価値の分布が、地表に近い浅い地下では高く、深度に応じて順次減少していくことの反映であるとするなら、一つの数表が描けるはずである。また、大都市の都心地区

と住宅地区とでは数表が示す数値の傾向が異なるであろう。

　そのような数表は本来なら地下の区分地上権の市場での取引価格の価格分布から数値を導くべきであろうが、現在のところは、公共事業以外で地下の区分地上権が設定されたり、あるいは自由に売買されたりなど、活発な取引市場が形成されているという状況ではなく、取引価格そのものを見出すことができない。

　そこで、建物の地下室の賃貸借の事例を参考にして、建物の１階の賃料を１とした場合、地下１階の賃料はどれくらいの割合か、地下２階ならどうかといった具合いに並べ、相当と判定される数値を定め、相続税路線価図のような建物の地下の１階層相当の単位で数表をつくってはどうであろう。

　その場合、大都市の都心地区なら地表部分 1.00、地下１階相当 0.80、地下２階相当 0.70、地下３階相当 0.65、地下４階相当 0.60、地下５階相当 0.50、地下６階相当 0.40 というようになるとしたら、副都心地区なら同様に 1.00、0.75、0.70、0.60、0.50 となり、沿線繁華街地区なら 1.00、0.70、0.50、0.30 となり、住宅地区なら 1.00、0.70、0.40、0.20 となるというように、繁華性の違いや都市計画の地域地区制を反映した数列になるようにすべきであろう。そして、ある程度の深さからは、地下何階相当になろうともその賃料は名目的なものがずっと続くと考えて、それに基づいた 0.02 あるいは 0.01 の数値が続く数表をあらかじめ作成しておくようにする。

　次に、「喪失する一定量」の程度についてであるが、地下の長期使用は半永久的に存続するトンネル構築物の設置という形態で行われる。地下使用についての公用制限論は土地所有権の硬直した論理を前提にした区分地上権または地下使用権であるので、法律論として「土地の区分所有権の収用」という論理を採るわけにはいかない。しかし、半永久的使用という実態からみると、問題の「喪失する一定量」は対象部分に分布する立体利用価値を「収用」するに等しいと推定することで、とりあえず解決することにしてはいかがだろうか。

　実際の補償額の算出は、土地価格に上のようにして定めた所定の率を乗じて算定することになるが、大深度地下利用なら、それは名目的な補償に近いと考えて地価の１％か２％程度とすることで十分であろう。もっとも、数表の作り方によっては、大深度地下の直上は 0.1 であるが、その下の大深度地下では

0.01の打切り率でどうだろうかという構成もあり得るであろう。

　以上の結果、実際の補償額の算出は、対象地の土地価格に上のようにして定めた数表から立体潰地に該当する階層相当の指数を乗じて行う。指数が補償率の役目を果たすことになる。大深度法が適用される都府県の収用委員会などで、できるだけ早く、数表が作成されることを望みたい。

　ところで、前章で、トンネルが私有地の地下で交差するときには、用対連方式では補償額の算定ができなくなることを述べた。その問題は、以上の補償額算定の仕組みで解決することが明らかであろう。すなわち、土地の利用制限を直接侵害禁止の制限と間接侵害禁止の制限とに区分し、さらにあらかじめ地下の深度に応じて立体利用価値の評価点数を決めて数表にしておき、大深度地下であれ、浅深度地下であれ、トンネルが交差していても、その際の各トンネルの立体潰地部分の固有の評点数から補償率を求めて算定できることになる。その結果、用対連方式で既存のトンネル建設の際には補償がなされたが、その下部に建設されるトンネルでは補償されないのかという深刻な問題は回避できることになる。

　では、大深度地下の使用の際、潰地を立体的に見た場合の残地、すなわち、立体潰地の上面から地表面までの土被り部分の立体的残地の利用制限と損失補償の問題については、どう考えるか。それは、立体残地の間接侵害禁止の制限（荷重制限）による損失とその補償として検討されることになる。この点は、前章で述べたように、大深度法の定める大深度地下の定義の下では、立体残地補償の根拠となる損失をもたらすはずの、最有効建物の建築を規制するための荷重制限が課されることはないので、補償する必要がないはずである。これが臨時調査会の答申の立場である。しかし、全く補償する必要がないと断言できるか否かは、その大深度地下利用の事業で採用されるトンネル建設の工法と、その土地のボーリング調査の結果の関係を検討してみないことには何ともいえない。荷重制限が地表の土地利用に及ぼす影響は、答申が暗黙の前提とするシールド工法の場合と、他の工法の場合とでは必ずしも同一とはいえないからである（注6-7）。権利行使の制限によって生じる「具体的な損失」の判定は慎重を要しよう。

　また、間接侵害禁止には、荷重制限の他にこれまで等閑視されてきた特別な

侵害禁止がある。すなわち、その地山の大規模改変の禁止の制限に関しては、できるだけ早くその実態を解明する努力が求められていることは第5章で述べたので、ここでは割愛する。

## (2) 事業損失補償も無視できない

　大深度地下にトンネル等を建設した場合、地下水脈の流路を変えてしまったり、水量を激変させてしまい、地盤の不等沈下等の発生というような一種の事業損失が発生してしまったことも生じよう。これについては、どのように損失補償を行うかということは、実に解決困難な問題である。

　地盤にそのような影響が出るのか出ないのかさえはっきりしない。まして、影響が出るとしたら、どこに、いつ、どのような形で、どの程度なのか、予測することはさらに困難である。そうであるなら、万が一そのような影響が出た場合、その損失補償については、大深度法37条の規定を類推して収用法94条の補償裁決の規定に従い事後的に争訟で解決する途を考えておかなければならない。その際、一種の公害による損害賠償訴訟類似の争訟であるだけに使用認可の告示の日から1年以内の請求権の除斥期間というのは、この法律の使い勝手の悪さを示すものとなろう。いずれにしろ、この期間制限を適用しない法理の検討が必要となろう。

　また、これまでの地下鉄や上下水道のトンネル敷設といった地下利用の結果、都市の地下の地中環境は大きく影響を受けていると思われるが、さらに大深度地下使用が行われるということは、その地中環境に大規模な人工的改変を加えることになる。その影響がどのような形になるのかよくわからないというのであるとしたら、用地交渉にあたり、そのような事業損失に対しても事業者は誠心誠意対応する心構えと準備が必要となろう。

　地中の地層には地下水を通し難い粘土層のような遮水層もあれば、よく通す透水層があり、透水・帯水層内の地下水も地表面を支えている支持層の一つであることが忘れられてはならない。トンネルのような大規模な地下埋設物で地下の水脈の流路が変えられたり、水量が大きく変動したりすると、帯水層が圧縮されるなど地層の状況に変化が生じ、地盤沈下が起こったり地表面に何らかの影響が出ることは経験的に知られている。

東京都区部の東部では、第二次大戦後の経済復興期に工業用水に使用するため地下水が盛んに汲み上げられた。その結果、至る所で地盤の不等沈下が起こり、いわゆる下町地区では海抜0メートル地帯が広がり、水害の常襲地帯と化し、中小河川や運河に面した個々の地区を全て「カミソリ堤防」で囲むという事態となった。その後、地下水の汲み上げを規制してからは地盤沈下が止まり、場所によっては若干回復したことなどはよく知られている事実である。

　ある地点の地下水が枯渇すると地中の帯水層が収縮し、その結果、思わぬ場所の地表面が不等沈下をして土地の価値減が生ずるわけだが、どの場所のどの深さの地下水がどの程度枯渇すると、どこにその影響が出るのかということのメカニズムの詳細は、十分解明されていないようである。ただ、補償論からいえることは、ある地下施設ができて地下水脈の流路が変わったり、水量が激減した影響として生じた地表面の不等沈下等による土地の価値減に伴う損失は、当該事業の事業損失の一種であるとみなされてしかるべきものである。

　事業損失でも「みぞ・かき補償」として例示されるもの（収用法75条、93条参照）は、直接的に視認できるものであり、あるいは直接視認できなくても公共事業の工事の施工に起因する水枯渇やテレビ電波受像障害のように、現象そのものから事業損失を確認できるといった類のものもある(注6-8)。

　それに対して、トンネル等の地下構築物のような地下水脈に対する障害物によって起こるであろう地表の不等沈下等は、どの範囲に、どの程度、しかもいつ発生するのか、皆目見当がつかないし、その上因果関係さえよくわからないという特殊性がある。当該事業の施行前には生じておらず、明らかに事業実施後に生じた損失であるなら、広く事業損失として補償すべきであろうが、それの範囲や程度について、大深度法は全く考慮していない。それは損失が生じても補償しないものとしたと解するべきではなく、補償すべきであるにもかかわらず立法技術上の理由から規定されていないだけであって、大深度法37条はそのような事業損失に対しても広く類推適用し、「具体的な損失が生じたとき」に該当すると解すべきであろう。そうだとするなら、事業認可後1年の請求期間というのはあまりにも不当に短期にすぎよう。運用で善処すべきことになろう。

## 4 以上の多くの問題点や課題を踏まえて大深度法を活かすには

### (1) 大深度地下への移行地点は公共用地の地下に限る

　筆者は、以前、手続法的にも運用上にもいろいろ問題を抱えることになるはずの「大深度地下利用法」をわざわざ立法しなくとも、補償の算定技術を改良し、わずかの事前補償だけで現行収用法の下で大深度地下使用権の設定は十分できる、という意見を述べたことがある (注6-9)。今でもこの考えは基本的に変わらないが、現実に大深度法が制定されている現在、いまさらこのことを強調しても、死児の齢を数えるに等しいので、ここでは視点を変えて、現行の大深度法を事業者と権利者の利害を調整する法律として何とか使えるものにする方法はないものだろうか、それを考えてみよう。

　まず、**図6**（148頁）の、トンネルが地表から掘削をはじめ、徐々に深くなり、ついには大深度地下に到達し、そこで水平方向に掘削するというイメージで、考えてみよう。

　土地所有者および付近地の住民に対する事業説明会（大深度法19条）では、地表のA区間は、通常の公共事業の用地買収を行うか、買収ができなかったときは収用法の収用裁決により補償金を支払って対象地の所有権を取得することを話すことになろう。浅深度地下のB区間は、区分地上権設定契約を交渉するが、交渉がまとまらないときは収用法の（地下）使用裁決により補償金を支払って地下を使用するための土地使用権を取得することになる。そして、大深度地下のC区間は、使用認可を得て直ちに大深度地下使用権を取得するが、このときは補償はしない。ただ、損失を受けたと主張する土地所有者等の権利者は、使用認可の告示の日から1年以内に補償を請求して欲しい、と話すことになろう。

　トンネル建設事業に関する説明会で、事業者の行う以上のような説明で、はたして土地所有者等の権利者が有する不安や不満を解消することができるだろうか。ほとんど不可能ではないだろうか。

まず、B区間からC区間への移行地点は、事前補償を見積もるべき区間から、事後補償として相手方との協議により補償が決まる区間、形式的には損失を受けたと称する者からの請求をまてばよい区間へ移る点ということになるが、少なくともその移行地点の前後でボーリング調査を丹念に行い、地表ではどの位置になるのかを明らかにする必要があるだろう。そのボーリングの位置は、事業計画を立てた当時の、たとえば、数キロメートル間隔のボーリングと物理的探査の組み合わせで予想できる浅深度地下と大深度地下との移行地点と目される地点で、再度、ボーリング調査をすることが望まれる。だが、詳細はボーリング調査待ちということでは、事業説明がスムーズに進まない恐れがある。しかも、ボーリング調査の費用は決して安くないし、所有地をボーリングすることに対して土地所有者等の強い拒否にあうこともあるだろう。

　一つの解決策は、浅深度は道路の地下を使い、大深度になったら私有地の地下を使うというような計画はありえるかも知れない。少なくとも、この移行地点が道路等の公共用地の地下となるようにトンネルのルートを設計し、路線を決定することはとりあえず問題を解消する。公共事業の用地が、既存の道路敷地の地下というなら、仮にそこが大深度地下と判定されない場合でも、道路管理者からの無補償の占用許可（道路法32条および昭52.9.10建設省道路局長通達参照）で地下を使用することが可能となり、収用法の使用裁決による土地（地下）使用権を取得する必要はなくなるからである（注6-10）。

　また、トンネルが一画地の地下でB区間からC区間へ移行することがないように設計し、かつ路線を決定することも必要かも知れない。なぜなら、自分の土地の一部は事前補償で、他の一部は事後補償でという事態は、通常、土地所有者の理解を得られないであろう。かといって、ある区画の地下はB区間で、隣の区画はC区間であるというのでは、C区間とされた画地の土地所有者は不満を募らせ、事態を紛糾させることになるので、そのような路線決定も極力避けなければならないだろう。

　とにかく、路線決定は慎重に行われなければならない。そのためには、移行地点と目される地点の前後でボーリング調査を丹念にやる必要があるが、ボーリング調査の費用は決して安くないが、しかし関係住民の理解が得られずいつまでも紛争を抱えることは避けなければならない。それだけに、建設技術や経

費の面のみを配慮した路線決定であってはならないだろう。

　**図1**（30頁）および**図2**（同）で示したように、40メートル以深での高層ビルの支持地盤となっている東京礫層は、地中で途切れたり、折れ曲がったり、ねじれたりしているので、大深度地下の位置は決して一様ではない。**図3**（31頁）はそれを模式的に図にしてみたものであるが、支持層が隣接地と異なるなら、大深度地下の深さが不均一となることが明らかである。

　ここで、収用法の手続きと大深度法の手続きを併用することは、事務の煩雑さと、補償の有無で権利者間に不公平感が増すこととが避けられそうもない。実務上の混乱を回避するには、トンネルの掘削位置をさらに深い位置に下げることが一つの選択肢となろう。ただ、トンネルの位置をより深くする場合、どこまで下げるべきかを知るためには、**図5**（141頁）の地層の急変部で、上記の場合と同様にボーリング調査を丹念にやる必要がある。ボーリング調査にかかる出費の増加は問題であろうが、それ以上に問題なのは、トンネルをより深い位置に設置するための工事費の増大である。手続きの混乱による時間の浪費をとるか、経費の増大をとるか。事業者は、そのような判断に悩むくらいなら、このような危惧を抱えた地点を回避するためには、やはりルートの選定が重要となる。

　実務上のテクニック面からいうなら、現在のところ、大深度法適用の三大都市圏では深井戸や温泉井が密集しているという地域というのはそれほど多くはないのであるから、大深度地下使用の計画を立てる際には、事前によく調べて深井戸や温泉井を避けてルートを設計することがベターであろう。

　ただ、従来、公共事業の執行にあたっては、その辺の細やかな心遣いが乏しく、世間の驚愕を招いたような事件には、用地取得に関連した事前の土地の利用関係の調査が十分とはいえず、建設技術論を優先して策定された計画について、事業の「公共性」を錦の御旗にして、事業者と主管官庁とが一緒になってごり押しをして、いたずらに紛争をこじらせておきながら、進行計画の遅延を用地取得手続きの厳格性の所為にしてきたといったことが多かったように思う（第1章の地下鉄半蔵門線事件を参照）。

　詳細計画を立てる際に建設技術サイドだけで決定せずに、あらかじめ部内の用地の専門家の意見を十分に聴くということが必要であろう。同一組織内で建

設技術サイドと用地取得サイドの両者の意見の不一致は、目に余るものがあったというのが筆者のかつての経験である。現在では、いかに用地や環境等について惹起される諸問題を事前に十分予測していたかということが、その後の実際の用地取得、ひいては事業の完成の成否を決定しているといっても過言ではないだろう。三大都市圏ではとくにそのことは著しい。その上、昨今は、計画素案の段階で情報公開と説明責任を尽くすこと、のみならず見過ごした問題点が出てきたなら躊躇することなく計画を変更するなどの柔軟性すら求められているのではなかろうか。大深度地下の公共的使用においても留意すべきである。

### (2) 用対連方式を流用してみる

前述のように、大深度法は、臨時調査会の答申の考え方に従い、大深度地下の定義の下では大深度地下が使用されても実質的な損失を与えることはないので、原則として補償は必要ないとしている。

それに対して、立体残地は大深度地下の定義の下では荷重制限による損失補償は生じないとすることを黙認するにしても、立体潰地はトンネル建設のために掘削されたことで空洞が開けられたうえに直接侵害禁止の制限を受けているのであるから、トンネル用の空洞の存在自体が権利行使の制限により生じた具体的な損失(大深度法37条1項)であり、認可事業者は何らかの補償をすべきであるとする立場から考えてみよう。

ただ、補償すべきであるとした場合、避けて通れないのが、補償の受け手、すなわち土地所有者の確定の問題である。この点について、大深度法が収用法の土地物件調書の手続きを準用していないことから導かれる欠点については先に述べた。ではどうするか。物件に関する調書にしても、事業区域の表示にしても、事業者および使用認可庁の一方的な判断で作成できる(大深度法14条4項)だけで、この点について土地所有者等の意見を明らかにする場は一切用意されていない。しかし、市町村長の行う認可申請の公告および関係書類の写しの縦覧期間内に、利害関係者は都道府県知事を経由して使用認可庁に意見書を提出することができるとされている(準用する収用法25条)ので、事業者は、この機会をとらえて、土地所有者等の権利者に、個別に、物件に関する調書に対す

る意見書を作成してもらい、使用認可庁において、それでもって何とか土地所有者等の権利者の確定に利用してもらうという努力を行うことになろうか。

　さて、大深度法が採用した区分地上権的地下使用説を活かすように工夫した「地区別地下深度別指数」を定めて補償額を算定する方式については上で述べた。

　しかし、そのようなドラスティックな方法ではなく、理論的には問題だが形だけを似せる簡便な方法として、用対連方式を使うことを考えてみよう（注6-11）。

　すなわち、大深度地下は、前述のとおり、通常使われていないだけでなく、地表の通常の利用に影響を与えない深さの地下をいうのであるから、大深度地下使用権が設定された場合、立体残地には荷重制限による利用阻害は発生しないという前提を置き、原則として、用対連方式の荷重制限に伴う損失は生じていないとみなすことにする。また、用対連方式のその他利用阻害の地下への配分に関する価値の損失分は、理論的には立体残地に係る損失に内包されるもので、同様に損失は生じていないはずである。しかし、形式的には建物建設と直接の関わりが少ない土地利用阻害であるという点を強調して、大深度地下使用における権利行使の制限により生じる損失に「用対連方式のその他利用阻害の地下への配分に関する価値の損失」をあてはめてみようではないかというわけである。

　その際、大深度地下使用においては、前述（110頁）の③式における$\beta$と$\gamma$を半分ずつであるとした関係を前提に、この場合のその他利用阻害の地下への配分$\gamma$については、半分の半分、あるいは半分の3分の1とみなすなどとして、調整する必要があるであろう。この調整済みのものは、あたかも立体潰地の損失と同視できそうな割合であるので、思い切ってあてはめてみてしまったらいかがであろうか。

　ただ、この方法は理論的には誤りであることを承知した上での話で、あくまでも前記の「地区別地下深度別指数」を確定するまでの間の緊急避難的、暫定的な方法である。

　用対連方式では、既存の地下鉄の下に大深度地下鉄道を建設するなど私有地の地下で地下埋設物が交差するような場合には補償論として理論的にも現実的

にも破綻をきたすという欠点は拭いようがないのであるから、できるだけ早く、区分地上権的地下使用説に基づいた損失補償方式を開発すべきである。そこをわきまえて用対連方式を利用することは、実損をカバーする限りで事情裁決的に認められるのではなかろうか。


(注6-1)　かつていわれていたように、重要なバックアップデータを保管するスーパーコンピュータを大深度地下より深い地下室に設置することなどは実現可能性が十分あることになろう。
(注6-2)　(注2-22) 146頁参照。仮に、このような落とし穴的な地盤状況があっても、基礎杭の形状を工夫するなどで、ビルの建築そのものは費用の点は別にして工夫次第で深刻な問題とはならない。しかし、法定の大深度地下か否かの判定は、基礎杭の形状等とは無関係なものであることは注意されるべきである。
(注6-3)　この問題は抽象的にいうと、いずれ環境アセスメントと情報公開と参加型計画の問題に解決策を求めていくことになるのであろうが、用地取得手続き自体の問題としても等閑視すべきではないと思う。その視点からみると、結局、裁決手続きが詳細すぎる煩わしいものへと変化する原因の多くは、事業認定手続きが権利者や住民の不安・不満を解消するという機能不足や役割に即応できていないことに尽きるのではないだろうか。事業認定手続きについての問題点や大深度地下利用の手続きに関連して、その改革の方向性については別に述べたことがあるのでそちらを参照して欲しい（『概論』232頁以下参照）。
(注6-4)　2013.9.20 朝日新聞。
(注6-5)　大深度法37条。相手方の請求をまてばよいといっても、請求があったなら事業者はなぜそこが補償しなくてもよい大深度地下であるかを主張・立証する責任があるので、当該地点でボーリング調査を行い、その結果を明らかにしなければならないことになる。しかし、ボーリング調査の費用は決して安くないので、請求件数に合わせてボーリングをすることは事業者にとって多大な負担となろう。仮に、損失が認められるとした場合、その地点での具体的な補償額を提示する責任は、請求者にあるか事業者にあるか議論が分かれるところであるが、有補償の浅深度地下使用の場合は事前補償であるが、起業者の責任としていることからみて（収用法40条1項2号ホ参照）、大深度地下使用の場合は、無補償の利益は事業者にあるのであるから、事後補償の利益が保障されている事業者に責任があると解すべきである。そうすると、事業者は、大深度地下使用の認可申請をする際に事後補償の補償額を見積もっておくことが事務の速やかな進捗のためには当然のこととなる。ところが、現在は大深度地下に係わる損失補償の算定基準は全く明らかにされていない。
(注6-6)　『概論』165頁。なお、『考える』156頁以下は、「大深度地下利用なら、それは名目的な補償に近いと考えて地価の1％か2％程度とすることで充分と思う。もっとも数表

の作り方によっては、大深度地下の直上は 0.1 であるが、その下の大深度地下では 0.01 の打ち切り率でどうだろうかという構成もあり得るであろう。そして、具体的な補償額は地価×面積×補償率で得られた額ということになる。平成 9 年の公示地価で一番高い東京銀座で、1 平方メートル当り 1,280 万円であるから、ここで大深度地下を区分地上権設定契約又は大深度地下利用裁決に基づき有償で利用しようとするとその補償金は、1,280 万円の 1％で 1 平方メートル当り約 13 万円、2％で約 26 万円ということになるであろう。これが銀座通りのような道路の大深度地下で占用許可に基づく場合であったり、あるいは土地所有者の好意で使用借権を設定する契約が締結された場合ならば、無償ということになる。公共事業を進めようという時にこの程度の補償額がもったいないと言うか否かは各個人の価値観の問題であるが、いずれにしろ要補償とする立場をとればこの程度の補償額で私的所有権との調整を図ることができるわけである。」と述べている。

(注 6-7)　大深度法が、大深度地下の定義を「通常の建築物の基礎杭を支持することができる地盤」面からさらに 10 メートルの離隔距離を置いたところより以深であるとしたことから、立体残地には既存の公法規制の範囲内の最有効建物が阻害されることなく建築できるのであるから、大深度地下使用権が設定された土地に建物の建築を規制するための荷重制限が課されることはありえないことになる。したがって、大深度地下使用権の設定があっても想定補償での荷重制限に伴う損失の補償は原則として考慮する必然性はほとんどないだろうということになる。

　しかし、全く補償する必要がないと断言できるか否かは、その土地でボーリング調査をしてみないと何ともいえない。その点で、かつて拙著では次のように述べた（『考える』158〜159 頁）。すなわち、「都市の地下利用に使われるシールド工法の場合、前述のとおり、トンネル構造体（セグメント）は全土被り土圧に耐えられるように設計する方法と、ゆるみ土圧をもとにした設計方法とがある。大深度地下鉄道などのトンネルは、東京の場合、超高層ビルの基礎の支持地盤となっている東京礫層のさらに下の江戸川層に建設しようというのであるから、一般的には建物の基礎の先端と大深度地下トンネルとの間隔（離隔距離）は充分すぎるほどあるということになろう。そして基礎杭の先端に集中した建物荷重もこの充分な間隔により地山の中にほとんど分散してしまうので、在来型地下鉄などで採用されている全土被り土圧方式ではなく、それは土のアーチング効果を期待できて工事費の節減も図れるゆるみ土圧方式での設計によるシールド工法での建設ということになるであろうか。あるいは NATM 工法での建設ということになるかも知れない。ゆるみ土圧方式のシールド工法あるいは NATM 工法でトンネルを建設した後は、その設計条件に使用した土のアーチング効果を許容限度以上に変化させるような土地利用がなされることは当然許されないはずであるから、そこには従来の全土被り土圧方式のシールド工法での荷重制限以上の荷重制限が設けられることになるはずである。許容限度の違いがどの程度かとか、制限の数値が具体的にはどうなるかということには、前述のとおり、高額な費用をかけてコンピュータによるシミュレーション計算をしてみないことには分からない。ただ、（地質条件によっては工法の違いが地表面に荷重制限の数値の変化として現れることもあり得よう。そのような場合〔筆者追記〕）その土地について間接侵害禁止に基づく立体利

用阻害は大深度地下の利用に見合うように、土地所有者にとって通常の建物を建てて土地を利用するという側面から見る限りごくわずかな阻害であるかもしれない。しかし、そうだとしても「単に損害軽微の故をもって、無補償の権利侵害が認められるものでないこと（今村成和著『国家補償法』、有斐閣、56頁）という現行収用法の原則を無視すべきではないであろう。」というのである。

（注6-8）　（注3-9）（下）139頁参照。

（注6-9）　（注1-2）143頁。

（注6-10）　大深度法を適用できる場合は、大深度地下の使用認可処分が道路法の占用許可と同視されることになることについては、先に述べた。大深度法26条参照。

（注6-11）　（注5-17）58頁以下参照。

## 【資料1】臨時大深度地下利用調査会答申　　（平成10年5月27日）

はじめに

　臨時大深度地下利用調査会は、平成7年11月に「今後の大深度地下の利用に関する基本理念及び施策の基本並びに大深度地下の公共的利用の円滑化を図るための施策は如何にあるべきか」について内閣総理大臣から諮問を受け、これについて調査審議を行ってきた。

　国民が豊かさとゆとりを実感できる社会を実現するためには、良質な社会資本を整備していくことが不可欠である。その際、長期的な投資余力の減少等を背景として、社会資本整備に当たっては、その事業の必要性を十分吟味することは当然として、効率的・効果的に事業を実施していくことが従来にも増して強く求められている。

　我が国の大都市地域において社会資本を整備する場合には、土地利用の高度化・複雑化が進んでいること等から、地上で実施することは困難を増す傾向にあり、地下を利用する場合が極めて多い。その場合でも、道路等の公共用地の地下については、用地の確保が比較的容易なこと等から、地下鉄、上下水道、電気、通信、ガス等の社会資本が既に多く設置され、比較的浅い地下の利用は輻輳してきている。また、民有地の地下を見ると、建築物の地下室の建設や基礎杭の設置のための利用は一定の深度、地層までにとどまっている状況にある。
　このため、今後大都市地域において社会資本を整備するに当たっては、地上及び浅深度地下の利用に加えて、大深度地下、すなわち、土地所有者等による通常の利用が行われない地下空間を利用することが考えられるようになってきた。

技術面を見ると、長大な海底トンネルの完成にもみられるように、我が国の深い地下空間の掘削等の技術の進歩は目覚ましいものがある。
　また、諸外国の例を見ると、土地利用が高度化した大都市を抱える先進諸国においては、景観保護、寒冷な気候への対策等の要素が加わるものの、地下空間を社会資本整備のために積極的に活用する例が数多くみられ、地下利用を円滑に進めるため、制度や運用における工夫をしている例もみられる。

　他方において、社会資本整備のための用地を取得するには、地権者との交渉・合意を経て権利を取得することが基本であるが、その際、特に大都市地域においては、土地利用の高度化・複雑化等から、地権者との権利調整に要する期間が総じて長期化する傾向にあり、権利調整の難航等のため効率的な事業実施が困難となっている。
　大深度地下は、地権者である土地所有者等による通常の利用が行われない地下空間である。
　そこで、このような空間の特性を踏まえて、公益性を有する事業の円滑化に資する制度が構築できれば、権利調整が円滑になり、理想に近い立地・ルートの選択や計画的な事業の実施が可能になるほか、用地費の割合が低くなる、騒音・振動等の軽減により居住環境への影響を低く抑えることができる、耐震性の確保を図りやすい等の利点も期待でき、良質な社会資本を効率的に整備することができる。トンネルを建設する費用についても、浅深度地下に建設する場合と比べて、大幅に増えるものではなく、有利性を十分発揮できる場合がある。
　他方で、言うまでもないことながら、安全の確保は大深度地下を人間の活動空間として利用するために非常に重要な課題である。また、地下水、地盤等の環境への影響を抑制し、環境影響が著しいものとなることを回避することが求められる。これらの課題に対してどのような対策をとるべきなのか、事前に十分検討する必要がある。
　さらに、大深度地下は、残された貴重な空間であって、いったん設置した施設の撤去が困難である等の特性も持っている。したがって、大深度地下の乱開発等は望ましくなく、適正かつ計画的な利用が確保されるよう適切な配慮が必要である。

　調査会では、このような視点に立って、大深度地下利用に関する諸問題、すなわち、大深度地下に土地所有権が及ぶのか、補償を要するのか否かという憲法及び民法に関わる基本的な問題をはじめ、安全の確保及び環境の保全上、適切に対応することが可能か否か、対策はどうあるべきかという問題、大深度地下の範囲や対象とすべき事業の範囲をどのようにするかという問題等、事前に解決すべき様々な重要な課題に

ついて、調査審議を行ってきた。これらの事項について専門的に審議するため、調査会は、技術・安全・環境部会及び法制部会を設置し、本答申を取りまとめるまでには、両部会での審議を含め、合わせて43回の審議と国内外の現地調査を実施した。また、平成9年6月に特に国民の関心が高いと考えられる基本的な事項について中間取りまとめを行い、広く提示してこれに対する国民の意見や有識者からの意見等を踏まえ、それらを参考にしつつ調査審議を行ってきた。

　本答申は、大深度地下利用に関する諸問題について、これまでの調査審議の結果を取りまとめたものである。
　答申では、①まず、第1章において、土地所有者等による通常の利用が行われない地下であれば、特別の制度を導入することが考えられることから、その範囲すなわち大深度地下の定義は具体的にどのようなものになるかについて述べ、②次に、第2章において、そのような大深度地下に関して、使用することが技術的に可能か否か、安全の確保、環境の保全上、適切に対応することが可能か否か、対策はどうあるべきかを実態的側面から整理した上で、③最後に、第3章においては、大深度地下にはいかなる法制面の課題があるのか、その課題を踏まえていかなる制度を構築すべきかについて整理した。

　本答申の基本的な考え方は、次の三点である。
①　大深度地下の利用例はこれまで必ずしも多いとは言えないこと等から、特に安全の確保や環境の保全に関しては、できるだけ早い段階から十分に配慮する必要があること。
②　大深度地下は、土地所有者等による通常の利用が行われない空間であるので、必要性や公益性等が真に認められる事業については、良質な社会資本の効率的な整備に資するよう、国民の権利保護を図りつつ権利調整の円滑化に資する制度を導入すること。
③　土地が公共性を有することについては異論のないところであるが、特に大深度地下は、大都市地域において残された貴重な空間であり、また、いったん施設を設置するとそれを撤去することが困難であること等から、適正な利用や計画的な利用が強く求められるものであること。

# 第1章　大深度地下の定義

「土地所有者等による通常の利用が行われない地下」、すなわち大深度地下であれば、特別の制度を導入することが考えられることから、その範囲を、以下のように、具体的に検討した。

## 1　「土地所有者等による通常の地下利用」の考え方

土地所有者等による地下利用を、建築物の地下室と基礎、井戸と温泉井、その他の施設に分けて検討した。

### (1)　建築物の地下室、基礎

大都市地域において、建築物は代表的な土地利用であり、建築物の地下室、基礎は通常の地下利用である。

### (2)　井戸、温泉井

井戸は地下水を水資源として利用するための方法として広く利用されてきたが、現在、各種の法令、条例等により地下水の汲み上げ量や新規の井戸の掘削には厳しい規制がなされている。また、上水道の普及により井戸を掘削する必要がほとんどないことから、大都市地域において、今後、井戸の掘削が通常の地下利用として一般化するとは考えにくい。

温泉井については、大都市地域でも温泉井の掘削が行われている例があるため、今後増加するものと考えられるが、その費用、採算性、絶対数が少ないこと等を勘案すれば、通常の地下利用として一般化するとは考えにくい。

### (3)　その他の施設

大都市地域の周辺部では、地下空間の持つ恒温性や防音性等を利用する形で研究施設が設置される例や鉱山跡等を利用して観光施設を建設する例等がある。これらは一般的には建築物の地下室と同程度の深さの範囲に存するものであり、また、これを超えるような施設は大都市地域ではほとんど見られないことから、これらの施設による深い地下利用は通常の地下利用とはいえない。

したがって、通常の地下利用としては、建築物の地下室と基礎を考えることとす

る。

　以上より、大深度地下とは、建築物の地下室や基礎として通常利用されない地下、すなわち、①地下室の建設のための利用が通常行われない深さ、または、②建築物の基礎の設置のための利用が通常行われない深さのうち、いずれか深い方から下の空間と考えることができる。

## 2　「地下室の建設のための利用が通常行われない深さ」の考え方

　この深さとしては、(1)地下室の深さに(2)地下室の建設に必要な離隔距離（地下室の建設に必要な仮設構造物の根入れ深さ等）を加えたものを考える必要がある。

### (1)　地下室の深さ

　土地利用が最も高度な東京の現状を例にとると、建築物の地下階の99.9％までは、地下4階までにおさまっている。また、大規模な地下階を有する高層建築物の事例を見ると、地下階の階高は一般には3～4mであり、余裕を見て5mとすれば、地下4階の深さは最大限20mである。さらに、高層ビルを支える基礎スラブ（厚い板状の基礎）の厚さは実例によると最大5m程度であり、ほとんどの建築物の地下室の深さは、25mの規模におさまる。また、地下室は、地上階を建設するより費用がかかること、深い地下室を建設する場合には高い地下水圧が作用するため費用が更に大きくなること、人間の居住空間としては好まれないため用途が限られること、地下室は原則として建築物の容積率に含められることから、今後、更に深い地下室が多数設置される可能性は極めて低い。

### (2)　地下室の建設に必要な離隔距離

　大深度地下施設の建設は、地下室の建設に伴い設置する土留め壁等の仮設構造物に支障が生じない位置に行う必要があり、ここでは、地下室の基礎下面からその建設に支障が生じないように隔てる必要のある鉛直方向の距離を、離隔距離と呼ぶこととする。

　地盤条件、地下水位、工法等により離隔距離は異なるが、地下室の深さを25mと仮定した場合、離隔距離を15m程度とれば、地下室の建設に支障が生じない。

　以上より、地表面から40m程度より深い空間では、地下室の建設のための利用が通常行われない。なお、仮設構造物、工法等の工夫により、この範囲内でも25mより深い地下室の建設も可能である。

3 「建築物の基礎の設置のための利用が通常行われない深さ」の考え方

これについては、建築物の荷重を支持する地層(支持層)の上面までの深さに、離隔距離(①杭の支持層への根入れ深さと②杭に支持力を生じさせるための支持層の厚さの合計)を加えたものを考える必要がある。

(1) 建築物の建設により増加する荷重

十分な大きさの高層建築物の代表的なものとして、東京都新宿の高層建築物群(高いもので50〜55階程度)が挙げられる。このような高層建築物は一般には地下室を設置しており、建築物の建設により増加する荷重(以下「増加荷重」という。)は、建築物の荷重から地下室設置により排出される土砂荷重を差し引いて考えることとなる。新宿の高層建築物群においても、この増加荷重はすべて30トン／$m^2$($=30tf/m^2=294kPa$)以内におさまっている。

地下室を設置しない構造を仮定しても、増加荷重を30トン／$m^2$とした場合、鉄骨構造では35〜45階程度、鉄筋コンクリート、鉄骨鉄筋コンクリート構造でも少なくとも20階程度の建築物が建設可能である。20階の建築物においても、商業地域の建ぺい率(建築面積の敷地面積に対する割合)を80％とすれば、容積率(延べ床面積の敷地面積に対する割合)は1,600％となり、現存する最大の容積率を十分満たすものである。

したがって、増加荷重30トン／$m^2$程度の建築物の基礎が設置できる支持層より深い空間では、建築物の設置のための基礎としての利用が通常行われない。

(2) 支持層に当たる地層

大深度地下の範囲を求めるためには、高層建築物等の基礎として利用が可能な強度を持つ堅く締まった支持層と呼ばれる地層を特定する必要がある。例えば、東京の新宿付近や大阪駅付近において地下20〜30m程度の深さに堅く締まった地層が存在するが、我が国の大都市地域においては、概ね地下数mから数十m程度の深さまでに支持層は存在している。なお、これらの支持層の存在する深さは場所によって異なっているので、大深度地下の範囲を決めるに当たっては、事前に十分な調査を行うことが必要である。

(3) 建築物の基礎が支持力を確保できる離隔距離

高層ビル等の建築物の基礎として杭基礎を用いる場合には、①杭基礎を定着させる

ために支持層へのある程度の根入れが必要とされており、さらに、②支持力を生じさせるためにこの根入れの深さ（杭の下端）より下方に支持層の厚さが必要である。このように杭基礎の設置に支障が生じないようにするには、支持層上面から鉛直方向に一定の距離を隔てる必要がある。この①と②を合わせた距離を、ここでは離隔距離と呼ぶこととするが、その距離として10m程度をとれば、杭基礎の設置に支障が生じない。

4　大深度地下の定義

　以上をまとめると、大深度地下の定義としては、「土地所有者等による通常の利用が行われない地下、すなわち、①地下室の建設のための利用が通常行われない深さ、または、②建築物の基礎の設置のための利用が通常行われない深さのうち、いずれか深い方から下の空間」とし、具体的には、①については地表面から40m程度であり、②については、建築物の建設により増加する荷重が30トン／m$^2$程度の建築物の基礎として利用可能な強度を持つ支持層上面から10m程度下であり、いずれか深い方から下の空間が大深度地下となる。

　上記の大深度地下の定義は、土地所有者等による通常の利用が行われない地下空間の上面を示したものであり、大深度地下施設の規模、構造、地盤特性によっては、より深い位置に設置する等適切な設置位置を検討する必要がある。また、大深度地下施設の建設に際しては、上記の増加荷重の条件に対応した適切な構造をとることが求められる。

　なお、以上では大都市地域の土地利用をもとに大深度地下の定義について検討してきたが、この検討結果は、大都市地域と土地利用等の状況が同様である地域についても、基本的には妥当するものである。
　また、この検討結果は、相当の期間を見通したものであるが、社会経済の変化等により実態と合わなくなった場合においては見直すべきものである。

## 第2章　技術・安全・環境面の課題

　技術、安全、環境面では、大深度地下を利用する場合において特に留意すべき課題を中心に、国民の関心が高い事項について取りまとめた。
　上記の三分野に共通する事項として、大深度地下は、残された貴重な空間であるとともに、いったん設置した施設の撤去が困難である等の特性を有することから、構

造・施工面での技術的な対応、安全の確保、環境の保全等の課題について、構想等のできるだけ早い段階から考慮することが重要である。

　大深度地下については、利用例もこれまで必ずしも多くなく、また、設置した施設の撤去が困難であるので、大深度地下の利用に当たっては慎重な対応が求められる。

　また、社会資本整備一般に共通する事項であるが、費用対効果分析の活用等により、効果的な整備を行うことが重要である。

## I　技術分野

　大都市地域の地盤の構造や地下水の状況のもとで、大深度地下の利用が可能であるかどうかについて考えた。

### 1　大都市地域の地盤の構造と調査技術

(1)　大都市地域の地盤の構造と地下水の状況

　我が国の大都市地域の多くは、河川による堆積作用等により形成された平野部を中心に存在している。このため、諸外国の都市のように岩盤を利用できる場所はまれであり、高層建築物等の基礎は粘土や砂、れき等で構成される地盤（以下「地盤」という。）に設置されることがほとんどである。

　地盤を構成している地層のうち、支持層は場所によって異なり地下数mから数十m程度に存在している。また、大深度地下は浅深度地下より高い水圧が作用している。

(2)　地盤の調査技術の現状

　大深度地下の利用に当たっては、地上・浅深度地下への影響を考慮して適切な設計、施工を行うことが求められるため、地盤の安定性、地下水状態等の周辺地盤への影響を把握するための十分な地盤の調査が必要である。現在のところ、支持層より深い地層に対する調査の事例はまだ少ないものの、近年、大都市においては増えてきている。また、山岳部では更に深い部分での調査実績も数多くある。さらに、技術開発が進められ調査精度が向上していることから、現状の調査技術は大深度地下の調査にも十分対応が可能である。

### 2　地盤の工学特性と設計・施工技術の水準

(1)　地盤の工学特性

　大深度地下は、支持層上面より下に位置することから、これまで利用が進められて

きた浅深度地下に比べ、より堅く変形しにくい工学特性を持つ地層で構成されている。この点で、大深度地下を利用しても地表付近に比較的影響が及びにくいと言えるが、一方で施工や維持管理の条件としては地下水圧が高い等の厳しい点もある。したがって、大深度地下施設の建設に当たっては、有意な地盤変位や地下水位の低下等を生じないよう、適切な工法選定と施工管理による過剰掘削の防止や施工時の排水の抑制、供用時の施設内への漏水防止等の慎重な対応を行うことが必要である。

(2) 設計・施工技術の水準

現在、地下施設の代表的な施工法としては開削工法、シールド工法、山岳トンネル工法があり、これらにより、大都市地域における地下施設の建設は実施されている。現時点において地下数十m程度まではすでに施設の建設実績があり、更に大きな地下空間、より深い地下の施設の建設技術の実用化が進められている。したがって、適切な工法を選択し、慎重に施工することにより、現段階の技術水準により、地下100m程度までは、地下水圧等の地盤条件に対応した施設の建設が可能である。

また、既存の高層ビル等による大荷重が作用している大深度地下を利用する場合においても、施設の強度を高める、設置位置をずらして荷重の影響を回避する等により、悪影響を与えず施設の建設が可能である。

次に、地下施設の耐震性の確保については、大深度地下は、浅深度地下と比較してより堅く変形しにくい地層で構成されており、地震動の影響を受けにくい特徴を有している。このため、耐震性の確保は地上・浅深度地下と比較して容易であるが、大深度地下においても地盤の振動特性を把握し、地震時の施設への影響を把握した上で設計、施工を行うことが必要である。特に、異なる振動特性を有する地層にまたがって設置される地上等との接続部分については、地震動による変形等の影響を受けやすく慎重な対応が必要であるが、可撓性継手等の変形に追従する構造の採用等構造面での対策により対応が可能である。

(3) 建設コスト

地上から地下に向かって掘削する場合、大深度地下化により深度が増大する分、土砂掘削量の増大すること、地中壁の深さと厚みが増すこと等により建設コストは増加する。これに対し、横方向にトンネルを掘削する場合には、浅深度地下を掘る場合と比べて、コストはほとんど増加せず、大深度地下はより堅く締まった地層であり安定していることから、むしろコストが下がる場合も考えられる。

これらのコストを総合的に勘案して、地上から立坑を掘り、延長5kmのシールド

トンネルを建設する場合について試算すると、大深度地下化するコストは、浅深度地下に建設するものと比較して、トンネル径、深さ、地盤条件により異なるが、微増から5割増程度となり、これに、最短ルートの選定等の短縮効果を考えると微減から4割増程度となる。これに加え、用地費等の軽減、期間の短縮化等により、現在の浅深度地下利用と比較しても経済性を見込める場合がある。

(4) その他

施工時の安全性を確保するに当たっては、地下水圧の増大、特定の地層における地盤の酸化に伴う地下水の水素イオン濃度変化等の大深度地下特有の課題に留意して、事前の地盤調査をより慎重に行い、施工時の安全性が懸念される場合には、設計、施工の段階で十分な対策を実施することが求められる。現在実用化が進められている自動化施工の技術は、施工時の安全性の確保にも大きく寄与するものである。また、酸化により強酸性を示す土砂等の排出に当たっても適切な処理を行う必要がある。

## Ⅱ 安全分野

安全分野では、不特定多数の人が利用することとなる施設（以下「一般有人施設」という。）において災害発生時等を想定した安全の確保と、平常時での対応に関する快適で安心できる内部環境の維持について考えた。

安全の確保については、大深度地下施設と類似の施設で行われている最新の安全対策を参考に、防災・安全対策の方向性の検討を行った。

快適で安心できる内部環境の維持については、各種の施設内での対策を参考に、課題、対応等の検討を行った。

なお、安全の確保及び快適で安心できる内部環境の維持に関する具体的な対策、手法については、施設毎に用途、深度、規模等を踏まえ、効率的、効果的なものとなるよう十分な検討がなされるべきである。

1 安全の確保

大深度地下における安全の確保は、大深度地下施設を人間の活動空間の一つとして利用するためには非常に重要な課題である。安全上の課題となる主な災害としては、火災や爆発、地震、浸水、停電が挙げられるが、ここでは、これらの災害に対してどのような対策を講じていくべきか、その基本的考え方を取りまとめた。

(1) 火災・爆発

　過去の地下施設における災害の約半数は火災（爆発を含む。以下同じ。）によるものであり、また、過去の地下施設での大きな被害も火災によるものが多く、安全の確保を検討する上で火災対策は特に重要な分野と言える。

　火災は、出火、延焼等の段階を経て重大な災害に進展していくことが懸念されるため、施設の不燃化や可燃物を減らすこと等により火災の発生を極力抑える対策とともに、なるべく火災の初期の段階において適切な対策を実施し、既存の施設と同様に特に人的被害の防止を目指すことが重要である。

　まず、トンネル等の線的施設については、現時点で既に利用されている長大な山岳トンネル、海底トンネル等が、その規模、深度からみて想定される大深度地下施設との十分な類似性をもつことから、これらの安全対策とほぼ同様の考え方に基づいて対応することが可能である。

　一方、ある程度の広がりを持つ施設を含む点的施設については、現時点で類似の地下施設を見いだすことが難しいものの、地表への移動方向が上方であること、施設外部からの目視が困難であること等の相違点を除けば、地表への鉛直距離、空間の閉鎖性といった特徴を持つ類似の大規模施設と言える高層建築の安全対策の考え方が参考になるものと考えた。ここでは、前述の相違点から、①重力に逆らう地上方向への避難の困難性、②煙が流れる方向と消防隊の進入方向が逆行することや施設外部からの情報収集が困難であること等による消防活動の困難性が、大深度地下の点的施設における安全の確保に関して特に重要な課題と考えられる。①については、地表への避難時間の長時間化が懸念されるところではあるが、十分な避難時間が確保できるよう工夫をすることにより、対応は可能である。具体的には、安全度の高い防火防煙区画を適切に採用し、火災時には水平移動等によりそこへ避難できるようにすること等の対策が有効である。また、②については、防火防煙対策がなされた消防用進入路の適切な配置、状況の確認のための各種センサーや非常用の通信設備の設置等の対策が有効である。

　なお、点的施設と線的施設又は点的施設同士の複合施設については、単一施設と比較して火災被害を抑制するための火煙の制御、消防活動、避難誘導等の困難性が増すこともあるため、その設置に当たっては、より慎重な対応が必要である。

(2) 地震

　大深度地下においては、地上・浅深度地下よりも地震動による影響は受けにくい特徴を有している。このため、地震による被害については、地上等との接続部分におい

て懸念されるが、既存の設計技術を用いることにより、対応が可能である。

　なお、空気、水、エネルギーの供給ライン等への被害による施設機能の低下については、各種設備の耐震化、非常用設備の設置等の対策により信頼性の向上を図ることが重要である。

(3)　浸水

　地下施設においては重力に逆らった地上への排水が必要となるため、浸水被害への対策を十分に行う必要がある。高潮、集中豪雨、洪水等による地上からの水の流入に加え、大深度地下は地下水圧が高いため、施設の破損等が生じた場合には施設内へ漏水する可能性が高いことを考慮し、止水施設の設置、十分な容量の排水設備の設置等の地上からの水の流入に対する浸水の防止、施設内への漏水に対する止水性（水密性）の向上が必要である。

(4)　停電

　地下施設は移動手段、照明、空調設備等に電力が供給されることによって成り立つ人工空間であるため、特に一般有人施設において、停電は種々の設備の停止やこれに伴うパニックの発生等の重大な事態につながるおそれがある。このため、複数系統の受配電システムの形成、十分な容量と稼働時間を持つ非常用電源の設置、また、これらの設備の耐震化、浸水対策等により信頼性の向上を図る必要がある。

## 2　快適で安心できる内部環境の維持

　大深度地下施設の内部環境を快適に維持することは、大深度地下施設が有効に利用されるために重要な課題である。ここでは、特に快適な内部環境を維持することが強く求められる一般有人施設を中心に、平常時の内部環境の課題とその対策の考え方を取りまとめた。これらのうち、特に、日常の救急・救助活動に関する対策、犯罪防止、漠然とした不安感の払拭は、平常時の快適性という観点からだけでなく、災害時における利用者の安全の確保を図るという観点からも有効である。

(1)　日常の救急・救助活動に関する対策

　地下施設は出入口が限定されており、特に大深度地下施設においては上下方向の移動距離が長いこと等により、日常の救急・救助活動についても様々な対策を講じる必要がある。円滑な救急・救助活動を確保するため、平常時から搬送手段が確保できるような施設面の対策、救急センターの位置表示等の情報提供、関係者の協力体制の構

築といった管理面の対策を講じることが重要である。

(2) 犯罪防止

　我が国においては、治安の良さ等から犯罪防止の必要性が強く認識されていないが、より安全な大深度地下施設の建設のため、施設内部の空間設計、監視システム等による犯罪防止が重要である。

　このため、犯罪発生を事前に防止できるよう明るく見通しの良い空間設計に努めるとともに、防犯カメラの設置、警備員の巡回等の監視体制の充実が効果的である。また、施設の重要度に応じて、大深度地下施設へのアクセスポイント（出入口）における出入監視・管理の実施等が有効である。

(3) 漠然とした不安感の払拭

　地下施設に対する漠然とした不安感の原因として指摘される事項は、①閉塞感、圧迫感、②迷路性、③外部眺望や自然光の不足等が挙げられているが、いずれにしても、窓の不在等の地下施設で不可避的な要素に起因する課題である。漠然とした不安感は、快適さに関する心理的な悪影響のみならず、災害時のパニックの遠因となることも懸念される。この対策としては、安全性に対する平常時の利用者への周知と併せて、地下空間についてのデザインを工夫することが効果的である。

　具体的には、地上と連絡する出入口に空間的広がりを感じさせるような工夫をする等地下への心理的抵抗感を軽減すること、画一的なデザイン・配色を避け、照明・外壁等により自分の位置を容易に認識できるようなデザインの採用に努めること、通気施設等を有効に利用したデザインを採用して、外部眺望、自然光の不足等を補うことが望まれる。

(4) 快適性の維持

　大深度地下施設は、外気や太陽光を自然に取り入れることが難しいという特性があると同時に、閉鎖性が高く内部環境の要素を人為的にコントロールしやすいと言うことができる。このため、熱、空気、光等の内部環境の要素を適切に管理し、快適で安心できる内部環境の維持に努めることが必要である。

　なお、施設内へ漏れてくる地下水から酸欠空気が発生する場合等の特殊なケースも想定されるため、地盤や地下水の調査結果からその発生が懸念される場合には、施設への漏水の制御や換気施設の設計等において十分な対策を行うことが必要である。

　また、これらの物理・化学的な対策に加えて、より快適な内部環境を創出するため

には、前述のデザインへの配慮、施設利用者のための外部との通信中継施設の設置等も効果的である。

(5) 弱者への配慮

大深度地下に一般有人施設を設置する場合については、弱者にも快適に利用できる施設であることが望まれる。このため、具体的な施設の設置に当たっては、特に、出入口、階段等の移動のために使われる空間について、弱者も容易に移動できるような構造、設備上の対策を講じること、弱者が認識可能な音声による誘導、表示上の工夫や高齢者等が見やすい配色等の情報伝達上の対策を行うこととともに、人的協力等のソフト面での対策を行うことも含めて、総合的に対策を検討・実施すべきである。

## Ⅲ 環境分野

地上、地下を問わず施設建設等の人為的な活動を行う場合には必然的に環境に影響を及ぼすことになるため、その影響を抑制し、環境影響が著しいものとなることを回避することが求められている。

大深度地下を利用する事業においては、騒音、振動、景観、動植物等に関して、地上・浅深度地下と比較して環境影響が小さくなる利点があるが、一方で特に配慮すべき事項として、地下水位・水圧の低下、地盤沈下等がある。

大深度地下を利用する事業を円滑に進めるためには、我が国の環境影響評価制度を事業者が積極的に活用することにより、環境への影響が著しいものとならないことを示しつつ、地域の理解を得て、大深度地下利用を進めることが期待される。

そこで、大深度地下の利用にあたり、環境への影響が考えられるものを整理し、これまで実施されてきた対策等を参考に、環境対策の基本的な考え方を取りまとめた。なお、施設利用者にとっての環境については、快適で安心できる内部環境の維持の項目において整理した。

## 1 環境対策の確保

大深度地下利用に当たっては、環境への影響が著しいものとなることを回避することが必要である。このため、大深度地下を使用する権利の設定に当たっては、適正な土地利用として、環境への影響も含め判断される必要がある。

また、事業の実施に当たって、事業に対する地域の理解が得られることは重要なことであり、このため、環境をはじめ事業に関する情報について事前に十分に地域に対して説明を行い、地域の理解を得ることが望まれる。新しい環境影響評価制度は、早

い段階から環境情報の形成に住民等が参加できる仕組みとなっており、積極的な活用が期待される。

## 2 大深度地下利用に伴う環境対策の基本的な考え方

大深度地下の特徴としては、高い地下水圧が作用すること、地下水の移動がほとんどないこと等がある。しかしながら、現状では、大深度地下については調査・分析の事例が少なく、環境影響を予測するために十分な知見が得られているとはいえない。したがって、このような大深度地下に施設を建設した際の影響については、個々の施設毎に詳細な調査、分析を行い、計画、設計、施工、供用・維持の各段階で対策を検討しつつ実施することが必要である。特に大深度地下においては、供用中においても、継続的にモニタリングを実施する等により、基礎的なデータを蓄積し、環境への影響の発生を早期に発見するための努力を積み重ねていくことが求められる。

また、各地域で土地利用状況、地盤状況等が異なるので、大深度地下利用における環境対策は、それぞれの地域での正確な現状調査に基づき、実態を踏まえた対策とすることが必要である。

以上の考え方を環境対策の基本とし、環境への影響が予測できる項目として、地下水、地盤変位等について対策の考え方を取りまとめた。

(1) 地下水
① 地下水位・水圧低下による取水障害

地下水位・水圧の低下は、地下水取水障害等の影響として現われる。したがって、大深度地下利用に当たっては、できるだけ地下水位・水圧の低下を抑える必要がある。

地下水位・水圧低下の原因としては、まず大深度地下施設への漏水が考えられる。大深度地下は地下水圧が高いことから、施設内の漏水に対してより一層の止水性（水密性）の向上を図る等の対応が必要である。

次に、施工時の地下水位・水圧低下が考えられる。現在、都市部のトンネル掘削においては、非排水工法を採用するケースが増えており、地下水の量、水位、水圧に極力影響を与えず、有意な地下水位の変化を生じないことが可能となっている。また、立坑掘削時等において、許容される範囲で一時的に水位を低下させる場合にも、地下水状態の調査及び変動予測を実施し、慎重に施工を行う必要がある。

② 地下水位・水圧低下による地盤沈下

地下水位、水圧の低下により地盤沈下が生じる場合がある。したがって、地下水

位・水圧の有意な低下を抑えるため前述の対応をとる必要がある。
③　地下水の流動阻害

　地下水の流動阻害は、地表に近い地下施設で問題を生じやすい現象であり、大深度地下では生じにくいと考えられるが、地下水の流動に影響を与え、環境問題となる恐れのある場合には、シミュレーションを行う等事前によく検討し、対策を行う必要がある。

④　地下水の水質

　地下水はいったん汚染されると、自然回復が困難という特性を有しており、大深度地下利用に当たっても地下水の汚染を避けなければならない。

　地下施設の建設に当たり、まず、地下水への影響の少ない工法の採用を検討し、やむを得ず地盤改良工法等を採用する場合においても、地下水汚染のおそれのない地盤改良剤を使用すること等が必要である。

(2)　地下施設設置による地盤変位

　大深度地下は堅く締まった比較的良好な地盤であることから、一般的には良好な施工管理を行えば地上への影響が小さいものと考えられるが、施工時に過剰な土砂を掘削すると、地盤の緩み等が生じ地上へ影響が及ぶ可能性もあるので、地盤を変形・変位させないよう慎重な施工をすることが必要である。

　また、大深度地下施設については、長期の供用を想定し、施設の長寿命化を図り、施設の強度低下や損傷による地盤変位の発生を防止することも重要である。

(3)　化学反応

　大深度地下には還元性を示す地層が見られることがあるが、これらの地層は酸素に触れることにより酸化反応を起こし、地下水の強酸性化、有害なガスの発生、地盤の発熱や強度低下を生じる恐れがある。このような現象はある特定の地層で見られるものであり、このような地層に対しては事前に調査を行い、慎重に対策を行う必要がある。

(4)　掘削土の処理

　大深度地下施設を建設するに当たり発生する掘削土について、環境への影響が著しいものとならないよう適切に処理することが必要である。

(5) その他

大深度地下化により地上との接続箇所が限定されることに伴い、環境への影響が懸念される事項、例えば、施設の換気等については、その影響が深刻なものとならないように、早い段階から慎重に対策を実施する等の一層の配慮が求められる。

3　環境情報の収集・整備

大深度地下利用の環境に与える影響については十分な知見が蓄積されているとは言えないので、今後、事業の実施に伴い得られる様々な情報を収集・整備し、活用されることが望まれる。

## 第3章　法制面の課題

1　大深度地下利用制度のあり方

(1)　大深度地下の適正かつ計画的な利用

土地は、現在及び将来における国民のための限られた貴重な資源であること、国民の諸活動にとって不可欠の基盤であること、その土地の利用が他の土地の利用と密接な関係を有するものであること、その価値が主として人口及び産業の動向、土地利用の動向、社会資本の整備状況その他の社会経済的条件により変動するものであること等公共の利害に関係する特性を有している。このような土地の特性にかんがみ、土地については公共の福祉が優先されるべきものであり、このことは土地基本法の中で示されている。

大深度地下については、近年大都市地域において土地利用が高度化・複雑化している状況を考えると、残された貴重な空間であり、また、いったん設置した施設の撤去が困難である等の特性を有するので、利用に当たっては公共の福祉に適合するように適正かつ計画的に行われることが求められる。

(2)　土地所有権の及ぶ範囲

憲法第29条第2項では、「財産権の内容は、公共の福祉に適合するやうに、法律でこれを定める。」と規定されている。また、民法第207条では、「土地ノ所有権ハ法令ノ制限内ニ於テ其土地ノ上下ニ及フ」と規定されており、同条についての通説では、土地所有権の及ぶ範囲は利益の存する範囲内に限ると解釈されている。

大深度地下に土地所有権が及ぶか否かについては、現在の我が国の法制度において

も所有権等の権原に基づくものとの前提で、井戸、温泉井等が地下数百mまで掘削されていること等にかんがみれば、大深度地下に土地所有権が及んでいないとは言えないと解することが妥当である。

　しかしながら、温泉地のような特殊な例を除けば、大都市地域では大深度地下の掘削は一般的とは言えず、深くなればなるほどその傾向は強いので、地下の利用の利益は深くなればなるほど薄くなる。したがって、大深度地下は、土地所有権が及ばないとは言えないが、公益性を有する事業による利用を土地所有権に優先させても私有財産権を侵害する程度が低い空間であると解することが適当である。

　なお、憲法第29条第2項の規定によれば、土地所有権の及ぶ範囲については公共の福祉に適合するように法律によって定めることができることから、大深度地下に土地所有権は及ばないと法定するという考え方がある。この考え方は、大深度地下が私的な目的のための利用や取引の対象となることを防止しようとするものである。しかしながら、大深度地下に土地所有権が及ばないと法定するとした場合、現に行使されている権利を奪うことにもなるが、その結果、土地所有権に対する過大な制約をもたらすおそれがあるほか、①このように法律関係を変更するための手続をどのようにするか、②その際の補償の要否についてはどのように考えるか、③大深度地下の管理をどのようにするか、④私的な目的のために大深度地下を利用する場合の権原（井戸等の構造物を設置する空間についての権原）の法律構成をどのようにするか、⑤土地利用計画に関する法律、公物管理に関する法律等土地に関する法制度との関係をどのようにするか等の様々な論点が生じ、これらの論点を解決するためにはさらに広範かつ詳細な検討が必要となる。他方で、大深度地下に土地所有権が及ぶとの前提で大深度地下利用制度を構築しても、公益性を有する事業の円滑化を図ったり、適正かつ計画的な利用を確保するという目的を達成することが可能であるので、大深度地下に土地所有権が及ばないこととする考え方については、土地所有権の内容一般の問題としてあらためて検討することはともかく、大深度地下利用制度の一環として今回直ちに採用するべきものではないと考えられる。

　また、他方で、上記(1)の大深度地下の特性にかんがみ、私的な目的のための利用を原則として許さず、公的な管理がなされるべきという意味で、一種の公物的な空間として捉えるべきであるという考え方もあった。大深度地下を公物として捉えることが可能か否かについては議論のあるところであるが、この考え方の趣旨は、実質的には下記(3)の考え方の中で担保されていると言うことができる。

(3) 大深度地下利用制度の基本的考え方

　大深度地下の特性に応じて、以下①、②の制度を構築することが適当である。
① 公益性を有する事業の円滑化に資する制度

　大深度地下は、上記(2)に述べたように、公益性を有する事業による利用を土地所有権に優先させても私有財産権を侵害する程度が低いという特性があるので、その特性に応じた制度を構築することが可能である。

　公益性を有する事業が大深度地下を土地所有権に優先して使用するための権原としては、浅深度地下の場合と同様に、公益性を有する特定の事業のみのために、その事業に必要な期間に限り、事業に必要な地下空間を使用する物権類似の効力（何人に対しても主張できる効力）を有する権利として、行政庁が法律に基づき設定する使用権（いわゆる公法上の使用権）とすることが適当である。こうした権利の性格から、使用権の譲渡は原則として許されないものである。

　大深度地下を使用する権利には、その目的を達成するため、浅深度地下の場合と同様に、一定の制約（(ア)使用権の存する大深度地下空間の利用制限、(イ)使用権の内容を全うさせるための荷重制限（建築物等の建設により増加する荷重を一定限度に制限すること））を課す効力が与えられる。この場合、制約の目的について合理的な必要性があり、制約の内容が必要性に応じて合理的な範囲内にあれば、補償の要否の問題は別として、このような制約を伴う使用権を行政庁が法律に基づき設定することは可能である。なお、この制限は、使用権の物権類似の効力として認められるものである。
② 適正かつ計画的な利用を確保するための制度

　大深度地下は、上記(1)に述べたように、残された貴重な空間である等の特性があり、適正かつ計画的な利用の確保が求められる。このため、現実に大深度地下利用の動向があるのは社会資本整備事業であるが、これを実施する場合については、構想段階等の早い段階から適切な調整を行うこと等により、施設の特性に応じた適切な配置、効率的な空間利用（共同溝化等）等を図り、適正かつ計画的な利用を確保することが求められる。

　私的な目的のための利用（社会資本整備事業以外による大深度地下利用）についても、無秩序な利用（乱開発等）は望ましくない上に、その利用が社会資本整備事業による利用を制約し、効率的な投資を妨げる可能性を否定できないので、公共の利益を損なうおそれのある不適正な施設の設置を抑制し、計画的な管理を図ることを可能にするような制度が求められる。この点について関連する現在の土地利用に関する制度は、必ずしも立体的な土地利用を前提としていないため、大深度地下の特性に対応した適切な制度を確立するべきである。なお、現在のところ、私的な目的のための利用

の動向はほとんどなく、大深度地下の適正かつ計画的な利用という公共の利益が損なわれる状態にはないと考えられるが、大深度地下の乱開発等が現実に起こる前に、大深度地下利用について一般的に規制する、情報収集のための届出義務を課す等の適切な方策を講じるべきである。規制等の導入は、大深度地下に経済的価値を発生させないという効果も有している。また、いずれにせよ、例えば、いったん事故が起こった場合に回復不能の重大な損害をもたらすおそれのある施設の設置は特に慎重にすること等が必要である。

## 2　制度を適用する地域

大深度地下利用制度を適用する地域としては、土地利用が高度化・複雑化しているため社会資本を整備する上で大深度地下を使用する必要性が高い地域に限るべきであるとの立場から、当面、東京、大阪、名古屋をはじめとする大都市及びその周辺地域とすることが妥当である。この場合、この制度の対象となる事業者及びこの制度により権利の制限が行われる可能性のある土地の所有者等にとって、制度が適用される地域があらかじめ明らかになっていることが望ましい。

これに対し、財産権の内容は全国的に同一であることが望ましいとの立場から、土地利用等の状況を考慮する必要があるものの、制度を適用する地域を限定せず、基本的には全国的に適用することが妥当であるという意見もあった。

## 3　制度を適用する事業

大深度地下を土地所有権に優先して使用するための権利を取得できる事業の種類は、鉄道、道路、河川、電気、ガス、通信、水道等の公益性のある事業であって、かつ、大深度地下を使用する必要性が高い事業とするべきである。具体的な事業の種類の範囲については、あらかじめ法定することを基本としつつ、社会経済情勢の変化にも機動的に対応できる定め方とすることが考えられる。

事業を行う主体としては、国、地方公共団体等のほかに、民間事業者も考えられるが、事業を的確に遂行するに足る能力を有する者であることが求められる。

さらに個々の事業について、事業の公益性及び大深度地下を使用する必要性が真に認められることが必要である。

## 4　適正かつ計画的な利用の確保

大深度地下の適正かつ計画的な利用を確保するための制度の基本的考え方については、上記1(3)に述べたとおりであるが、ここでは、現実に大深度地下利用の動向が

ある社会資本整備事業について述べることとする。

(1) 適正かつ計画的な利用の必要性
　大深度地下は、残された貴重な空間であり、また、いったん設置した施設の撤去が困難である等の特性を有するので、社会資本整備事業を実施する場合には、施設の特性に応じた適切な配置、効率的な空間利用（共同溝化等）を確保し、また、施設利用者の安全性、利便性、快適性や環境影響等について配慮する必要がある。

(2) 長期的な視点
　大深度地下を適正かつ計画的に利用するためには、可能な限り長期的な視点に立つべきである。また、大深度地下を使用する社会資本自体も、できる限り長期的に使用することを想定することが適当である。

(3) 適正かつ計画的な利用を図るための仕組み
　複数の事業が大深度地下で行われる場合には、適正かつ計画的な利用を図るため、構想段階等の早い段階から、また事業が具体化していく過程ではより詳細に、事業の調整を行う仕組みが必要である。
　このため、①長期的かつ広域的な視点を確保するための構想段階からの調整、②複数の具体的な事業の実施位置を明確にするための即地的な計画、③実施位置が近接又は競合する事業間で、事業が具体化した時点で行う個別の調整といった多段階の仕組みとすることが適当であり、それぞれの段階で調整、決定した内容については、その実現を妨げないような効力を持つことが望ましい。

(4) 社会資本整備事業全体の連携・調整
　大深度地下施設の特性、用途によっては、地上及び浅深度地下の施設との適切なアクセスを確保することが、事業が十分に機能するために重要である。また、大深度地下の事業と地上及び浅深度地下の事業との間で相互に支障が生じないようにすることが必要であり、早い段階から相互に連携・調整を図り、円滑な整備を行うことが重要である。
　さらに、大深度地下を使用する事業は、国土の利用、社会資本整備事業全体と深く関わるものであり、これらに関する計画等との連携・調整を図り、社会資本整備事業全体として整合性のある整備が行われることが重要である。
　また、大深度地下の定義で想定している高層建築物を超える規模の建築物を伴う公

的なまちづくり構想がある場合には、それへの配慮を行うことも求められる。

(5) 大深度地下に関する情報の収集・整備
　地盤や施設の埋設状況等に関する情報や事業の実施に伴い得られる様々な情報を収集・整備し、大深度地下を適正かつ計画的に利用するために活用していくことが必要である。このための体制の整備を行うとともに、このような情報を国民に公開することが重要である。

5　補償の要否

(1)　補償に関する一般的考え方
　憲法第29条第3項は、「私有財産は、正当な補償の下に、これを公共のために用ひることができる。」と規定し、私有財産を公権力によって公共のために用いることができること及びその場合には正当な補償を行うことが必要であることを定めている。
　補償額については、判例上は、土地収用法における損失の補償は、特定の公益上の必要のために土地が収用される場合、その収用によってその土地の所有者等が被る特別な犠牲の回復をはかることを目的とするものであるから、完全な補償、すなわち、収用の前後を通じて被収用者の財産価値が等しくなるような補償をするべきであるとされており（最判昭48.10.18、民集27巻9号1210頁）、土地収用法第71条では、収用する土地に対しては、近傍類地（近傍にある類似の土地）の取引価格等を考慮した価格をもって補償することとされている。
　現在の補償実務における地下の長期の使用に係る補償額は、公共用地の取得に伴う損失補償基準要綱（昭和37年6月29日閣議決定）等において、土地の正常な取引価格に相当する額に、その土地の利用が妨げられる程度に応じて適正に定めた割合（立体利用阻害率）を乗じて得た額をもって補償することとされている。この立体利用阻害率による補償額の算定は、都市部においては土地の経済的価値を(ア)建築物による利用価値と(イ)井戸、煙突等による利用価値とに分けた上で、(ア)最有効建築物による利用価値にその利用が阻害される率を乗じて得た額と(イ)井戸等の利用価値にその利用が阻害される率を乗じて得た額との和をもって補償額とすることとされている。

(2)　大深度地下を使用する権利の取得に関する補償
　大深度地下を使用する権利を取得する場合には、これによって制約される財産権の具体的内容を考慮して、憲法第29条に照らし補償すべき損失が生じるか否かが検討される必要がある。

【資料1】臨時大深度地下利用調査会答申

　この補償については、①使用権の取得によりその地下空間の利用制限が行われることに関する補償、②使用権の内容を全うさせるために使用権の存する空間の上部に課される荷重制限に関する補償、及び③使用権が取得される空間に既存物件が存する場合にこれに関する補償の三つに分けて考えることとする。
①　大深度地下空間の利用制限に関する補償
　使用権の取得により、土地所有者等に対して、その地下空間の利用制限が行われ、地下空間について掘削及び建築物、工作物の設置が制限されることとなる。
　使用権の取得の対象となりうる範囲は、大深度地下、すなわち、前述のとおり「地下室の建設のための利用が通常行われない深さ（地表面から40m程度）、または、建築物の基礎の設置のための利用が通常行われない深さ（建築物の建設により増加する荷重が30トン／$m^2$程度の建築物の基礎として利用可能な強度を持つ支持層上面から10m程度下）のうち、いずれか深い方から下の空間」であるから、大深度地下空間の利用制限によって実質的に制限されるのは、地下水採取のための井戸、温泉井の掘削と考えることができる。
　大都市地域においては、各種の法令、条例等により地下水の汲み上げ量や新規の井戸の掘削には厳しい規制がなされていること、上水道の普及により井戸を掘削する必要がほとんどないことから、今後通常の地下利用として一般化することは考えにくく、また、土地の中心的な効用とは言えないことから、土地所有者等に対して地下空間の利用制限が行われたとしても、実質的に損失はないと考えられる。
　建築物の地下室については、大深度地下の定義上、地表面から40m程度の深さを確保し、少なくとも深さ25m程度の地下室が建設できるのであるから、実質的に損失はないと考えられる。また、その他の施設の設置については、大都市地域ではほとんど存在せず、また、一般化することも考えにくいので、これらが設置できないことによる損失は実質的にないと考えられる。
　したがって、大深度地下空間の利用制限に関する補償は不要であると推定される。ただし、例外的ながらも損失が生じる場合には補償がなされるべきである。
　なお、建築物の基礎のための地下利用については、大深度地下の定義にある「建築物の基礎の設置のための利用が通常行われない深さ（増加荷重が30トン／$m^2$程度の建築物の基礎として利用可能な強度を持つ支持層上面から10m程度下）から下の空間」について制約を受けることとなるが、これについての補償は、30トン／$m^2$程度という増加荷重の評価に関する問題になるので、ここでは②荷重制限に関する補償において取り扱うこととする。
②　荷重制限に関する補償

荷重制限とは、使用権の内容を全うさせるためその地下空間の上部において、建築物等の建設により増加する荷重を一定限度に制限することであり、これに関する補償については、代表的な土地利用である建築物の荷重が制限されることについて検討する必要がある。

　ここでは、大深度地下の定義にあるように、増加荷重が30トン／$m^2$に制限されたものとして検討した。

　第1章の「大深度地下の定義」で述べたように、東京都新宿の高層建築物群（高いもので50～55階程度）においても、増加荷重はすべて30トン／$m^2$以内におさまっている。地下室を設置しない構造を仮定しても、鉄骨構造では35～45階程度、鉄筋コンクリート、鉄骨鉄筋コンクリート構造でも少なくとも20階程度の建築物が建設可能である。

　次に、建築物の容積率についてみると、現在の最大の法定容積率は商業地域における1,000％であり、その指定面積は東京で言えば23区の面積の約0.2％である。容積率1,000％以上（現存する最大のもので1,230％）に指定されている特定街区の面積は、東京で言えば23区の面積の約0.03％である。建築物を建設する場合、認められている最大の建ぺい率を使用して建設することが一般的には経済的である。建ぺい率を商業地域の80％とすると、地下階を設けないものとしても、13階程度の建築物を建設することができれば現在の最大の法定容積率1,000％を満たすことができる（20階程度の建築物を建設することができれば、特定街区において現存する最大の容積率1,230％を超える1,600％についても満たすことができる。）。したがって、現在の法令で認められる最大の容積率（特定街区制度を含む。）の建築物を十分建設できるものであり、土地の効用を十分発揮することができる。

　このように、増加荷重が30トン／$m^2$に制限されたとしても、上記のように極めて高い容積率の建築物が建設可能であるし、高さで見ても現存する最大級程度の高層建築物（50～55階程度）を建設しうるので、実質的に損失はないと考えられ、荷重制限に関する補償は不要であると推定される。ただし、例外的ながらも損失が生じる場合には補償がなされるべきである。

③　既存物件等に関する補償

　大深度地下空間には、その数は多くなくとも井戸、温泉井が既に設置されているほか、掘削中の井戸、その他の工作物等の既存物件が存することも想定されるが、このような空間についても、使用権を取得することができることとする必要がある。

　井戸、温泉井等の既存物件が存する空間について使用権の取得が行われる場合に

は、損失が現実に生じると考えられ、その損失を土地所有者等に負担させる理由はないので、通常利用されない空間の使用権の取得に関する補償とは区別して、営業上の損失等を含め既存物件等に関する通常生ずべき損失の補償は、浅深度地下の場合と同様になされるべきである。

したがって、以上のように、大深度地下の定義に照らせば、大深度地下を使用する権利の取得に関する補償については、不要であると推定されるが、例外的ながらも損失が生じる場合には補償がなされるべきである。
また、既存物件等に関する補償はなされるべきである。

## 6　手続

大深度地下利用制度に関する主要な手続は、(1)適正かつ計画的な利用の確保に関する手続、(2)使用権の取得に関する手続、及び(3)補償に関する手続に分けることができるが、これらについての基本的な考え方を述べることとする。

### (1)　適正かつ計画的な利用の確保に関する手続

上記4の「適正かつ計画的な利用の確保」で述べたように、大深度地下を使用する事業については、使用権を取得する前に、大深度地下の適正かつ計画的な利用を確保するため、行政庁が関与して事業の調整を行う仕組みが必要である。

構想段階からの調整に関する手続としては、大深度地下を使用する予定のある事業者は、可能な限り早い段階で事業の概要を行政庁に提出し、これに基づき、必要に応じて、施設の特性に応じた適切な配置、効率的な空間利用（共同溝化等）等を図るため、他の事業者との調整、行政庁による調整を行うことが適当である。また、調整の結果具体的な予定位置を確保することが適当な場合には、必要に応じ住民からの意見聴取等を経て、行政庁が即地的な計画の決定を行うことが適当である。さらに、事業が具体化していく過程においては、事業の具体的な実施予定位置を踏まえ、構想段階からの調整と同様の手続により、個別の調整を行うことが適当である。

### (2)　使用権の取得に関する手続

大深度地下を使用する権利を事業者が取得するには、行政庁が法律に基づき使用権を設定する行為を行う必要がある。使用権の設定行為を行うに当たっては、事業者の使用権取得の申請を受け、事業の円滑な施行と土地所有者等の権利への配慮を含む公正妥当な判断を行うため、事業者による説明会の開催、行政庁による事業に関する情

報の提供等を行い、事業に対して利害関係人が意見書の提出等により意見を述べることができるような開かれた制度にする必要がある。

　この設定行為において、行政庁は、①事業が大深度地下で施行されること（地下室の建設のための利用や建築物の基礎の設置のための利用が通常行われない深さであること、増加荷重30トン／m$^2$程度までの土地利用に支障が生じないこと）を確認するための要件、②既存の建築物等に悪影響を与えないことを確認するための要件、③土地所有権に優先して使用する権利を設定することから、また大深度地下の適正かつ計画的な利用を確保する必要があることから、事業を選別するための要件（事業が上記3の「制度を適用する事業」で述べたような事業の種類に該当すること、個々の事業に公益性が認められること、大深度地下を使用する必要性が認められること、事業者に事業遂行能力があること、環境への配慮を含め大深度地下の適正かつ計画的な利用に適合すること等）について審査を行う必要がある。

　使用権の取得という法律効果の発生は公示によることとし、また、併せて、使用権の設定された区域を表示する図面等を公衆の縦覧に供し、事業地においてその旨掲示する等により、使用権の取得を実質的に周知することが必要である。さらに、使用権に関する台帳の作成・公開、不動産登記法上の登記の可能性についても検討することが望まれる。

　使用権の譲渡は原則として許されないが、譲受人が上記③の事業を選別するための要件を満たす場合には、行政庁の許可等を受け認められることとすることができる。

　使用権の取得後も、行政庁が関与して、事業者による工事の実施、施設の維持管理が適切なものとなるようにする必要がある。また、上記審査要件に適合しなくなった場合には、使用権の取消等が行える仕組みが必要である。

　行政庁については、地方分権の推進の観点を踏まえ、広域にわたる事業、国・都道府県の事業等以外については地方公共団体とするように、事業の規模、主体等の区分によって、地方公共団体又は国の機関とすることが適当である。

　なお、安全、環境、技術基準、建築基準等に関する各種制度は大深度地下施設についても適用されるので、技術・安全・環境上の対応はこれらの制度によって担保されることになる。

(3)　補償に関する手続

　使用権の設定行為において事業が大深度地下で施行されることを確認することから、使用権の取得に関する補償（既存物件等に関する補償を除く。）は不要であると推定される。しかしながら、損失が一切生じないと言い切れないことから、国民の権

利保護を万全にするため、補償の手続を置くことが適当である。これについては、事業者側においては損失発生が予見できないこと、損失発生の蓋然性が小さいこと、例外的に損失が生じる場合でも土地所有者等の現在の利用状況を変更するものではないこと等から、使用権の取得後一定の期間内に土地所有者等の権利者から請求があった場合に、補償を行うような手続とすることが適当である。

　既存物件等に関する補償については、損失発生の可能性が予見できること、温泉の営業に対する損失等土地所有者等の現在の利用状況を変更するものであること等から、既存物件の明渡しの期限までには補償を行うことが適当である。

　補償金の額の決定は、事業者と土地所有者等の権利者との当事者間で行うが、当事者間で協議が調わないときは、第三者的機関が決定することが適当であり、この場合、既存の機関を活用することを考えるべきである。

　また、補償の要否の判断及び補償金の額は、使用権の取得時を基準とすることが適当である。

## 7　損害賠償責任

### (1) 損害賠償責任制度の現状

　民法第709条は、故意過失に基づいて他人に損害を与えた場合のみ加害者が損害賠償責任を負うこととしている。また、土地の工作物及び公の営造物について、民法第717条、国家賠償法第2条第1項は、過失責任の原則を修正し、瑕疵に基づく一種の無過失責任を負うこととしている。その他、現在の法制度において、行為の危険性、損害の重大性等の特性に応じて、過失責任の修正、過失の立証責任の転換を行う例が見られる。

　大深度地下施設の設置・管理（供用中）の事故・損害については、設置・管理者は、瑕疵に基づく一種の無過失責任を負うことになる。また、大深度地下施設の工事中の事故・損害については、判例上行われている過失の事実上の推定等がなされる場合があると考えられるが、特別な法制度は存在せず、現在のままであると、民法の一般原則である過失責任となる。

　なお、大深度地下の使用による特有の事故・災害は、主として地盤沈下、陥没等地盤に関するもの、地下水の水質汚濁、井戸涸れ等地下水に関するものの2つが考えられるが、従来の地下利用においては、事故・災害の多くは火災となっている。

### (2) 大深度地下利用制度における損害賠償責任のあり方

　①大深度地下と浅深度地下等とは、掘削等の行為の危険性、生じうる事故・損害の

程度に質的・量的に大差はないこと、②「瑕疵」又は「過失」は、行為の危険性等を総合考慮して具体的個別的に判断すべきものとされており、危険性等が増す部分があれば、それに対応した高度な技術・安全性が求められることとなるので、現在の制度でも被害者保護に配慮されること、③立証責任の転換については、裁判実務において、個々の事案に即して瑕疵、過失、因果関係の事実上の推定を行うのになじむことから、大深度地下利用制度について特別の損害賠償責任制度の導入が必要不可欠であるとは言えないと考えられる。また、④損害賠償責任制度は、同種の行為については同様の扱いとなることが望ましいので、契約等により大深度地下を使用する場合や、高度な技術を要する土木工事を行う場合についても、可能な限り同様の扱いにするべきであることから、大深度地下利用制度についてのみ特別の損害賠償責任制度を導入することが必ずしも適当であるとは言えないと考えられる。

　しかしながら、大深度地下利用制度は、大深度地下を土地所有権に優先して使用し、使用権の取得に関する補償を不要と推定するという制度を含んでいるため、国民の理解・安心を得るという政策的な理由から、大深度地下施設の設置・管理者が過失や瑕疵を要件としない結果責任を負う等の制度を導入することが考えられるという意見もあった。

## 8　諸制度との関係

(1)　他の社会資本等との関係

　社会資本は、大深度地下の定義の数値を超え、地表面から40m程度より深く利用したり、30トン／$m^2$程度の増加荷重より大きな荷重を発生させることがある。したがって、社会資本が設置されている土地の大深度地下を使用する場合には、既存の社会資本に支障が生じるおそれがあり、また、現在は支障が生じなくとも大深度地下施設を設置することにより将来の社会資本の利用に支障が生じるおそれがある。また、社会資本は大深度地下施設と同様に公益性を有するという特性がある。

　また、鉱業権は、物権とみなされ、鉱区内の地下使用権を包含する権利とされている。貴重な資源を掘採するため国が賦与する権利であり、公益性を有するという特性がある。

　したがって、大深度地下が使用されることによって支障が生じるおそれのある社会資本や鉱業権と、大深度地下を使用する事業との間では、大深度地下利用制度の中で、それぞれの事業の具体的な必要性、公益性、競合回避の可能性等を比較衡量して、適切な調整を行った上で、使用権を設定する必要がある。

(2) 公物管理権との関係

　地上及び浅深度地下の公物（道路、河川、公園、港湾、その他の行政財産）の目的を全うさせるために与えられている公物管理権のうち、一般の自由使用、財産の保全を確保するために設けられている公物の使用関係の規制については、大深度地下を使用する権利が設定されたとしても、大深度地下は土地所有者等による通常の利用が行われない地下であるので、一般的にはその目的を達成することができる。これに加え、上記(1)のように、社会資本と大深度地下を使用する事業との間で適切な調整を行った上で使用権を設定するのであれば、地上及び浅深度地下の公物の使用関係の規制の目的は達成される。

　また、公物管理権のうち、地上及び浅深度地下の公物に対する障害の防止・除去のために設けられている規制については、上記(1)の調整により相当程度の目的を達成できる。

(3) 土地収用（使用）制度との関係
① 私的な利益の位置づけ

　土地収用制度においては、「土地がその事業の用に供されることによって得られる公共の利益」と「土地がその事業の用に供されることによって失われる私的ないし公共の利益」との比較衡量が、個々の土地ごとに行われる。

　大深度地下は、公益性を有する事業による利用を土地所有権に優先させても私有財産権を侵害する程度が低く、使用権の取得に関する補償は不要と推定されるという特性を有する。したがって、大深度地下利用制度は、事業が大深度地下で施行されることを確認することにより、「得られる公共の利益」が「失われる私的な利益」を上回っているとの判断を定型的に行う制度であり、この点において現在の土地収用制度と異なるものである。言うまでもなく、この場合であっても「得られる公共の利益」と「失われる公共の利益」との比較衡量は必要である。

② 使用権を設定する制度

　大深度地下を土地所有権に優先して使用することができる権利は、現在土地収用法によって取得することができる。大深度地下利用制度が構築されたとしても、他の制度による使用権の取得を排除するものではないが、いずれの制度で使用権を取得するにしても、大深度地下については、これまで述べたように、残された貴重な空間であり、施設の撤去が困難である等の特性を有するため、上記4に述べたような配慮が行われる仕組みを有するものであることが必要である。

③ 土地収用制度との連携

大深度地下とともに地上及び浅深度地下も併せて使用する事業については、地上及び浅深度地下部分の用地取得の見込み等も考慮して使用権を設定する等制度的な連携を図るとともに、両制度間における実務的な連携を図ることが不可欠である。

## おわりに

　以上が、調査会への諮問に対する答申である。
　調査会としては、本答申が尊重され、速やかに大深度地下利用に関する適正な法制度が構築されることを期待する。そして、国、地方公共団体、事業者、国民が、大深度地下の適正かつ計画的な利用と公共的利用の円滑化についての理解を深め、それぞれの立場に応じた役割を果たすことにより、その制度が活用され、国土の合理的な利用と均衡ある発展に寄与することを期待したい。

（注）　国土交通省 HP より転載。

## 【資料2】大深度地下の公共的使用に関する特別措置法

(平成12年5月26日法律第87号)
(最終改正：平成25年6月14日法律第44号)

### 第1章　総則

（目的）
**第1条**　この法律は、公共の利益となる事業による大深度地下の使用に関し、その要件、手続等について特別の措置を講ずることにより、当該事業の円滑な遂行と大深度地下の適正かつ合理的な利用を図ることを目的とする。

（定義）
**第2条**　この法律において「大深度地下」とは、次の各号に掲げる深さのうちいずれか深い方以上の深さの地下をいう。
　一　建築物の地下室及びその建設の用に通常供されることがない地下の深さとして政令で定める深さ
　二　当該地下の使用をしようとする地点において通常の建築物の基礎ぐいを支持することができる地盤として政令で定めるもののうち最も浅い部分の深さに政令で定める距離を加えた深さ
2　この法律において「事業者」とは、第4条各号に掲げる事業を施行する者であって大深度地下の使用を必要とする者をいう。
3　この法律において「事業区域」とは、大深度地下の一定の範囲における立体的な区域であって第4条各号に掲げる事業を施行する区域をいう。

（対象地域）
**第3条**　この法律による特別の措置は、人口の集中度、土地利用の状況その他の事情を勘案し、公共の利益となる事業を円滑に遂行するため、大深度地下を使用する社会的経済的必要性が存在する地域として政令で定める地域（以下「対象地域」という。）について講じられるものとする。

（対象事業）
**第4条**　この法律による特別の措置は、次に掲げる事業について講じられるものと

する。
一　道路法（昭和27年法律第180号）による道路に関する事業
二　河川法（昭和39年法律第167号）が適用され、若しくは準用される河川又はこれらの河川に治水若しくは利水の目的をもって設置する水路、貯水池その他の施設に関する事業
三　国、地方公共団体又は土地改良区（土地改良区連合を含む。）が設置する農業用道路、用水路又は排水路に関する事業
四　鉄道事業法（昭和61年法律第92号）第7条第1項に規定する鉄道事業者（以下単に「鉄道事業者」という。）が一般の需要に応ずる鉄道事業の用に供する施設に関する事業
五　独立行政法人鉄道建設・運輸施設整備支援機構が設置する鉄道又は軌道の用に供する施設に関する事業
六　軌道法（大正10年法律第76号）による軌道の用に供する施設に関する事業
七　電気通信事業法（昭和59年法律第86号）第120条第1項に規定する認定電気通信事業者（以下単に「認定電気通信事業者」という。）が同項に規定する認定電気通信事業（以下単に「認定電気通信事業」という。）の用に供する施設に関する事業
八　電気事業法（昭和39年法律第170号）による一般電気事業、卸電気事業又は特定電気事業の用に供する電気工作物に関する事業
九　ガス事業法（昭和29年法律第51号）によるガス工作物に関する事業
十　水道法（昭和32年法律第177号）による水道事業若しくは水道用水供給事業、工業用水道事業法（昭和33年法律第84号）による工業用水道事業又は下水道法（昭和33年法律第79号）による公共下水道、流域下水道若しくは都市下水路の用に供する施設に関する事業
十一　独立行政法人水資源機構が設置する独立行政法人水資源機構法（平成14年法律第182号）による水資源開発施設及び愛知豊川用水施設に関する事業
十二　前各号に掲げる事業のほか、土地収用法（昭和26年法律第219号）第3条各号に掲げるものに関する事業又は都市計画法（昭和43年法律第100号）の規定により土地を使用することができる都市計画事業のうち、大深度地下を使用する必要があるものとして政令で定めるもの
十三　前各号に掲げる事業のために欠くことができない通路、鉄道、軌道、電線路、水路その他の施設に関する事業

**（安全の確保及び環境の保全の配慮）**

第5条　大深度地下の使用に当たっては、その特性にかんがみ、安全の確保及び環境の保全に特に配慮しなければならない。

（基本方針）
第6条　国は、大深度地下の公共的使用に関する基本方針（以下「基本方針」という。）を定めなければならない。
2　基本方針においては、次に掲げる事項を定めるものとする。
　一　大深度地下における公共の利益となる事業の円滑な遂行に関する基本的な事項
　二　大深度地下の適正かつ合理的な利用に関する基本的な事項
　三　安全の確保、環境の保全その他大深度地下の公共的使用に際し配慮すべき事項
　四　前3号に掲げるもののほか、大深度地下の公共的使用に関する重要事項
3　国土交通大臣は、基本方針の案を作成して、閣議の決定を求めなければならない。
4　国土交通大臣は、前項の規定による閣議の決定があったときは、遅滞なく、基本方針を公表しなければならない。
5　前2項の規定は、基本方針の変更について準用する。

（大深度地下使用協議会）
第7条　公共の利益となる事業の円滑な遂行と大深度地下の適正かつ合理的な利用を図るために必要な協議を行うため、対象地域ごとに、政令で定めるところにより、国の関係行政機関及び関係都道府県（以下この条において「国の行政機関等」という。）により、大深度地下使用協議会（以下「協議会」という。）を組織する。
2　前項の協議を行うための会議（第5項において「会議」という。）は、国の行政機関等の長又はその指名する職員をもって構成する。
3　協議会は、必要があると認めるときは、関係市町村及び事業者に対し、資料の提供、意見の開陳、説明その他の必要な協力を求めることができる。
4　協議会は、特に必要があると認めるときは、前項に規定する者以外の者に対しても、必要な協力を依頼することができる。
5　会議において協議が調った事項については、国の行政機関等は、その協議の結果を尊重しなければならない。
6　協議会の庶務は、国土交通省において処理する。
7　前項に定めるもののほか、協議会の運営に関し必要な事項は、協議会が定める。

（情報の提供等）
第8条　国及び都道府県は、公共の利益となる事業の円滑な遂行と大深度地下の適正かつ合理的な利用に資するため、対象地域における地盤の状況、地下の利用状況等に関する情報の収集及び提供その他必要な措置を講ずるよう努めなければな

らない。

## 第2章　事業の準備等

(事業の準備のための立入り等及びその損失の補償に関する土地収用法の準用)
第9条　第4条各号に掲げる事業の準備のための土地の立入り、障害物の伐除及び土地の試掘等並びにこれらの行為により生じた損失の補償については、土地収用法第2章並びに第91条及び第94条の規定を準用する。この場合において、同法第11条第1項、第3項及び第4項、第14条第1項及び第3項、第15条第1項、第91条第1項並びに第94条第1項及び第2項中「起業者」とあるのは「事業者」と、同法第91条第1項中「第11条第3項、第14条又は第35条第1項」とあるのは「大深度地下の公共的使用に関する特別措置法第9条において準用する第11条第3項又は第14条」と、「土地又は工作物」とあるのは「土地」と、同法第94条第1項中「前3条」とあるのは「大深度地下の公共的使用に関する特別措置法第9条において準用する第91条」と、「損失を受けた者(前条第1項に規定する工事をすることを必要とする者を含む。以下この条において同じ。)」とあるのは「損失を受けた者」と、同条第6項中「起業者である者」とあるのは「事業者である者」と、同条第7項中「この法律」とあるのは「大深度地下の公共的使用に関する特別措置法」と読み替えるものとする。

## 第3章　使用の認可

(使用の認可)
第10条　事業者は、対象地域において、この章の定めるところに従い、使用の認可を受けて、当該事業者が施行する事業のために大深度地下を使用することができる。

(使用の認可に関する処分を行う機関)
第11条　事業が次の各号のいずれかに該当するものであるときは、国土交通大臣が使用の認可に関する処分を行う。
一　国又は都道府県が事業者である事業
二　事業区域が2以上の都道府県の区域にわたる事業
三　1の都道府県の区域を越え、又は道の区域の全部にわたり利害の影響を及ぼす事業その他の事業で次に掲げるもの
　イ　鉄道事業者がその鉄道事業(当該事業に係る路線又はその路線及び当該鉄道事業者若しくは当該鉄道事業者がその路線に係る鉄道線路を譲渡し、若しくは

使用させる鉄道事業者が運送を行う上でその路線と密接に関連する他の路線が1の都府県の区域内にとどまるものを除く。）の用に供する施設に関する事業
　　ロ　認定電気通信事業者が認定電気通信事業（その業務区域が1の都府県の区域内にとどまるものを除く。）の用に供する施設に関する事業
　　ハ　電気事業法による一般電気事業（供給区域が1の都府県の区域内にとどまるものを除く。）、卸電気事業（供給の相手方たる一般電気事業者の供給区域が1の都府県の区域内にとどまるものを除く。）又は特定電気事業（供給地点が1の都府県の区域内にとどまるものを除く。）の用に供する電気工作物に関する事業
　　ニ　イからハまでに掲げる事業のために欠くことができない通路、鉄道、軌道、電線路、水路その他の施設に関する事業
　四　前3号に掲げる事業と共同して施行する事業
2　事業が前項各号に掲げるもの以外のものであるときは、事業区域を管轄する都道府県知事が使用の認可に関する処分を行う。

**（事前の事業間調整）**
**第12条**　事業者は、使用の認可を受けようとするときは、あらかじめ、国土交通省令で定めるところにより、次に掲げる事項を記載した事業概要書を作成し、前条第1項の事業にあっては当該事業を所管する大臣（以下「事業所管大臣」という。）に、同条第2項の事業にあっては都道府県知事にこれを送付しなければならない。
　一　事業者の名称
　二　事業の種類
　三　事業区域の概要
　四　使用の開始の予定時期及び期間
　五　その他国土交通省令で定める事項
2　事業者は、前項の規定により事業概要書を送付したときは、国土交通省令で定めるところにより、事業概要書を作成した旨その他国土交通省令で定める事項を公告するとともに、事業区域が所在する市町村において、当該事業概要書を当該公告の日から起算しておおむね30日間の期間を定めて、縦覧に供しなければならない。
3　第1項の規定により事業概要書を送付された事業所管大臣又は都道府県知事は、速やかに、事業区域が所在する対象地域に組織されている協議会の構成員にその写しを送付しなければならない。
4　前項の規定により事業概要書の写しを送付された協議会の構成員（第4条各号に掲げる事業を所管する行政機関に限る。以下この項において同じ。）は、同条各号に

掲げる事業を施行する者のうち当該協議会の構成員が所管するものに対し、当該事業概要書の内容を周知させるため必要な措置を講じなければならない。
5　第2項の規定による公告をした事業者は、同項の縦覧期間内に、事業区域又はこれに近接する地下において第4条各号に掲げる事業を施行し、又は施行しようとする者から事業の共同化、事業区域の調整その他事業の施行に関し必要な調整の申出があったときは、当該調整に努めなければならない。
6　前項の規定による調整の結果、第2項の規定による公告をした事業者と共同して事業を施行することとなった事業者については、前各項の規定は、適用しない。

**（調書の作成）**
**第13条**　事業者は、使用の認可を受けようとするときは、あらかじめ、事業区域に井戸その他の物件があるかどうかを調査し、当該物件があるときは、次に掲げる事項を記載した調書を作成しなければならない。
　一　物件がある土地の所在及び地番
　二　物件の種類及び数量並びにその所有者の氏名及び住所
　三　物件に関して権利を有する者の氏名及び住所並びにその権利の種類及び内容
　四　調書を作成した年月日
　五　その他国土交通省令で定める事項
2　前項の調書の様式は、国土交通省令で定める。

**（使用認可申請書）**
**第14条**　事業者は、使用の認可を受けようとするときは、国土交通省令で定めるところにより、次に掲げる事項を記載した使用認可申請書を、第11条第1項の事業にあっては事業所管大臣を経由して国土交通大臣に、同条第2項の事業にあっては都道府県知事に提出しなければならない。
　一　事業者の名称
　二　事業の種類
　三　事業区域
　四　事業により設置する施設又は工作物の耐力
　五　使用の開始の予定時期及び期間
2　前項の使用認可申請書には、国土交通省令で定めるところにより、次に掲げる書類を添付しなければならない。
　一　使用の認可を申請する理由を記載した書類
　二　事業計画書
　三　事業区域及び事業計画を表示する図面

四　事業区域が大深度地下にあることを証する書類
五　前条の規定により作成した調書
六　前項第四号の耐力の計算方法を明らかにした書類
七　事業の施行に伴う安全の確保及び環境の保全のための措置を記載した書類
八　事業区域の全部又は一部が、この法律又は他の法律によって土地を使用し、又は収用することができる事業の用に供されているときは、当該事業の用に供する者の意見書
九　事業区域の利用について法令の規定による制限があるときは、当該法令の施行について権限を有する行政機関の意見書
十　事業の施行に関して行政機関の免許、許可、認可等の処分を必要とする場合においては、これらの処分があったことを証する書類又は当該行政機関の意見書
十一　第12条第5項の規定により調整の申出があったときは、当該調整の経過の要領及びその結果を記載した書類
十二　その他国土交通省令で定める事項

3　第1項の規定により使用認可申請書を提出された事業所管大臣は、遅滞なく、当該使用認可申請書及びその添付書類を検討し、意見を付して、国土交通大臣に送付するものとする。

4　第1項第三号及び第2項第三号に規定する事業区域の表示は、事業区域に係る土地又はこれに定着する物件に関して所有権その他の権利を有する者が、自己の権利に係る土地の地下が事業区域に含まれ、又は自己の権利に係る物件が事業区域にあることを容易に判断できるものでなければならない。

5　第2項第八号から第十号までに掲げる意見書は、事業者が意見を求めた日から3週間を経過してもこれを得ることができなかったときは、添付することを要しない。この場合においては、意見書を得ることができなかった事情を疎明する書類を添付しなければならない。

**（使用認可申請書の補正及び却下）**

**第15条**　前条の規定による使用認可申請書及びその添付書類が同条又は同条に基づく国土交通省令の規定に違反するときは、国土交通大臣又は都道府県知事は、相当の期間を定めて、その補正を求めなければならない。使用の認可の申請に際し、第39条の規定による手数料を納めないとき又は地方自治法（昭和22年法律第67号）第227条の規定により手数料を徴収する場合において当該手数料を納めないときも、同様とする。

2　事業者が前項の規定により補正を求められたにかかわらず、その定められた期間

内に補正をしないときは、国土交通大臣又は都道府県知事は、使用認可申請書を却下しなければならない。
（使用の認可の要件）
第16条　国土交通大臣又は都道府県知事は、申請に係る事業が次に掲げる要件のすべてに該当するときは、使用の認可をすることができる。
一　事業が第4条各号に掲げるものであること。
二　事業が対象地域における大深度地下で施行されるものであること。
三　事業の円滑な遂行のため大深度地下を使用する公益上の必要があるものであること。
四　事業者が当該事業を遂行する十分な意思と能力を有する者であること。
五　事業計画が基本方針に適合するものであること。
六　事業により設置する施設又は工作物が、事業区域に係る土地に通常の建築物が建築されてもその構造に支障がないものとして政令で定める耐力以上の耐力を有するものであること。
七　事業の施行に伴い、事業区域にある井戸その他の物件の移転又は除却が必要となるときは、その移転又は除却が困難又は不適当でないと認められること。
（使用の認可の条件）
第17条　使用の認可には、条件を付し、及びこれを変更することができる。
2　前項の条件は、使用の認可の趣旨に照らして、又は使用の認可に係る事項の確実な実施を図るため必要最小限のものでなければならない。
（関係行政機関の意見の聴取等）
第18条　国土交通大臣又は都道府県知事は、使用の認可に関する処分を行おうとする場合において、第14条第5項の規定により意見書の添付がなかったときその他必要があると認めるときは、同条第2項第八号の事業の用に供する者又は申請に係る事業の施行について関係のある行政機関の意見を求めなければならない。ただし、同号の事業の用に供する者については、その者を確知することができないときその他その意見を求めることができないときは、この限りでない。
2　申請に係る事業の施行について関係のある行政機関は、使用の認可に関する処分について、国土交通大臣又は都道府県知事に対して意見を述べることができる。
（説明会の開催等）
第19条　国土交通大臣又は都道府県知事は、使用の認可に関する処分を行おうとする場合において必要があると認めるときは、申請に係る事業者に対し、事業区域に係る土地及びその付近地の住民に、説明会の開催等使用認可申請書及びその添

付書類の内容を周知させるため必要な措置を講ずるよう求めることができる。
**（使用の認可の手続に関する土地収用法の準用）**
**第20条**　国土交通大臣又は都道府県知事が使用の認可に関する処分を行おうとする場合の手続については、前2条に規定するもののほか、土地収用法第22条から第25条までの規定を準用する。この場合において、同法第22条、第23条第1項、第24条第1項及び第25条第1項中「事業の認定」とあり、並びに同条第2項中「認定」とあるのは「使用の認可」と、同法第23条第1項中「場合において、当該事業の認定について利害関係を有する者から次条第2項の縦覧期間内に国土交通省令で定めるところにより公聴会を開催すべき旨の請求があつたときその他」とあるのは「場合において」と、同条第2項並びに同法第24条第2項及び第4項中「起業者」とあるのは「事業者」と、同法第23条第2項及び第24条第1項から第4項までの規定中「起業地」とあるのは「事業区域」と、同条第1項中「第20条」とあるのは「大深度地下の公共的使用に関する特別措置法第16条」と、同項及び同条第3項中「事業認定申請書」とあるのは「使用認可申請書」と読み替えるものとする。

**（使用の認可の告示等）**
**第21条**　国土交通大臣又は都道府県知事は、第16条の規定によって使用の認可をしたときは、遅滞なく、その旨を当該使用の認可を受けた事業者（以下「認可事業者」という。）に文書で通知するとともに、次に掲げる事項をそれぞれ官報又は当該都道府県の公報で告示しなければならない。
　一　認可事業者の名称
　二　事業の種類
　三　事業区域
　四　事業により設置する施設又は工作物の耐力
　五　使用の期間
2　国土交通大臣は、前項の規定による告示をしたときは、直ちに、関係都道府県知事にその旨を通知するとともに、事業区域を表示する図面の写しを送付しなければならない。
3　都道府県知事は、第1項の規定による告示をしたときは、直ちに、国土交通大臣にその旨を報告しなければならない。
4　使用の認可は、第1項の規定による告示があった日から、その効力を生ずる。

**（事業区域を表示する図面の長期縦覧）**
**第22条**　国土交通大臣又は都道府県知事は、第16条の規定によって使用の認可を

したときは、直ちに、事業区域が所在する市町村の長にその旨を通知しなければならない。
2 　市町村長は、前項の通知を受けたときは、直ちに、第20条において準用する土地収用法第24条第1項の規定により送付を受けた事業区域を表示する図面を、第29条第4項において準用する第28条第6項又は第30条第3項若しくは第4項（事業区域の全部の使用が廃止された場合に限る。）の規定による通知を受ける日まで公衆の縦覧に供しなければならない。
3 　土地収用法第24条第4項及び第5項の規定は、市町村長が第1項の通知を受けた日から2週間を経過しても前項の規定による手続を行わない場合に準用する。この場合において、同条第4項中「起業地」とあるのは「事業区域」と、「起業者」とあるのは「事業者」と読み替えるものとする。

（登録簿）
**第23条**　都道府県知事は、その管轄区域における大深度地下の使用の認可に関する登録簿（次項において単に「登録簿」という。）を調製し、公衆の閲覧に供するとともに、請求があったときはその写しを交付しなければならない。
2 　登録簿の調製、閲覧その他登録簿に関し必要な事項は、国土交通省令で定める。

（使用の認可の拒否）
**第24条**　国土交通大臣又は都道府県知事は、使用の認可を拒否したときは、遅滞なく、その旨を申請に係る事業者に文書で通知しなければならない。

（使用の認可の効果）
**第25条**　第21条第1項の規定による告示があったときは、当該告示の日において、認可事業者は、当該告示に係る使用の期間中事業区域を使用する権利を取得し、当該事業区域に係る土地に関するその他の権利は、認可事業者による事業区域の使用を妨げ、又は当該告示に係る施設若しくは工作物の耐力及び事業区域の位置からみて認可事業者による事業区域の使用に支障を及ぼす限度においてその行使を制限される。

（占用の許可等の特例）
**第26条**　前条の規定に基づく認可事業者による事業区域の使用については、道路法、河川法その他の法令中占用の許可及び占用料の徴収に関する規定は、適用しない。

（使用の認可に基づく地位の承継）
**第27条**　相続人、合併又は分割により設立される法人その他認可事業者の一般承継人（分割による承継の場合にあっては、当該認可事業者が施行する事業の全部を承継する法人に限る。）は、被承継人が有していた使用の認可に基づく地位を承継

する。

**（権利の譲渡）**
**第28条** 使用の認可に基づく権利の全部又は一部は、第11条第1項の事業にあっては国土交通大臣、同条第2項の事業にあっては都道府県知事の承認を受けなければ、譲渡することができない。
2 　前項の規定による国土交通大臣への承認の申請は、事業所管大臣を経由して行わなければならない。この場合においては、事業所管大臣は、遅滞なく、申請書を検討し、意見を付して、国土交通大臣に送付するものとする。
3 　第1項の規定による承認の申請書の様式は、国土交通省令で定める。
4 　第17条の規定は、第1項の規定による承認について準用する。
5 　国土交通大臣又は都道府県知事は、第1項の規定による承認をしたときは、それぞれ官報又は当該都道府県の公報で告示しなければならない。
6 　国土交通大臣又は都道府県知事は、前項の規定による告示をしたときは、直ちに、その旨を、事業区域が所在する市町村の長に通知するとともに、国土交通大臣にあっては関係都道府県知事に通知し、都道府県知事にあっては国土交通大臣に報告しなければならない。
7 　使用の認可に基づく権利の全部又は一部を譲り受けた者は、譲渡人が有していた使用の認可に基づく地位を承継する。

**（使用の認可の取消し）**
**第29条** 国土交通大臣又は都道府県知事は、認可事業者が次の各号のいずれかに該当するときは、使用の認可（前条第1項の規定による承認を含む。以下この条において同じ。）を取り消すことができる。
　一　この法律又はこの法律に基づく命令の規定に違反したとき。
　二　施行する事業が第16条各号に掲げる要件のいずれかに該当しないこととなったとき。
　三　正当な理由なく事業計画に従って事業を施行していないと認められるとき。
　四　第17条（前条第4項において準用する場合を含む。）の規定により使用の認可に付された条件に違反したとき。
2 　国土交通大臣は、前項の規定により使用の認可を取り消そうとするときは、あらかじめ、事業所管大臣の意見を聴かなければならない。
3 　国土交通大臣又は都道府県知事は、第1項の規定により使用の認可を取り消したときは、それぞれ官報又は当該都道府県の公報で告示しなければならない。
4 　前条第6項の規定は、前項の規定による告示をした場合に準用する。

5　使用の認可は、第3項の規定による告示があった日から将来に向かって、その効力を失う。

**（事業の廃止又は変更）**

**第30条**　第21条第1項の規定による告示があった後、認可事業者が事業の全部若しくは一部を廃止し、又はこれを変更したために事業区域の全部又は一部を使用する必要がなくなったときは、認可事業者は、遅滞なく、国土交通省令で定めるところにより、国土交通大臣又は都道府県知事にその旨（事業区域の一部を使用する必要がなくなったときにあっては、使用の必要がない事業区域の部分及びこれを表示する図面を含む。）を届け出なければならない。

2　国土交通大臣又は都道府県知事は、前項の規定による届出を受け取ったときは、事業区域の全部又は一部の使用が廃止されたこと（事業区域の一部の使用の廃止にあっては、使用の廃止に係る事業区域の部分を含む。）を、それぞれ官報又は当該都道府県の公報で告示しなければならない。

3　国土交通大臣は、前項の規定による告示をしたときは、直ちに、事業区域が所在する市町村の長及び関係都道府県知事に対し、その旨を通知するとともに、事業区域の一部の使用の廃止にあっては、使用の廃止に係る事業区域の部分を表示する図面の写しを送付しなければならない。

4　都道府県知事は、第2項の規定による告示をしたときは、直ちに、その旨を、事業区域が所在する市町村の長に通知し、国土交通大臣に報告するとともに、事業区域の一部の使用の廃止にあっては、当該市町村長に使用の廃止に係る事業区域の部分を表示する図面の写しを送付しなければならない。

5　第3項又は前項の通知（事業区域の一部の使用の廃止に係るものに限る。次項において同じ。）を受けた市町村長は、直ちに、使用の廃止に係る事業区域の部分を表示する図面を第22条第2項に規定する日まで公衆の縦覧に供しなければならない。

6　土地収用法第24条第4項及び第5項の規定は、市町村長が第3項又は第4項の通知を受けた日から2週間を経過しても前項の規定による手続を行わない場合に準用する。この場合において、同条第4項中「起業地」とあるのは「事業区域」と、「起業者」とあるのは「事業者」と読み替えるものとする。

7　使用の認可は、第2項の規定による告示があった日から将来に向かって、その効力（事業区域の一部の使用の廃止に係るものにあっては、使用の廃止に係る事業区域の部分における効力）を失う。

## 第4章　事業区域の明渡し等

（事業区域の明渡し）
**第31条**　認可事業者は、事業の施行のため必要があるときは、事業区域にある物件を占有している者に対し、期限を定めて、事業区域の明渡しを求めることができる。
2　前項の規定による明渡しの期限は、同項の請求をした日の翌日から起算して30日を経過した後の日でなければならない。
3　第1項の規定による明渡しの請求があった物件を占有している者は、明渡しの期限までに、物件の引渡し又は移転（以下この章において「物件の引渡し等」という。）を行わなければならない。ただし、次条第3項の規定による支払がないときは、この限りでない。
4　第1項に規定する処分については、行政手続法（平成5年法律第88号）第3章の規定は、適用しない。

（事業区域の明渡しに伴う損失の補償）
**第32条**　認可事業者は、前条の規定による物件の引渡し等により同条第1項の物件に関し権利を有する者が通常受ける損失を補償しなければならない。
2　前項の規定による損失の補償は、認可事業者と損失を受けた者とが協議して定めなければならない。
3　認可事業者は、前条第2項の明渡しの期限までに第1項の規定による補償額を支払わなければならない。
4　第2項の規定による協議が成立しないときは、土地収用法第94条第2項から第12項までの規定を準用する。この場合において、同条第2項中「起業者」とあるのは「認可事業者」と、同条第6項中「起業者である者」とあるのは「認可事業者である者」と、同条第7項中「この法律」とあるのは「大深度地下の公共的使用に関する特別措置法」と読み替えるものとする。
5　前項において準用する土地収用法第94条第2項又は第9項の規定による裁決の申請又は訴えの提起は、事業の進行及び事業区域の使用を停止しない。

（補償金の供託）
**第33条**　認可事業者は、次の各号のいずれかに該当する場合においては、前条第3項の規定による補償金の支払に代えて、これを供託することができる。
　一　補償金を受けるべき者がその受領を拒んだとき、又は補償金を受領することができないとき。

二　認可事業者が過失がなくて補償金を受けるべき者を確知することができないとき。
三　認可事業者が収用委員会が裁決した補償金の額に対して不服があるとき。
四　認可事業者が差押え又は仮差押えにより補償金の払渡しを禁じられたとき。
2　前項第三号の場合において、補償金を受けるべき者の請求があるときは、認可事業者は、自己の見積り金額を払い渡し、裁決による補償金の額との差額を供託しなければならない。
3　認可事業者は、先取特権、質権若しくは抵当権又は仮登記若しくは買戻しの特約の登記に係る権利の目的物について補償金を支払うときは、これらの権利者のすべてから供託しなくてもよい旨の申出があったときを除き、その補償金を供託しなければならない。
4　前3項の規定による供託は、事業区域の所在地の供託所にしなければならない。
5　認可事業者は、第1項から第3項までの規定による供託をしたときは、遅滞なく、その旨を補償金を取得すべき者に通知しなければならない。

（物上代位）
**第34条**　前条第3項の先取特権、質権又は抵当権を有する者は、同項の規定により供託された補償金に対してその権利を行うことができる。

（事業区域の明渡しの代行）
**第35条**　第31条第3項本文の場合において次の各号のいずれかに該当するときは、市町村長は、認可事業者の請求により、物件の引渡し等を行うべき者（以下この条及び次条において「義務者」という。）に代わって、物件を引き渡し、又は移転しなければならない。
一　義務者がその責めに帰すことができない理由によりその義務を履行することができないとき。
二　認可事業者が過失がなくて義務者を確知することができないとき。
2　市町村長は、前項の規定により物件の引渡し等を行うのに要した費用を義務者から徴収するものとする。
3　前項の場合において、市町村長は、義務者及び認可事業者にあらかじめ通知した上で、第1項の規定により市町村長が物件の引渡し等を行うのに要した費用に充てるため、その費用の額の範囲内で、義務者が認可事業者から受けるべき第32条第1項の補償金を義務者に代わって受けることができる。
4　認可事業者が前項の規定により補償金の全部又は一部を市町村長に支払った場合においては、この法律の適用については、認可事業者が市町村長に支払った金額の

限度において、第32条第1項の補償金を支払ったものとみなす。
5　市町村長は、第2項に規定する費用を第3項の規定により徴収することができないとき、又は徴収することが適当でないと認めるときは、義務者に対し、あらかじめ納付すべき金額並びに納付の期限及び場所を通知して、これを納付させるものとする。
6　市町村長は、前項の規定によって通知を受けた者が同項の規定によって通知された期限を経過しても同項の規定により納付すべき金額を完納しないときは、督促状によって納付すべき期限を指定して督促しなければならない。
7　前項の規定による督促を受けた者がその指定の期限までに第5項の規定により納付すべき金額を納付しないときは、市町村長は、国税滞納処分の例によって、これを徴収することができる。この場合における徴収金の先取特権の順位は、国税及び地方税に次ぐものとする。

**（事業区域の明渡しの代執行）**
**第36条**　第31条第3項本文の場合において義務者がその義務を履行しないとき、履行しても十分でないとき、又は履行しても明渡しの期限までに完了する見込みがないときは、都道府県知事は、認可事業者の請求により、行政代執行法（昭和23年法律第43号）の定めるところに従い、自ら義務者のなすべき行為をし、又は第三者をしてこれをさせることができる。
2　前条第3項及び第4項の規定は、都道府県知事が前項の規定による代執行に要した費用を徴収する場合に準用する。

**（その他の損失の補償）**
**第37条**　第32条第1項に規定する損失のほか、第25条の規定による権利の行使の制限によって具体的な損失が生じたときは、当該損失を受けた者は、第21条第1項の規定による告示の日から1年以内に限り、認可事業者に対し、その損失の補償を請求することができる。
2　前項の規定による損失の補償については、第32条第2項、第4項及び第5項の規定を準用する。

**（原状回復の義務）**
**第38条**　認可事業者は、使用の認可の取消し、事業の廃止又は変更その他の事由によって事業区域の全部又は一部を使用する必要がなくなったときは、遅滞なく、当該事業区域の全部若しくは一部を原状に復し、又は当該事業区域の全部若しくは一部及びその周辺における安全の確保若しくは環境の保全のため必要な措置をとらなければならない。

## 第5章　雑則

**(手数料)**

**第39条**　第14条の規定によって国土交通大臣に対して使用の認可を申請する者は、国に実費を勘案して政令で定める額の手数料を納付しなければならない。ただし、その者が国又は都道府県であるときは、この限りでない。

**(鑑定人等の旅費及び手当の負担)**

**第40条**　第9条又は第32条第4項(第37条第2項において準用する場合を含む。)において準用する土地収用法第94条第6項において準用する同法第65条第6項の規定による鑑定人及び参考人の旅費及び手当は、事業者の負担とする。

**(行政手続法の適用除外)**

**第41条**　この法律において準用する土地収用法の規定により収用委員会又はその会長若しくは指名委員がする処分については、行政手続法第2章及び第3章の規定は、適用しない。

**(都道府県知事がした処分に対する審査請求)**

**第42条**　都道府県知事がした使用の認可に関する処分に不服がある者は、国土交通大臣に対して審査請求をすることができる。

**(不服申立てに対する決定及び裁決)**

**第43条**　国土交通大臣の第11条第1項の事業に係る使用の認可に関する処分についての異議申立て又は審査請求に対する決定又は裁決は、事業所管大臣の意見を聴いた後にしなければならない。

2　国土交通大臣は、使用の認可についての異議申立て又は審査請求があった場合において、使用の認可に至るまでの手続その他の行為に関して違法があっても、それが軽微なものであって使用の認可に影響を及ぼすおそれがないと認めるときは、決定又は裁決をもって当該異議申立て又は審査請求を棄却することができる。

**(使用の認可の手続の省略)**

**第44条**　異議申立て又は審査請求に対する決定又は裁決により使用の認可が取り消された場合において、国土交通大臣又は都道府県知事が再び使用の認可に関する処分をしようとするときは、使用の認可につき既に行った手続その他の行為は、法令の規定に違反するものとして当該取消しの理由となったものを除き、省略することができる。

**(訴訟)**

**第45条**　この法律において準用する土地収用法の規定に基づく収用委員会の裁決に

関する訴えは、これを提起した者が事業者であるときは損失を受けた者を、損失を受けた者であるときは事業者を、それぞれ被告としなければならない。

（期間の計算、通知及び書類の送達の方法に関する土地収用法の準用）
第46条　この法律又はこの法律に基づく命令の規定による期間の計算、通知及び書類の送達の方法については、土地収用法第135条の規定を準用する。

（代理人）
第47条　この法律で定める手続その他の行為を代理人が行うときは、当該代理人は、書面をもって、その権限を証明しなければならない。

（権限の委任）
第48条　この法律に規定する国土交通大臣又は事業所管大臣の権限は、政令で定めるところにより、その一部を地方支分部局の長に委任することができる。

（事務の区分）
第49条　この法律の規定により地方公共団体が処理することとされている事務のうち、次の各号に掲げるもの（第11条第1項の事業に関するものに限る。）は地方自治法第2条第9項第一号に規定する第一号法定受託事務と、第二号に掲げるもの（第11条第2項の事業に関するものに限る。）は同法第2条第9項第二号に規定する第二号法定受託事務とする。
一　都道府県が第9条において準用する土地収用法第11条第1項及び第4項並びに第14条第1項、第20条において準用する同法第24条第4項及び第5項並びに第25条第2項、第22条第3項及び第30条第6項において準用する同法第24条第4項及び第5項、第23条第1項、第36条第1項並びに同条第2項において準用する第35条第3項の規定により処理することとされている事務
二　市町村が第9条において準用する土地収用法第12条第2項並びに第14条第1項及び第3項、第20条において準用する同法第24条第2項、第22条第2項、第30条第5項並びに第35条第1項から第3項まで、第5項及び第6項の規定により処理することとされている事務

（指定都市の区に関する特例）
第50条　この法律（第7条第3項を除く。）の規定中市町村又は市町村長に関する規定は、地方自治法第252条の19第1項の指定都市にあっては、当該市の区若しくは区長に適用する。

（政令への委任）
第51条　この法律に定めるもののほか、この法律の実施のために必要な手続その他の事項については、政令で定める。

## 第6章　罰則

第52条　第9条又は第32条第4項（第37条第2項において準用する場合を含む。以下この章において同じ。）において準用する土地収用法第94条第6項において準用する同法第65条第1項第二号の規定によって、収用委員会に出頭を命じられた鑑定人が虚偽の鑑定をしたときは、1年以下の懲役又は50万円以下の罰金に処する。

第53条　次の各号のいずれかに該当する者は、50万円以下の罰金に処する。
一　第9条において準用する土地収用法第11条第1項に規定する場合において、都道府県知事の許可を受けないで土地に立ち入り、又は立ち入らせた事業者
二　第9条において準用する土地収用法第13条の規定に違反して同法第11条第3項の規定による立入りを拒み、又は妨げた者
三　第9条において準用する土地収用法第14条第1項に規定する場合において、市町村長の許可を受けないで障害物を伐除した者又は都道府県知事の許可を受けないで土地に試掘等（同項に規定する試掘等をいう。）を行った者

第54条　第9条又は第32条第4項において準用する土地収用法第94条第6項において準用する同法第65条第1項第三号の規定による実地調査を拒み、妨げ、又は忌避した者は、20万円以下の罰金に処する。

第55条　法人の代表者又は法人若しくは人の代理人、使用人その他の従業者が、その法人又は人の業務に関し、前2条の違反行為をしたときは、行為者を罰するほか、その法人又は人に対して各本条の刑を科する。

第56条　次の各号のいずれかに該当する場合は、10万円以下の過料に処する。
一　第9条又は第32条第4項において準用する土地収用法第94条第6項において準用する同法第65条第1項第一号の規定により出頭を命じられた者が、正当の事由がなくて出頭せず、陳述せず、又は虚偽の陳述をしたとき。
二　第9条又は第32条第4項において準用する土地収用法第94条第6項において準用する同法第65条第1項第一号の規定により資料の提出を命じられた者が、正当の事由がなくて資料を提出せず、又は虚偽の資料を提出したとき。
三　第9条又は第32条第4項において準用する土地収用法第94条第6項において準用する同法第65条第1項第二号の規定により出頭を命じられた鑑定人が、正当の事由がなくて出頭せず、又は鑑定をしないとき。

**附　則**（抄）

（施行期日）
1　この法律は、公布の日から起算して1年を超えない範囲内において政令で定める日から施行する。

## 【資料3】大深度地下の公共的使用に関する特別措置法施行令

(平成12年12月6日政令第500号)
(最終改正：平成17年3月24日政令第60号)

　内閣は、大深度地下の公共的使用に関する特別措置法（平成12年法律第87号）第2条第1項第一号及び第二号、第3条、第7条第1項、第16条第六号、第39条並びに第46条において準用する土地収用法（昭和26年法律第219号）第135条第2項の規定に基づき、この政令を制定する。

**（建築物の地下室及びその建設の用に通常供されることがない地下の深さ）**
**第1条**　大深度地下の公共的使用に関する特別措置法（以下「法」という。）第2条第1項第一号の政令で定める深さは、地表から40メートルとする。

**（通常の建築物の基礎ぐいを支持することができる地盤等）**
**第2条**　法第2条第1項第二号の通常の建築物の基礎ぐいを支持することができる地盤として政令で定めるものは、その地盤において建築物の基礎ぐいを支持することにより当該基礎ぐいが1平方メートル当たり2,500キロニュートン以上の許容支持力を有することとなる地盤（以下「支持地盤」という。）とする。
2　前項の許容支持力は、地盤調査の結果に基づき、国土交通大臣が定める方法により算出するものとする。
3　法第2条第1項第二号の政令で定める距離は、10メートルとする。

**（対象地域）**
**第3条**　法第3条の政令で定める地域は、別表第一のとおりとする。

**（大深度地下使用協議会）**
**第4条**　法第7条第1項の大深度地下使用協議会は、別表第二上欄に掲げる対象地域ごとに、次に掲げる国の行政機関及び同表下欄に定める都道府県により組織する。
　一　国土交通省
　二　法第4条各号に掲げる事業を所管する行政機関
　三　基本方針に定められた法第6条第2項第三号又は第四号に掲げる事項に関係す

る行政機関

**(設置する施設又は工作物の耐力)**

**第5条** 法第16条第六号の政令で定める耐力は、事業により設置する施設又は工作物の位置、土質及び地下水の状況に応じ、通常の建築物の建築により作用する荷重、土圧及び水圧に対して当該施設又は工作物が安全であることが、国土交通大臣の定める方法により確かめることができる最低の耐力とする。

2 前項の通常の建築物の建築により作用する荷重は、その建築により地表から25メートルの深さまで排土するものとした場合において増加荷重が1平方メートル当たり300キロニュートンとなる建築物（当該建築物を通常の建築物として想定することが、その区域に適用される法令の規定による制限（建築物の高さ制限その他の建築することができる建築物の荷重に影響を及ぼす制限に限る。）からみて適切でない区域として国土交通大臣が指定する区域にあっては、当該区域において建築が想定される最大の荷重の建築物として別に国土交通大臣が定める荷重の建築物）が施設又は工作物に作用する荷重とし、土質、地下水の状況及び支持地盤の位置に応じ、国土交通大臣が定める方法により算定するものとする。

**(手数料)**

**第6条** 法第39条の規定による手数料の額は、一件につき次のとおりとする。

一 事業区域の延長が2キロメートル以下の場合 70万8,800円（電子申請（行政手続等における情報通信の技術の利用に関する法律（平成14年法律第151号）第3条第1項の規定により同項に規定する電子情報処理組織を使用して行う申請をいう。次号において同じ。）による場合にあっては、70万6,400円）

二 事業区域の延長が2キロメートルを超える場合 70万8,800円（電子申請による場合にあっては、70万6,400円）に事業区域の延長の2キロメートルを超える部分が1キロメートルに達するごとに14万4,600円を加えた金額

**(通知)**

**第7条** 通知は、書面によってしなければならない。ただし、法第9条において準用する土地収用法第14条第2項及び第3項の規定による通知は、口頭ですることができる。

2 法第9条において準用する土地収用法第11条第4項、第12条第2項及び第94条第5項、法第21条第1項、法第24条、法第32条第4項（法第37条第2項において準用する場合を含む。）において準用する土地収用法第94条第5項、法第35条第3項（法第36条第2項において準用する場合を含む。）並びに法第35条第5項の規定による通知は、通知すべき者が自ら通知をしない場合においては、その命じた職

員をして通知を受けるべき者に交付させること又は書留郵便若しくは民間事業者による信書の送達に関する法律（平成14年法律第99号）第2条第6項に規定する一般信書便事業者若しくは同条第9項に規定する特定信書便事業者の提供する同条第2項に規定する信書便の役務のうち書留郵便に準ずるものとして国土交通大臣が定めるものによって通知を受けるべき者に送付することによって行わなければならない。

3　民事訴訟法（平成8年法律第109号）第102条、第103条、第105条、第106条及び第109条の規定は、前項の規定によって通知をする場合に準用する。この場合において、同法第102条第1項中「訴訟無能力者」とあるのは「未成年者（独立して法律行為をすることができる場合を除く。）又は成年被後見人」と、同法第109条中「裁判所」とあるのは「通知すべき者」と読み替えるものとする。

4　前項において準用する民事訴訟法第106条第2項の規定による通知がされたときは、通知すべき者が命じた職員は、その旨を通知を受けた者に通知しなければならない。

第8条　市町村長は、法第35条第3項の規定により通知をする場合において、通知を受けるべき者の住所、居所その他通知すべき場所を確知することができないとき又は前条第3項の規定によることができないときは、公示による通知を行うことができる。

2　公示による通知は、通知すべき書類を通知を受けるべき者にいつでも交付する旨を市町村の掲示場に掲示して行うものとする。

3　市町村長は、必要があると認めるときは、事業区域の所在する都道府県の知事に対して公示による通知があった旨を都道府県の掲示場に掲示するとともに都道府県の公報に掲載することを求め、通知を受けるべき者の住所若しくはその者の最後の住所の属する市町村の長に対して公示による通知があった旨を掲示することを求め、又は公示による通知があった旨を官報に掲載することができる。

4　前項の求めを受けた都道府県知事又は市町村長は、それぞれ、その求めを受けた日から1週間以内に、都道府県の掲示場に掲示するとともに都道府県の公報に掲載し、又は当該市町村の掲示場に掲示しなければならない。

5　市町村長が第2項の規定による掲示をしたときは、その掲示を始めた日の翌日から起算して20日を経過した時に通知があったものとみなす。

第9条　前条の規定は、法第36条第2項において準用する法第35条第3項の規定により都道府県知事が通知をする場合に準用する。この場合において、前条第1項、第3項及び第5項中「市町村長」とあるのは「都道府県知事」と、同条第2

項中「市町村の掲示場に掲示して」とあるのは「都道府県の掲示場に掲示するとともに都道府県の公報に掲載して」と、同条第3項中「所在する都道府県の知事に対して公示による通知があった旨を都道府県の掲示場に掲示するとともに都道府県の公報に掲載することを求め、」とあるのは「所在する市町村の長若しくは」と、同条第4項中「前項の求めを受けた都道府県知事又は市町村長は、それぞれ、その」とあるのは「市町村長は、前項の」と、「都道府県の掲示場に掲示するとともに都道府県の公報に掲載し、又は当該市町村」とあるのは「当該市町村」と、同条第5項中「掲示をした」とあるのは「掲示及び掲載をした」と読み替えるものとする。

**第10条** 前3条の規定によるほか、土地収用法施行令（昭和26年政令第342号）第5条の規定は、法第9条及び第32条第4項（法第37条第2項において準用する場合を含む。）において準用する土地収用法第94条第5項の規定により収用委員会が通知をする場合に準用する。この場合において、同令第5条第1項中「前条第2項」とあるのは「大深度地下の公共的使用に関する特別措置法施行令（平成12年政令第500号）第7条第3項」と、同項から同条第3項までの規定中「公示送達」とあるのは「公示による通知」と、同項中「収用し、若しくは使用しようとする土地（法第5条に掲げる権利を収用し、又は使用する場合にあつては当該権利の目的であり、又は当該権利に関係のある土地、河川の敷地、海底、水又は立木、建物その他土地に定着する物件、法第6条に掲げる立木、建物その他土地に定着する物件を収用し、又は使用する場合にあつては立木、建物その他土地に定着する物件、法第7条に規定する土石砂れきを収用する場合にあつては土石砂れきの属する土地）」とあるのは「事業区域」と読み替えるものとする。

**（書類の送達）**

**第11条** 書類の送達については、土地収用法施行令第4条第1項から第3項まで及び第5条の規定を準用する。この場合において、同条第3項中「収用し、若しくは使用しようとする土地（法第5条に掲げる権利を収用し、又は使用する場合にあつては当該権利の目的であり、又は当該権利に関係のある土地、河川の敷地、海底、水又は立木、建物その他土地に定着する物件、法第6条に掲げる立木、建物その他土地に定着する物件を収用し、又は使用する場合にあつては立木、建物その他土地に定着する物件、法第7条に規定する土石砂れきを収用する場合にあつては土石砂れきの属する土地）」とあるのは、「事業区域」と読み替えるものとする。

**（事務の区分）**

第12条　この政令の規定により地方公共団体が処理することとされている事務のうち、次の各号に掲げるもの（法第11条第1項の事業に関するものに限る。）は地方自治法（昭和22年法律第67号）第2条第9項第一号に規定する第一号法定受託事務と、第二号に掲げるもの（法第11条第2項の事業に関するものに限る。）は同法第2条第9項第二号に規定する第二号法定受託事務とする。
　一　都道府県が第8条第4項、第9条において準用する第8条第1項及び第3項並びに第10条及び前条において準用する土地収用法施行令第5条第1項及び第3項の規定により処理することとされている事務
　二　市町村が第8条第1項及び第3項、同条第4項（第9条において準用する場合を含む。）並びに第10条及び前条において準用する土地収用法施行令第5条第4項の規定により処理することとされている事務

## 附　則

**（施行期日）**
第1条　この政令は、法の施行の日（平成13年4月1日）から施行する。


**別表第一**　（第3条関係）

| 対象地域の名称 | 対象地域の範囲 |
| --- | --- |
| 首都圏の対象地域 | その区域の全部又は一部が首都圏整備法（昭和31年法律第83号）第2条第3項に規定する既成市街地又は同条第4項に規定する近郊整備地帯の区域内にある市（特別区を含む。）及び町村の区域 |
| 近畿圏の対象地域 | その区域の全部又は一部が近畿圏整備法（昭和38年法律第129号）第2条第3項に規定する既成都市区域又は同条第4項に規定する近郊整備区域の区域内にある市町村の区域 |
| 中部圏の対象地域 | その区域の全部又は一部が中部圏開発整備法（昭和41年法律第102号）第2条第3項に規定する都市整備区域の区域内にある市町村の区域 |
| 備考　この表に掲げる区域は、平成13年4月1日において定められている区域によるものとする。 ||


**別表第二**　（第4条関係）

| 対象地域 | 都道府県 |
| --- | --- |
| 首都圏の対象地域 | 茨城県　埼玉県　千葉県　東京都　神奈川県 |
| 近畿圏の対象地域 | 京都府　大阪府　兵庫県　奈良県 |
| 中部圏の対象地域 | 愛知県　三重県 |

# 【資料4】大深度地下の公共的使用に関する特別措置法施行規則

（平成12年12月28日総理府令第157号）
（最終改正：平成24年1月30日国土交通省令第2号）

　大深度地下の公共的使用に関する特別措置法（平成12年法律第87号）の規定に基づき、及び同法を実施するため、大深度地下の公共的使用に関する特別措置法施行規則を次のように定める。

**（証票及び許可証の様式）**
**第1条**　大深度地下の公共的使用に関する特別措置法（以下「法」という。）第9条において準用する土地収用法（昭和26年法律第219号）第15条第4項の規定による同条第1項に規定する証票の様式は、別記様式第一とする。
2　法第9条において準用する土地収用法第15条第4項の規定による同条第1項に規定する許可証の様式は、別記様式第二とする。
3　法第9条において準用する土地収用法第15条第4項の規定による同条第2項に規定する証票の様式は、別記様式第三とする。
4　法第9条において準用する土地収用法第15条第4項の規定による同条第2項に規定する許可証の様式は、障害物を伐除しようとする者にあっては別記様式第四、土地に試掘等を行おうとする者にあっては別記様式第四の二とする。
5　法第9条又は法第32条第4項（法第37条第2項において準用する場合を含む。）において準用する土地収用法第94条第6項において準用する同法第65条第4項の規定による証票の様式は、別記様式第五とする。

**（損失の補償の裁決申請書の様式）**
**第2条**　法第9条又は法第32条第4項（法第37条第2項において準用する場合を含む。）において準用する土地収用法第94条第3項の規定による裁決申請書の様式は、別記様式第六とし、正本1部及び写し1部を提出するものとする。

**（事業概要書の様式等）**
**第3条**　事業者は、法第12条第1項の規定による事業概要書を別記様式第七により作成し、事業区域のおおむねの位置及び施設等の構造の概要を表示した事業概要

図（平面図、縦断面図及び横断面図）を添付して送付するものとする。
2　法第12条第1項第五号の国土交通省令で定める事項は、事業計画の概要とする。

**（事業概要書の公告の方法）**

**第4条**　法第12条第2項の規定による公告は、次に掲げる方法のうち適切な方法により行うものとする。
　一　官報への掲載
　二　関係都道府県の協力を得て、関係都道府県の公報又は広報紙に掲載すること。
　三　関係市町村の協力を得て、関係市町村の公報又は広報紙に掲載すること。
　四　時事に関する事項を掲載する日刊新聞紙への掲載

**（事業概要書について公告する事項）**

**第5条**　法第12条第2項の国土交通省令で定める事項は、次に掲げるものとする。
　一　法第12条第1項各号に掲げる事業概要書の記載事項
　二　事業概要書の縦覧の場所、期間及び時間
　三　公告された事業に関し法第4条各号に掲げる事業との共同化、事業区域の調整その他必要な調整の申出ができる旨
　四　法第12条第5項の規定による申出期限及び申出先その他申出に関し必要な事項

**（調書の記載事項及び様式）**

**第6条**　法第13条第1項第五号の国土交通省令で定める事項は、物件又は物件に関する権利に対する損失の補償の見積り及びその内訳とする。
2　法第13条第2項の規定による調書の様式は、別記様式第八とする。

**（使用認可申請書の様式等）**

**第7条**　法第14条第1項の規定による使用認可申請書の様式は、別記様式第九とし、正本1部並びに事業区域が所在する都道府県及び市町村の数の合計に1を加えた部数の写しを提出するものとする。
2　法第14条第1項第三号の事業区域は、当該事業区域に係る土地の所在及び地表からの深さをもって立体的な範囲を明らかにするものとする。
3　事業区域の全部又は一部について、他の事業者と共同して事業を施行する場合には、共同して法第10条の使用の認可の申請をすることができる。

**（使用認可申請書の添付書類の様式等）**

**第8条**　法第14条第2項各号に掲げる添付書類は、それぞれ次の各号に定めるところによって作成し、正本1部及び前条第1項の規定による使用認可申請書と同じ部数の写しを提出するものとする。

一　法第14条第2項第二号の事業計画書は、次に掲げる事項を記載するものとし、その内容を説明する参考書類があるときは、あわせて添付するものとする。
　　イ　事業計画の概要
　　ロ　設置する施設又は工作物の工事の着手及び完成の予定時期
　　ハ　事業に要する経費及びその財源
　　ニ　大深度地下において事業の施行を必要とする公益上の理由
　　ホ　事業区域を当該事業に用いることが相当であり、又は大深度地下の適正かつ合理的な利用に寄与することとなる理由
二　法第14条第2項第三号の事業区域を表示する図面は、平面図、縦断面図、横断面図その他必要な図面とする。
三　前号の平面図は、次に定めるところにより作成し、符号は、国土地理院発行の縮尺5万分の1の地形図の図式により、これにないものは適宜のものによるものとする。
　　イ　縮尺2万5,000分の1（2万5,000分の1がない場合は5万分の1）の一般図によって事業区域に係る土地の位置を示すこと。
　　ロ　縮尺100分の1から3,000分の1程度までの間で、事業区域に係る土地を表示するに便利な適宜の縮尺の地形図によって事業区域に係る土地を薄い黄色で着色し、事業区域内に井戸その他の物件があるときは、当該物件が存する土地の部分を薄い赤色で着色すること。
四　第二号の縦断面図及び横断面図には、事業区域内に物件があるときは、当該物件を図示するものとする。
五　法第14条第2項第三号の事業計画を表示する図面は、縮尺50分の1から3,000分の1程度までの平面図、縦断面図、横断面図その他必要な図面によって、施設又は工作物の位置及び内容が明らかとなるよう作成するものとする。
六　法第14条第2項第四号の事業区域が大深度地下にあることを証する書類は、ボーリング調査、物理探査等による地盤調査の結果を記載して、当該事業区域が大深度地下にあることを明らかにしたものとする。
七　法第14条第2項第八号の事業の用に供する者又は第九号若しくは第十号の行政機関の意見がないときは、その事実を明らかにするものとする。
八　法第14条第2項第十二号の国土交通省令で定める事項は、基本方針に定められた法第6条第2項第三号に掲げる事項に係る措置（法第14条第2項第七号に掲げる書類に記載された措置を除く。）を記載した書類とする。

**（公聴会の手続）**

第9条　法第20条において準用する土地収用法第23条第3項の規定による公聴会の手続に関して必要な事項については、土地収用法施行規則（昭和26年建設省令第33号）第5条から第12条までの規定を準用する。この場合において、同令第5条、第6条第2項第一号、第7条第1項、第8条第1項、第9条及び第11条第2項中「起業者」とあるのは「事業者」と、同令第6条第1項中「法第23条第2項（法第138条第1項において準用する場合を含む。）」とあるのは「大深度地下の公共的使用に関する特別措置法第20条において準用する法第23条第2項」と、「起業地の存する」とあるのは「事業区域が所在する」と、同令第7条第1項及び第10条第1項中「事業の認定」とあるのは「使用の認可」と読み替えるものとする。

（登録簿の調製）

第10条　登録簿は、調書及び図面をもって組成する。

2　前項の調書には、次に掲げる事項を記載するものとする。
　一　使用の認可の年月日
　二　認可事業者の名称
　三　事業の種類
　四　事業により設置する施設又は工作物の耐力
　五　事業区域
　六　使用の期間
　七　調製年月日

3　第1項の図面は、第8条の規定により提出された法第14条第2項第三号の事業区域及び事業計画を表示する図面の写しとする。

4　都道府県知事は、第1項の調書又は図面について変更があったときは、速やかに、登録簿に必要な修正を加えなければならない。

（登録簿の閲覧）

第11条　都道府県知事は、登録簿を公衆の閲覧に供するため、登録簿閲覧所（次項において単に「閲覧所」という。）を設けなければならない。

2　都道府県知事は、前項の規定により閲覧所を設けたときは、当該閲覧所の閲覧規則を定めるとともに、当該閲覧所の場所及び閲覧規則を告示しなければならない。

（承認申請書の様式）

第12条　法第28条第3項の規定による承認の申請書の様式は、別記様式第十とする。

（事業の廃止又は変更の届出の様式）

第13条　法第30条第1項の規定による事業の廃止又は変更の届出の様式は、別記様式第十一とする。

## 附　則

　この府令は、法の施行の日（平成13年4月1日）から施行する。

# 【資料5】大深度地下の公共的使用に関する基本方針

(平成13年4月3日閣議決定)

　我が国国民が豊かさとゆとりを実感できる社会を実現するためには、良質な社会資本を整備していくことが不可欠であり、その整備に当たっては、効率的・効果的に事業を実施することが従来にも増して強く求められている。
　しかしながら、土地利用の高度化・複雑化が進んでいる大都市地域においては、事業を地上や浅い地下（浅深度地下）において効率的・効果的に行うことが難しい傾向にある。このため、土地所有者等による通常の利用が行われない大深度地下の利用が進められつつある。

　また、21世紀を迎え、国民生活の成熟化に伴い、憩いの空間の充実、都市景観の向上等による都市の環境・アメニティーの充実といった質の高い都市生活への志向が高まっていく中で、安全でうるおいのある生活空間の再生を図るためには、大深度地下を含めた地下空間を活用した社会資本整備が有効な手段の一つとなってくると考えられる。

　一方、大深度地下は、大都市地域に残された貴重な空間であり、また、いったん施設を設置するとその施設を撤去することが困難であること等から、大深度地下の利用に当たっては、早い者勝ち、虫食い的な乱開発を避け、適正かつ合理的な利用を図ることが強く求められる。また、安全の確保や環境の保全等に関しても十分に配慮する必要がある。

　これらの状況を踏まえ、公共の利益となる事業による大深度地下の使用について、国民の権利保護に留意しつつ、円滑に使用するための要件、手続等について特別の措置を講ずる「大深度地下の公共的使用に関する特別措置法」（平成12年法律第87号。以下「法」という。）が成立したところである。

　本方針は、法第6条の規定に基づき大深度地下の公共的使用に関する基本的事項を

定め、事業の適切な計画・調整に資するものとするとともに、事業計画が本方針に適合していることを使用の認可の要件の一つとするものである。

　なお、本方針は、今後の地下利用に関する技術の変化等、事情の変更に応じて、所要の見直しを行うものとする。

## Ⅰ　大深度地下における公共の利益となる事業の円滑な遂行に関する基本的な事項

### 1　公共の利益となる事業について

　近年、大都市地域において土地利用が高度化・複雑化している状況を考えると、大深度地下は大都市地域に残された貴重な公共的空間であり、また、いったん設置した施設の撤去が困難である等の特性を有するため、大深度地下を使用する事業は公益上の必要性があるものでなければならない。その公益性の考え方は以下のとおりである。

(1)　社会資本の効率的・効果的整備

　法に基づき大深度地下を使用する事業については、大深度地下を使用することにより、権利調整期間の短縮化、合理的なルートの選択、円滑な事業の実施、用地費の低減、騒音・振動の軽減等による居住環境への影響の低減、耐震性の確保等を図ることができ、良質な社会資本の効率的・効果的整備に資するものである必要がある。

　また、大深度地下を使用する社会資本整備事業は、国土の利用と深く関わるものであることから、全国総合開発計画その他の国土計画又は地方計画に関する法律に基づく計画及び道路、河川、鉄道等の施設に関する国の計画との調和を図る必要があるとともに、今後の社会的ニーズや需要動向をも含めた評価を踏まえたものでなければならない。

(2)　大深度地下を活用した地上の都市空間の再生

　単に良質な社会資本の効率的・効果的整備という観点だけではなく、大深度地下を活用して地上の都市空間を再生させるという観点から、地上にある施設を地下化することにより、地上をゆとりある空間として、緑、せせらぎを取り戻し、都市の美観・環境を回復するとともに、安全な歩行者空間の創出、防災空間を形成する等、質の高い都市生活の実現を目指していく必要がある。

今後、大都市地域においては、比較的早期に整備された社会資本の機能の陳腐化・老朽化が見込まれることから、既存施設の更新等にあわせて大深度地下を活用した都市基盤の整備を図ることが考えられ、国、地方公共団体及び事業者は、地域・住民と連携して、都市の再生のための大深度地下の活用について検討を進めていく必要がある。

## 2　事業の円滑な遂行のための方策

### (1)　事業に係る説明責任

　事業に対する国民への説明責任（アカウンタビリティー）を果たすため、事業の構想・計画段階から、事業者は、住民等に対して関係する情報の公開等を行うとともに、大深度地下の使用の認可申請を行った場合には、必要に応じ、説明会の開催等により住民への周知措置を適切に行うことが必要である。

　大深度地下の使用の認可を行う国土交通大臣又は都道府県知事は、事業区域にある既存物件の移転又は除却が多数必要となる等事業の内容等に照らし必要があると認める場合には、法第19条に基づき、事業者に対し説明会の開催等を求めるとともに、利害関係者から公聴会を開催すべき旨の請求があった場合等必要があると認める場合には、公聴会の開催等により広く意見を求めることとする。

### (2)　地上・浅深度地下の施設との調整

　大深度地下の特性、用途によっては、地上及び浅深度地下の施設との適切なアクセスを確保することが、事業が十分に機能するために重要であり、事業者と地上及び浅深度地下の施設管理者間で、地上及び浅深度地下の施設の機能を阻害することのないよう十分留意した上で、アクセスの確保について調整を図る必要がある。

　また、大深度地下の事業と地上及び浅深度地下の事業との間で相互に支障が生じないようにすることも重要であり、事業者等においては、大深度地下使用協議会等を活用して、早い段階から相互に連携調整を図り、円滑な準備を行うことが必要である。

### (3)　土地収用制度等との連携

#### ①　土地収用制度

　　大深度地下とともに地上又は浅深度地下を使用する事業については、地上又は浅深度地下の使用も確実に担保される必要があるため、事業者は、土地収用制度等他の制度の適切な活用も視野に入れつつ、地上及び浅深度地下の部分の確実な

用地取得、使用権取得に努めなければならない。

　国土交通大臣又は都道府県知事は、地上及び浅深度地下部分の使用権等の取得の見込みを考慮して大深度地下の使用の認可を行うとともに、土地収用法（昭和26年法律第219号）による事業認定が必要な場合には、大深度地下の使用認可と土地収用法に基づく事業認定の時期の整合をとる等、土地収用制度との間で運用面での連携を図る必要がある。

② 都市計画制度

　大深度地下とともに地上又は浅深度地下を使用する事業については、必要に応じて、地上又は浅深度地下における合意形成や計画調整を図るためにも、都市計画制度を活用し、事業の円滑な実施を図ることが必要である。

　大深度地下を使用する施設のうち都市計画として定める施設については、事業の構想段階から、都市計画策定手続と大深度地下使用協議会での調整との間で連携を図り、施設の整備が円滑に行われるよう努めることが必要である。

　都市計画に定められた施設に関する事業については、国土交通大臣又は都道府県知事は、都市計画に適合して使用の認可を行う必要がある。

　また、大深度地下を使用する施設を都市計画として定める場合においては、立体的な範囲を都市計画に定めることが望ましい。

(4) その他

① 損害賠償

　事業の実施に当たり、事前に井戸枯れ等の損害の発生が確実に予見される場合には、事業者は、あらかじめ損害賠償金の支払いを行うとともに、損害が発生した場合には適切な対応を行う必要がある。

② 事業区域の原状回復

　事業者は、事業区域の全部又は一部を使用する必要がなくなったときは、砂等で埋め戻すことにより遅滞なく原状に復すこととする。原状回復が困難な場合には、当該事業区域又はその周辺における安全の確保若しくは環境の保全のため必要な措置をとらなければならない。

　また、当該措置が行われなかった場合には、行政代執行法の手続により、原状回復を求めていくこととする。

# Ⅱ 大深度地下の適正かつ合理的な利用に関する基本的な事項

## 1 大深度地下空間の利用調整

(1) 大深度地下空間の施設配置・利用の基本的考え方

　大深度地下は大都市地域に残された貴重な空間であり、また、いったん施設を設置するとその施設を撤去することが困難であること等から、大深度地下の利用、施設配置については、早い者勝ち、虫食い的な乱開発を避け、空間の利用調整を行い、適正かつ合理的な利用を図ることが求められている。

　この場合において、他の事業との利用調整により設置位置が深くなる施設等については、コスト、利便性等の面での問題が生じることが想定されるため、具体的にどのように大深度地下空間での施設配置・利用を行っていくかについて、現在の地下利用、大深度地下利用の見込み等地域の現状等を踏まえ、事業間の調整を行っていく必要がある。

　なお、大深度地下空間の施設配置・利用の基本的考え方は以下のとおりである。

① 鉛直配置

　現在のところ、大深度地下は鉛直方向に利用可能な範囲が地下40m〜100m程度の空間であり、トンネルが数本交差すれば空間として閉塞され、利用が不可能となるとともに、交差の問題からトンネルを上下にずらす必要が生じる可能性がある。

　交差に当たっては、施設の方向性により配置を定める方法と施設の特性により配置を定める方法が考えられるが、施設の方向性についてみれば、環状方向と放射方向、東西方向と南北方向のように方向性をもって整備される施設ごとに、利用する深度を定めることによって、可能な限り空間を整序することとする。

　また、施設の特性についてみれば、利用者が不特定多数の有人施設、地上及び浅深度地下の施設へのアクセスに対して構造上の制約を受ける施設、地上及び浅深度地下の施設への移動に対して重力が作用し多大なエネルギーを必要とする施設等については、可能な限り上部に配置することとする。

　なお、施設の線形の自由度の高い施設については、空間の利用調整に関し、線形の融通を行うことが、大深度地下空間の有効活用に資するものと考えられる。

② 平面配置

　　大深度地下は平面的には広い空間であり、他の事業の構想・計画を踏まえ、可能な限り将来の事業に必要となる空間を確保して施設を配置することとする。

　　また、地上とのアクセス空間が大規模となる施設は、可能な限り、アクセス空間の確保が比較的容易である道路等の公共用地又はその近傍の大深度地下に平面配置することとする。

　　なお、公共用地をアクセス空間として利用する場合には、地上部の施設の機能を阻害することのないよう十分留意する必要がある。

③ 共同化

　　大深度地下の合理的な利用を図るためには、事業の共同化が有効な手段であり、共同化することの経済性、受益に応じた適正な費用負担、維持管理の問題等に配慮しつつ、共同化等に向けた事業間調整を行う必要がある。

(2) 大深度地下使用協議会の活用等

① 事業構想段階からの調整

　　大深度地下の使用に当たっては、長期的・広域的視点に立った計画的かつ効率的な利用に努める必要がある。

　　このため、事業者は、事業を実施する場合には、構想段階等の早い段階から、他の事業者との間で、事業区域の位置、事業の共同化等について、適切な調整を行うこと等により、施設の特性に応じた適切な配置、共同化等の効率的な空間利用を図り、適正かつ計画的な利用を確保することが必要である。

　　大深度地下使用協議会については、定期的に開催することにより、大深度地下利用に関する情報収集の充実を図るとともに、必要に応じて事業者、関係市町村等に対する協議会への出席、資料提供、説明等必要な協力を求める等、早い段階から個別事業に関する情報交換、個別事業間の調整を行うこととする。

　　事業を所管する行政機関は、事業者から、将来の大深度地下利用に関する構想・計画を調査し、大深度地下使用協議会等を活用してとりまとめ・公表する等、必要な情報収集・公開に努めるものとする。

　　また、大深度地下使用協議会においては、関係事業者及び学識経験者の意見を十分に聴く等、適切な運用が行われるよう努めることとするとともに、広く一般への公開に努めるものとする。

　　なお、大深度地下使用協議会の運営に関する事務については、国土交通省地方

整備局が担当することとする。

② 事業が具体化した時点の個別の調整

事業が具体化した時点においては、事業の概ねの実施予定位置を踏まえ、近接又は同一の事業区域で事業を施行し、又は施行しようとする他の事業者との間で、施設の適切な配置や共同化等の効率的な空間利用を図る必要がある。

法第12条に基づく事業間調整の手続により、他の事業者から事業施設の共同化の検討、事業区域の調整の申出があった場合には、事業者は調整に努めねばならない。

調整に当たっては、客観性を高める等の観点から、大深度地下使用協議会を積極的に活用して調整を行い、調整を経た上で、事業者は法第14条に基づく認可申請を行うこととする。

2 既存の施設等の構造等に支障が生じるおそれがある場合の措置

事業区域に近接している既存の施設又は工作物その他の物件について、当該事業の工事の実施や施設等の設置により、構造上の安全や当該施設等の機能に支障が生じるおそれがある場合には、事業者は支障が生じないよう適切な処置を講ずる必要がある。

事業者は法第12条に基づく事業間調整の手続により、工事の実施等について他の事業者から調整の申出があった場合には、事業者は大深度地下使用協議会を活用して調整に努め、適切な処置を講じなければならない。

また、大深度地下の使用の認可により、土地に関するその他の権利については制限されるものの、当該制限は鉱業権には及ばないため、鉱業権の移転・除却等に関する調整については、事業者と鉱業権者との間で調整がなされることを基本としつつ、大深度地下使用協議会等を活用し適切な対応を講じる必要がある。

## Ⅲ 安全の確保、環境の保全その他大深度地下の公共的使用に際し配慮すべき事項

1 安全の確保

大深度地下における安全の確保は、大深度地下の施設を人間の活動空間の一つとして利用するためには非常に重要な課題である。安全上の課題となる主な災害として

は、火災・爆発、停電等が挙げられる。

(1) 火災・爆発

　火災は、出火、延焼等の段階を経て重大な災害に進展していくことが懸念されるため、施設の不燃化や可燃物の減少等により火災の発生を極力抑える対策とともに、火災の初期の段階において適切な対策を実施することにより、既存の施設と同様に特に人的被害の防止を目指すなど、施設毎に用途、深度、規模等を踏まえ、施設・設備面及び管理・運用面の安全対策を確立することが必要である。

① 線的施設

　トンネル等の線的施設については、現時点で既に利用されている長大な山岳トンネル、海底トンネル等、その規模、深度からみて、大深度地下施設と十分な類似性を有すると想定される施設の安全対策の考え方に基づいて対応する必要がある。

② 点的施設

　ある程度の広がりを持つ施設を含む点的施設については、地表への鉛直距離、空間の閉鎖性といった特徴を有する類似の大規模施設と言える高層建築の安全対策の考え方に基づいて対応する必要があるが、重力に逆らって地上方向へ避難することから、避難時間の長時間化が懸念されるため、安全度の高い防火防煙区画を適切に採用し、火災時には水平移動等によりそこへ避難できるようにする等の工夫をするとともに、利用者への情報伝達を適切に行う必要がある。

　また、煙が流れる方向と消防隊の進入方向が逆行することや施設外部からの情報収集が困難であること等により消防活動が困難になることも懸念されるため、防火防煙対策がなされた消防用進入路の適切な配置、状況の確認のための各種センサーや非常用の通信設備の設置等の対策を行う必要がある。

　なお、点的施設と線的施設又は点的施設同士の複合施設については、単一施設と比較して火災被害を抑制するための火煙の制御、消防活動、避難誘導等の困難性が増すこともあるため、その設置に当たっては、より慎重な対応が必要である。

(2) 地震

　大深度地下は、地上及び浅深度地下よりも地震動による影響を受けにくい特徴を有

しており、地震による被害は、主に地上等との接続部分で発生することが懸念されるため、これを念頭に置いた施設の設計を行う必要がある。

　また、地震時に大きな影響を受ける活断層上への施設の設置については、極力避けるべきではあるが、やむを得ず活断層上へ設置せざるを得ない場合においても適切な対策を講じる必要がある。

　なお、空気、水、エネルギーの供給ライン等への被害による施設機能の低下については、各種設備の耐震化、非常用設備の設置等の対策により信頼性の向上を図ることが必要である。

(3)　浸水

　地下施設においては重力に逆らった地上への排水が必要となるため、浸水被害への対策を十分に行う必要がある。集中豪雨、洪水等による地上からの水の流入に加え、大深度地下は地下水圧が高いため、施設の破損等が生じた場合には施設内へ漏水する可能性が高いことを考慮し、止水施設の設置、十分な容量の排水設備の設置等の地上からの水の流入に対する浸水の防止、施設内への漏水に対する止水性（水密性）の向上が必要である。

　また、浸水の可能性が高い場合又は浸水が起こった場合に、利用者への情報伝達及び避難誘導が迅速に行えるよう非常用設備の設置等の対策を講ずる必要がある。

(4)　停電

　地下施設は移動手段、照明、空間設備等に電力が供給されることによって成り立つ人工空間であるため、特に一般有人施設において、停電は種々の設備の停止やこれに伴うパニックの発生等の重大な事態につながるおそれがある。このため、複数系統の受配電システムの形成、十分な容量と稼働時間を持つ非常用電源の設置、また、これらの設備の耐震化、浸水対策等により信頼性の向上を図る必要がある。

(5)　救急・救助活動

　大深度地下の施設については出入口が限定されるとともに、上下方向の移動距離が長くなることから、搬送手段の確保等円滑な救急・救助活動が確保できるよう、施設面の対策、救急センターの位置表示等の情報提供、関係者の協力体制の構築といった管理面の対策を講ずる必要がある。

(6) 犯罪防止

　犯罪発生を事前に防止できるよう明るく見通しの良い空間設計に努めるとともに、防犯カメラの設置、警備員の巡回等の監視体制の充実及び通信手段の確保が効果的である。また、施設の重要度に応じて、大深度地下施設へのアクセスポイントにおける出入監視・管理の実施等を行う必要がある。

(7) その他

　地下施設については、閉塞感、圧迫感、迷路性、外部眺望や自然光の不足等に起因する漠然とした不安感は、快適さに関する心理的な悪影響のみならず、災害時のパニックの遠因となることも懸念される。この対策として、安全性に対する平常時の利用者への周知と併せて、地下空間についてのデザインを工夫することが必要である。

## 2　環境の保全

　大深度地下を使用する事業については、騒音、振動、景観、動植物等に関して、地上・浅深度地下と比較して環境影響が小さくなる利点がある一方、特に配慮すべき事項として、地下水位・水圧の低下、地盤沈下等がある。

　大深度地下を使用する事業を円滑に進めるためには、以下の (1) ～ (5) に掲げる事項を踏まえ、環境影響評価法（平成9年法律第81号）又は地方公共団体の条例・要綱に基づく環境影響評価手続を行うことにより、環境への影響が著しいものとならないことを示しつつ、地域の理解を得ていくことが必要であり、環境影響評価手続の対象とならない事業についても、(1) ～ (5) に掲げる事項を踏まえた環境対策を行う必要がある。

　なお、大深度地下の実際の使用に当たっては、個々の施設毎に詳細な調査分析を行い、計画、設計、施工、供用・維持の各段階で環境対策を検討していくことが必要である。特に、供用中においては、継続的にモニタリングを実施する等により、基礎的なデータを蓄積し、環境への影響の発生を早期に発見するための方策を講じる必要がある。

　また、各地域で土地利用状況、地盤状況等が異なるため、それぞれの地域での正確な現状調査に基づき、実態を踏まえた対策とすることが必要である。

(1) 地下水

　① 地下水位・水圧低下による取水障害・地盤沈下

　　　地下水の取水障害や地盤沈下の影響が出ないよう、地下水位・水圧の低下を抑える必要があり、地下水位・水圧低下の原因となる施設内への漏水に対して止水性（水密性）の向上を図る等の対応が必要である。

　　　また、施工時の地下水位・水圧低下についても影響を与えないよう、慎重に施工を行う必要がある。

　② 地下水の流動阻害

　　　施設の設置により、地下水の流動に影響を与え、環境問題となるおそれのある場合には、シミュレーションを行う等事前に対策を行う必要がある。

　③ 地下水の水質

　　　地下水の汚染を防止するため、地下水への影響の少ない工法の採用を検討し、やむを得ず地盤改良工法等を採用する場合においても、地下水汚染のおそれのない地盤改良剤を使用すること等が必要である。

(2) 施設設置による地盤変位

　施設の施工時に大量の土砂を掘削した場合、地盤の緩み等が生じ地上へ影響を及ぼす可能性もあるため、地盤を変形・変位させないような慎重な施工を行うことが必要である。

　また、施設については、長期の供用を想定し、施設の長寿命化を図り、施設の強度低下や損傷による地盤変位の発生を防止することが必要である。

(3) 化学反応

　大深度地下に存在する還元性を示す地層は、酸素に触れることにより酸化反応を起こし、地下水の強酸性化、有害なガスの発生、地盤の発熱や強度低下を生じるおそれがあるため、事前に地層に対する調査を行い、慎重に対応する必要がある。

(4) 掘削土の処理

　施設の建設により発生する掘削土については、泥水シールド工法等で発生する汚泥等の適正な処理を行うとともに、盛土材料、埋戻材料として再資源化を図る等、環境

への影響が著しいものとならないようにすることが必要である。

(5) その他

　地上との接続箇所が限定されることに伴う施設の換気等の問題については、有害ガスの早期検出、除去を行う等慎重に対策を実施する等の配慮が必要である。

　また、交通機関等の大深度地下の使用については、長期的な振動等が人体に与える影響を含め環境への影響について厳正な審査を行うこととする。振動等が人体に与える長期的影響については、学術研究機関等における調査研究が活発に行われるよう配慮するとともに、その知見が審査において積極活用されるよう努めることとする。

## 3　バリアフリー化の推進・アメニティーの向上

(1) バリアフリー化の推進

　今後急速に進展する高齢化社会の到来と高齢者等の活発な社会参画に伴い、高齢者や身体障害者等の移動制約者等の円滑な移動が可能となるよう、鉄道駅等一般有人施設を大深度地下に設置する場合には、エスカレーターやエレベーターの整備をはじめ、音声誘導、表示上の工夫や高齢者等が見やすい配色等の情報伝達の対策を行うとともに、人的協力等のソフト面での対策を行うことも含め、総合的なバリアフリー化を推進していくことが必要である。

(2) アメニティーの向上

　大深度地下施設は、太陽光を自然に取り入れることが難しいという特性があると同時に、閉鎖性が高く内部環境の要素を人為的にコントロールしやすいため、熱、空気、光等の内部環境の要素を適切に管理し、快適で安心できる内部環境の維持に努めることが必要である。

　また、施設内へ漏れてくる地下水から酸欠空気が発生する場合等の特殊なケースも想定されるため、地盤や地下水の調査結果からその発生が懸念される場合には、施設への漏水の制御や換気施設の設計等において十分な対策を行うことが必要である。

　これらの物理・化学的な対策に加えて、より快適な内部環境を創出するためには、デザインの配慮、施設利用者のための外部との通信中継施設の設置等も効果的である。

## 4　安全・環境情報等の収集・活用

　大深度地下利用に関する安全対策、環境に与える影響等については、十分な知見が

蓄積されているとはいえず、今後、国、地方公共団体及び事業者は連携して、事業の実施に伴い得られる情報を収集・整備し、活用することが必要である。

また、大深度地下の特殊性に応じた安全対策の確立、環境影響評価手法の開発等を進めていくこととする。

5　その他大深度地下の公共的使用に際し配慮すべき事項

(1)　文化財の保護

大深度地下を使用する事業により、地下水位・水圧の変化、振動、周辺環境の変化等があった場合には、史跡名勝天然記念物、埋蔵文化財等の文化財の現状を変更したり、その保存に影響を及ぼすおそれがある。

このため、事業者は、できるだけ早い段階から大深度地下使用協議会等を活用して、文化財保護法（昭和25年法律第214号）や条例による文化財の保護について配慮する必要がある。

(2)　国公有財産への影響

国公有財産の大深度地下を使用する場合においても、構造上の安全や当該財産の機能に支障を及ぼさないよう配慮する必要がある。

## Ⅳ　その他大深度地下の公共的使用に関する重要事項

1　技術開発の推進

国は、大深度地下を利用する各事業が横断的に必要とする汎用性の高い技術開発を推進するため、大深度地下利用に関する技術開発のビジョンをとりまとめ、公表すること等により、民間の技術開発の促進を図ることとする。

2　大深度地下利用に関する情報収集・公表

国は大深度地下を適正かつ計画的に利用するため、大深度地下利用に関する情報の収集・公表を推進することとし、地盤情報、地下に設置された施設の情報等に関する情報システムの整備を推進することとする。

また、国及び地方公共団体は、大深度地下の公共的使用が土地の所有権と密接な関係を持つことに鑑み、本制度が円滑に運用されるよう、その趣旨の周知徹底を図ると

ともに、大深度地下の使用の状況等本制度に関する情報の提供及び公開を積極的に行うこととする。

# 索　引

## 【ア　行】

明渡しに伴う損失の補償　72
明渡し期限　85、86
明渡し裁決　83
明渡し請求の効果　70
明渡し請求の対象物件　67
異議申立て　92、93
営団地下鉄半蔵門線九段事件　6、157
江戸川層　34、161
温泉法　5

## 【カ　行】

荷重制限　110、112、114、115、117、119、120、152
間接侵害禁止の制限　115、117、119、122、133、151
関東ローム層　29、30
羈束裁量行為　58
基礎支持力　28
期限を定めた明渡し請求権　69
行政事件訴訟法　91
行政不服審査法　91
行政不服申立て　91
許容支持力を有する地盤　28、29、32、140、148
近傍類地　103
区分地上権　25、33、41、103、106、107、112、116、146
区分地上権設定契約　5、24、41、103
区分地上権的地下使用説　3、16、25、26、61、108、139、141、147、158、159
区分地上権設定契約　117
具体的な損失　125、128、149、152、154
形式的当事者訴訟　99、101
建築基準法　4
建築自由の原則　115
権利行使の制限　73、138
権利行使の制限に対する補償　121
権利濫用原則　143
原状回復　101
　──の義務　90
鉱業法　4
公共施設　143
公共用地の取得に伴う損失補償基準要綱（一般基準）　103、133
公共用地の取得に伴う損失補償基準（用対連基準）　133
抗告訴訟　91
公聴会の義務化　53
公聴会の実施手続き　54
公物管理権　26

## 【サ　行】

裁決取消訴訟　98、99

債務名義　86
最有効建物　105
最有効利用　105、109
細目政令　104
細目政令12条　106、123
残地　113
シールド工法　24、33、138、161
ジオ・フロント　2、10、135
私権の行使の制限　25
試掘等　38
私有地の地下　10、103、107、109、
　111、112、113、117、155、159
使用裁決　5、104
使用認可申請書　41、50、56
　──の添付書類　45
使用認可庁　40、95
使用認可拒否処分　60
使用認可手続き　41
使用認可処分　58、64、94、95、143
支障物件　86
　──の移転義務　84
事業区域　33、44、68
　──の明渡し　67
　──の明渡しに伴う補償　121
　──の明渡し請求　91、92
　──の調整　22
　──の範囲　67
事業区域が大深度地下にあることを証す
　る書類　49
事業区域についての使用認可処分　91
事業区分　18
事業計画書　39
事業者　18
事業者等　38
事業損失補償　153

事業説明会　51、155
事業認定庁　41
事後補償　134、136、155、156、160
事後補償制　145
事後補償方式　76、77、80、100、123、
　128、130、133
事情裁決・決定　94
事前補償　155、156、160
事前補償制　145
事前補償方式　76、122、123、130
実際の補償額の算出　151
実質的当事者訴訟　101
主観訴訟　95、97
収用裁決　100、103
収用法の代執行　100
処分取消訴訟　91、95
所有権行使の制限　114
除斥期間　77、123、128
証拠主義　130
障害物の伐除　37
上空利用阻害分　110
審査請求　92
審査請求書　93
水道法　5
センター報告書　8
占有者　70
浅深度地下　144、147、149、155
その他利用価値　109
その他利用阻害　112
その他利用阻害率　105、110
阻害率　109
喪失する一定量　151
想定補償方式　122、130
損失補償の確定　78
損失補償の請求権　75

損失補償金の支払い　84
損失補償請求権　77、78

【タ　行】

代執行の手続き　88
代執行費用　89
大深度地下の位置　139
大深度地下の公共的使用に関する基本方針　20
大深度地下の定義　16、27、138
大深度地下の適用地域　16
大深度地下の立体的な位置　141
大深度地下使用技術指針　50
大深度地下使用協議会　3、16、21
大深度地下使用権　26、27、40、41、47、48、60、61、62、78、79、97、129、139、144、146、148、155、160
大深度地下鉄道の整備に関する調査研究報告書　8
大深度地下鉄道の敷設形態による経済比較表　9
大深度法の適用事業　17
大深度法の適用地域　17
建物の附帯施設　73
建物利用価値　109
建物利用阻害　112
建物利用阻害率　105、110
立ち入り等の許可　35
短期の除斥期間　77
地下のその他利用阻害　126
地下区分地上権　26、107、108、116、117
地下空間の立体利用価値の分布　150
地下使用権　16、25、33、60、61、62、104、105、108、116、146
地下補償率　106、109、111
地下利用阻害分　110
地区別地下深度別指数　150、158、159
地上権　24
地上権設定契約　117
地上権的地下使用説　3、16、24、26、61、113、114、115、118、134、138、147
地耐力　28
直接侵害禁止の制限　110、115、117、119、151、158
通常受ける損失（通損）　39、72、80、134
通損補償　73、75、76、78、79、80、82、121、122
　――の請求権　77
潰地　113、149
土地の試掘　38
土地の中心的な効用　126
土地の立体利用価値　104
土地使用権　23、148、155
土地収用法　2
土地収用法第88条の2の細目等を定める政令（細目政令）　104
土地所有権等の権利　40
土地調書　146
東京スカイツリー　28、34、138
東京礫層　29、32、140、156、161
東京湾平均海面　64
当事者主義　130
当事者処分権主義　100
当事者訴訟　91、93、95、97、98、99、101
道路管理者からの無補償の占用許可

156
道路等の地下の占用許可　5
道路法　5
　　――の占用許可　161

## 【ハ　行】

一坪共有地反対運動　6、10、64
不告不理　130
物件に関する調書　69
物件の明渡し　100
物件の移転　71、72、100
物件の引渡し　70、72
物件の引渡しまたは移転の代行　87
物上代位　86
物理的探査　139、142
不動産登記制度　61
ボーリング調査　21、38、129、135、
　139、140、142、148、155、160
補償額確定手続き　122
補償金の供託　85
補償金の支払い　83
補償金支払い義務　78
補償契約　77
補償裁決　39、72、82、86、98、122、
　123
　　――の申請　132
　　――の取消訴訟　93
補償裁決による確定　80
補償裁決に対する当事者訴訟　97
補償裁決手続き　81、131
補償裁決申請書　81
補償請求権　128、142

## 【マ・ヤ・ラ・ワ行】

前沢理論　133
みぞ・かき補償　76、131、154
民法207条　3、4
民法269条の2　3、5
有償契約　5
用対連基準　73、133
用対連方式　106、107、109、111、
　113、115、117、118、123、126、129、
　149、151、158
　　――のその他利用阻害の地下への配分
　　　に関する価値の損失　159
リニア新幹線　17、147
利害関係人の意見書提出　51
理由制限　99
立体残地　114、115、116、117、158、
　160
　　――の間接侵害禁止　124、127、
　　　139
　　――の制限　152
立体残地補償　125、127
立体潰地　115、116、117、119、158
　　――の直接侵害禁止　124、139
立体潰地補償　125
立体利用価値　106、150
　　――の一定量の喪失　126
立体利用阻害　105
立体利用阻害率　105、106、109、111
臨時大深度地下利用調査会　2、118
　　――の答申　13、20
臨時大深度地下利用調査会設置法　2
和解調書　81

## あとがき

　国土交通省のホームページを開くと、カラフルな大深度地下の利用推進パンフレットを見ることができます。「新たな価値を生む空間」とか「新たな都市づくり空間」といった心躍るようなキャッチフレーズが並んで、公共事業で大深度地下を使うことはメリット一杯の良いこと尽くしだといわんばかりの内容です。かつて土地バブル経済期に大深度利用問題が初めて提起された当時もカラフルな図版が溢れていましたが、雰囲気は瓜二つという様子です。我が国は、バブル経済で100兆円ともいわれた不良債権のために塗炭の苦しみを味わい、堅実な社会の再興を誓ったはずでしたが、リーマン・ショックとやらでその誓いをグローバル化の推進に置き換えてしまったようです。

　さて、大深度法は、大深度地下の利用にあたって浅深度地下利用に見られるような混乱を何とか予防しようと事前の事業間調整についていくつかの工夫をしたことは大いに評価されます。また、大深度法の制定を契機として、大深度地下使用制度の適正かつ円滑なる運用に資するため「事業者間の技術的解釈を統一し」共通する技術事項について定めた大深度地下使用技術指針が作成されたことは大きな功績です。ただ、大深度地下使用のための基準的な指針については法律として拘束力をもたせ、「利用状況等を踏まえて」修正が必要な部分はその基準の下で指針とするといった構成をとっていたら、一段と人々の理解にも役だったのではないかと思います（もっとも、地下利用に関しては（広くトンネルといってもよいかも知れません）、忘れてならない大事なことがあります。かつて1989（平成元）年2月に栃木県宇都宮市で突然起きた大谷石の採掘跡地の崩落事故のように、事業廃止後の地下の空洞の管理の欠如は、予想外の大惨事を惹き起こしかねないのですから、事業者解散後の空洞の管理主体は地元市町村であるのか、都道府県であるのか、国が一元的に管理するのか、統一的な法制度を定めておくべきだと思っています。この点は将来の制度化を期待することにしましょう）。

　確かに、大深度地下利用の基本方針の作成、事業を具体化させる前の関係行政機関

等の間での事前協議制の採用、また地下使用および施設建設のための技術的指針の作成というのは、長い間、公共事業で地下を利用するにあたっての懸案事項でした。その多くが解消の道筋がつくられたことは、大深度法の制定が導いた功績で、大変な有用なことと評価できます。

　しかし、公共事業の遂行にとって、現代において最も重視すべきことは、関係住民の支持、理解、納得を得るための手続きの構築という課題だろうと思っています。この課題の解決なしには行政エネルギーのロスは増大するばかりです。大深度法には、その手続きとしては、事前説明会と公聴会の義務付け以外あまりみるべきものはないようです。むしろ、アナクロニズムの支配が強化されたように感じます。その要因はもろもろ考えられますが、一番の要因は原則無補償ということに執着して立法されたことに帰着するのではないでしょうか。

　無補償なら、煩雑な用地交渉はせずに、事前説明会や公聴会を開きさえすれば、認可手続きの法定要件は充足します。しかし、用地交渉とは、事業者にとって煩雑で手間暇のかかることでしょうが、他方では関係住民とじっくりと話し合いを続け、事業の必要性について理解・納得してもらえる機会でもあります。無補償であるということは、そのチャンスを事業者自身が放棄することに帰着します。

　大深度地下に鉄道用や道路用のトンネルを建設するには、いうまでもなく、農村部では地表面に建設し、都市近郊からトンネルを掘りはじめ、徐々に深く掘り進んで大深度地下に至り、大都市の市街地では大深度地下を地表と平行に掘り進んでトンネル施設を敷設するという工程になるはずです。そのような工程を踏まえて、地元に対する事前説明会では、「大深度地下に至るまでは収用法が適用されるので補償することができます。しかし、大深度法が適用される大深度地下は、通常利用されていない空間ですから、そこからは原則として無補償にならざるをえませんが、例外的に補償の必要性がある場合に限り、使用権設定後に、補償が必要と考える土地所有者等からの請求をまって補償することになります」という説明が行われることでしょう。

　そのような説明で土地所有者等権利者の理解や納得を得ることができると考えるほど住民説明会は甘いものではないと、経験豊富な用地担当者は思うでしょう。私有地の地下をいつどのように利用するかは基本的に所有者の自由であり、たまたま今利用していないからといって、通常利用されていない空間だと決めつけるというのは勝手な理屈だ、とやかく言われる筋合いはない、と言い返されたらどう回答すればよいのかと、考え込むに違いありません。その上、自分の所有地の地下にトンネルを掘ら

れ、空洞化されること自体に激しい抵抗感を感じている人たちが、その所有地の大深度地下は地下何メートルなのか明言しろと問い詰めてきたとき、それはボーリングをしてみなければはっきり断定できませんと応えることになるでしょう。これでは、土地所有者等権利者の不安や疑念を解消させることはまず無理です。そのうえ、同じ地下でも、収用法を適用すれば補償はあるが、大深度法を適用すると無補償になるとの説明に、どれだけの人が納得するでしょうか。ベテランの用地担当者にとっても、大深度地下は原則として無補償であるから用地交渉をする必要はないはずだという、この法律の一番のウリは、用地実務の現場においては逆に大きな実務上の支障となることを感じているのではないでしょうか。そうだとすると、まことに皮肉なものとなるといわざるをえません。

　公共事業の事業主体にとって、関係住民の支持、理解、納得を得ることの重要性を踏まえて事業説明会の開催を考えたとき、大深度法は、当初、言われていたほど事業者にとって都合の良い法律ではなく、むしろ「使い勝手が悪い」法律だという、事業者の用地部門の人達の懸念が、長い間、この法律が「敬して遠ざけられてきた」本当の理由ではなかったのではないでしょうか。

　公共事業の実施について、「国法の官僚的傾向」（美濃部達吉博士）が著しかった時代のことはいざ知らず、憲法原理の主権在民が日常の常識となり、はては住民参加が政策決定過程のみならず、行政決定過程にまで浸透しつつある現代では、関係住民から支持、理解、納得を取り付けることは、その必須の実施条件といってよいでしょう。関係住民から支持、理解、納得を取り付けることができない事業は「公共」の名に値しないとさえ酷評されても文句が言えない時代になっているのかも知れません。時代のこのような流れの中で、大深度地下を使用する事業を想定してみたとき、大深度法の新制度には関係住民から支持や納得を取り付けるにあたりいろいろ難点があることが見えてきました。

　大深度法は、補償費の出し渋りと施工期間のみが重大関心事の近視眼的な事業経営者の視点と思惑が優先されて立法されてしまったようですが、それでは一般法である収用法に対する皮相な批判と、用地交渉の重要性、困難さを軽視して利害関係人や住民に対する説明と交渉を全て用地交渉担当者に任せ放しにすることを当然としてきた事業主体の偏頗な組織運営とが相俟ったスノビッシュな気分の影響をまともに受けてしまいます。その結果、特定部門に特化した専門機関または専門家の絶対的優位性の下で運営されて来た従来型の行政を、関係住民の参加の下で計画・決定を行う参加型

の行政に転換すべきチャンスを逃してしまい、大深度法は根本的な問題を抱え込んでしまったということになりましょうか。

　人口減少化時代に足を踏み入れた我が国にこれ以上の公共施設はいらないという説に、単純に与する気はありません。既存の施設は維持管理を強化するものと廃棄すべきものとに選別することは、必要です。スクラップ・アンド・ビルドを的確に進め、より重要な施設は維持改良するだけでなく、快適な施設をつくっていくことも社会を維持していく上でとても重要なことだと思っています。そのためにも、これからは関係住民の参加により根本から議論をすることが必須となるでしょう。上下水道管のように手抜きなく建設されていれば充分というような施設とは異なり、鉄道や道路のような日々人々が利用する施設の建設に大深度地下を使用することの是非が、もう一度根本から議論されて欲しいものです。

　本書の出版に際しては、（株）プログレスの野々内さんに大変お世話になりました。感謝申し上げます。

2014年4月23日

寓居にて

■ 著者紹介

平松　弘光（ひらまつ　ひろみつ）

早稲田大学法学部卒業。東京都職員（総務局法務部、収用委員会事務局等に勤務）を経て島根県立大学総合政策学部教授。
現在、島根県立大学名誉教授。

収用法制関係の著書に、『地下利用権概論』1995 年、（株）公人社、『大深度地下利用問題を考える』1997 年、（株）公人社がある。他に、「大深度地下使用と土地収用」（大浜啓吉編著『都市と土地政策』所収）2002 年、早稲田大学出版部、「改正土地収用法の概要とその問題点及び課題」（大浜啓吉編著『公共政策と法』所収）2005 年、早稲田大学出版部、『土地収用の代執行』（共著）2008 年、（株）プログレス、「分譲マンション敷地の土地収用」（丸山・折田編著『これからのマンションと法』所収）2008 年、（株）日本評論社、等がある。

［検証］大深度地下使用法
────リニア新幹線は、本当に開通できるのか!?

ISBN978-4-905366-32-4　C2034

2014 年 6 月 1 日　印刷
2014 年 6 月 10 日　発行

著　者　平松　弘光 ©

発行者　野々内邦夫

発行所　株式会社プログレス　〒 160-0022　東京都新宿区新宿 1-12-12-5F
　　　　　　　　　　　　　　　電話 03(3341)6573　FAX03(3341)6937
　　　　　　　　　　　　　　　http://www.progres-net.co.jp　e-mail: info@progres-net.co.jp

＊落丁本・乱丁本はお取り替えいたします。

モリモト印刷株式会社

本書のコピー、スキャン、デジタル化等の無断複製は著作権法上での例外を除き禁じられています。本書を代行業者等の第三者に依頼してスキャンやデジタル化することは、たとえ個人や会社内での利用でも著作権法違反です。

# PROGRES プログレス

*各図書の詳細な目次は、http://www.progres-net.co.jp よりご覧いただけます。

## Q&A 借地権の税務
●借地の法律と税金がわかる本
鵜野和夫（税理士・不動産鑑定士）　■本体価格2,600円＋税

## 不動産がもっと好きになる本
●不動産学入門
森島義博（不動産鑑定士）　■本体価格2,400円＋税

## 建物利用と判例
●判例から読み取る調査上の留意点
黒沢　泰（不動産鑑定士）　■本体価格4,400円＋税

## 土地利用と判例
●判例から読み取る調査上の留意点
黒沢　泰（不動産鑑定士）　■本体価格4,000円＋税

## 工場財団の鑑定評価
黒沢　泰（不動産鑑定士）　■本体価格3,600円＋税

## 逐条詳解 不動産鑑定評価基準
黒沢　泰（不動産鑑定士）　■本体価格4,000円＋税

▶実例でわかる◀
## 特殊な画地・権利と物件調査のすすめ方
黒沢　泰（不動産鑑定士）　■本体価格3,800円＋税

## 私道の法律・税務と鑑定評価
黒沢　泰（不動産鑑定士）　■本体価格3,800円＋税

## 不動産私法の現代的課題
松田佳久（創価大学法学部教授）　■本体価格4,000円＋税

## 土壌汚染リスクと土地取引
●リスクコミュニケーションの考え方と実務対応
丸茂克美／本間　勝／澤地塔一郎　■本体価格3,200円＋税

## 事例詳解 広大地の税務評価
●広大地判定のポイントと53の評価実例
日税不動産鑑定士会　■本体価格3,000円＋税

## 定期借地権活用のすすめ
●契約書の作り方・税金対策から事業プランニングまで
定期借地権推進協議会　■本体価格2,600円＋税

▶起業者と地権者のための◀
## 用地買収と損失補償の実務
●土地・建物等および営業その他の補償実務のポイント118
廣瀬千晃　■本体価格4,000円＋税

▶不動産取引における◀
## 心理的瑕疵の裁判例と評価
●自殺・孤独死等によって、不動産の価値はどれだけ下がるか？
宮崎裕二（弁護士）／仲嶋　保（不動産鑑定士）
難波里美（不動産鑑定士）／髙島　博（不動産鑑定士）　■本体価格2,000円＋税

## マンション再生
●経験豊富な実務家による大規模修繕・改修と建替えの実践的アドバイス
大木祐悟（旭化成不動産レジデンス・マンション建替え研究所）　■本体価格2,800円＋税

▶不動産投資のための◀
## ファイナンス入門
前川俊一（明海大学不動産学部教授）　■本体価格3,300円＋税

▶空室ゼロをめざす◀
## 【使える】定期借家契約の実務応用プラン
●「再契約保証型」定期借家契約のすすめ
秋山英樹（一級建築士）／江口正夫（弁護士）／林　弘明（不動産コンサルタント）　■本体価格3,600円＋税

## Q&A
▶不動産投資における◀
## 収益還元法の実務
●計算問題でマスターする収益価格の求め方
高瀬博司（不動産鑑定士）　■本体価格3,800円＋税

## 不動産鑑定評価基本実例集
●価格・賃料評価の実例29
吉野　伸／吉野荘平　■本体価格4,000円＋税

▶実務の視点でよくわかる◀
## 詳解 不動産鑑定評価の教科書
津村　孝（不動産鑑定士）　■本体価格3,200円＋税

## 賃料[地代・家賃]評価の実際
田原拓治（不動産鑑定士）　■本体価格4,200円＋税